KB152706

인생에서 수학머리가 필요한 순간

인생에서 수학머리가 필요한 순간

임동규 지음

TORNADO
토네이도

차례

수학이 무엇인지 모르는 사람은 없다. 누구나 '수학'하면 떠오르는 무언가가 있다. 단순하게는 숫자의 계산, 조금 더 복잡하게는 함수 그리고 구조에 대한 분석 등등. 하지만 수학이 무엇인지를 정의하는 일은 쉽지 않다. 수학은 당연히 계산이나 함수 등의 단어로만 설명할 수는 없다. '논리'라는 단어를 추가하면 조금 더 수학에 가까워지는데, 여기에 삼각형이나 원을 공부하는 '기하'라는 단어를 추가해도 좋다. 앞서 말한 구조에 대한 공부라고 해도 말이 된다. 이처럼 수학은 정의하기 애매모호한 학문이다.

이 책의 목적은 수학이 무엇인지 명확하게 정의하는 것이 아니다. 그건 사실 불가능하다. 내가 평생 배운 수학에 관한 이야기를 다 한다 해도 지구 반대편에는 나와 전혀 다른 종류의 수학을 다루는 사람이 있기 때문이다. 오히려 이 책은 수학이 얼마나 정의하기 힘든 것인지를 이야기한다. 정의하기 힘들다는 것은 틀에 박히지 않았다는 뜻이고 그래서 자유롭다는 것을 의미한다. 한 수학자(게오르크 칸토어)는 "수학의 본질은 그 자유로움에 있다"고 했다. 이 책에서는 이 추상적인 말을 여러분의 머리가 아닌 마음으로 이해할 수 있도록 자유분방하고 다양한 이야기들을 해보려고 한다.

몇몇 수학서적을 보면 과도하게 수학과 수학자들의 역사에 대해서 이야기하는 경우가 있다. 아주 오래전에 살았던 피타고라스나 유클리드, 탈레스는 기본이고 그보다 훨씬 오래전, 글로 쓰인 기록이 있기도 전에 등장한 수학 같은 것 말이다. 이런 역사들은 수학과 충분히 친해지기 전에는 불필요하다고 생각한다. 마치 클래식에 대해 아무것도 모를뿐더러 관심도 없는 사람에게 차이코프스키가 태어난 연도와 시대 배경을 설명하는 것이 아무런 의미가 없는 것처럼 말이다. 그래서 이 책에서는 수학과 여러 수학자들에 관한 역사에 크게 중점을 두지 않았다. 수학은 오래되고 낡은 역사 속에 존재하는 것이 아니라 현재 '우리 삶 가까이'에서도 활용될 수 있다는 것을 느낄 수 있도록 말이다.

이 책을 쓴 나는 아이러니하게도 책을 좋아하지 않았다. 특히 스토리가 있는 책을 힘들어 했는데, 정도가 심해 만화책도 보지 못했다. 그래서 나는 《인생에서 수학머리가 필요한 순간》을 쓰면서 첫 장부터 마지막 장까지의 스토리를 모두 알 필요가 없도록 서로 상관없는 다양한 이야기들을 모으려고 노력했다. 원하는 주제를 하나씩 골라 읽을 수 있는 재미가 있기를 바란다. 또한 이 책에 내가 좋아하지 않는 숫자 계산도 최대한 버리려고 노력했다. 가끔 무언가 계산하는 경우가 있지만 대부분 그림으로 계산을 대신했다.

미술 작품을 그리는 것과 감상하는 것은 다르다. 미술 작품을 만들 때 가장 기본으로 여겨지는 것은 기초적인 데생이다. 하지만 작품 감상에 있어서는 기초적인 데생이 필요하지 않다. 누구나 주관적으로 감상할 수 있다. 게다가 기초적인 데생 실력이 부족하더라도 '새로운 관점'을 통해서 획기적인 미술 작품을 만들어내는 경우도 있다.

수학도 비슷하다. 수학 이론을 만들어낼 때 (학교 수학시험에서 볼 수 있듯이) '계산하는 능력'은 기본으로 여겨진다. 하지만 수학의 감상이 목적이라면 계산을 잘할 필요는 없다. 또한 새로운 아이디어를 통해서 계산을 최대한 피하고 새로운 수학을 만들어낼 수도 있다. 우리가 이 책에서 만날 이야기들은 '수학을 감상하는 것'에 초점이 맞추어져 있다. 다만, 미술 작품을 볼 때 잠깐의 집중이 필요한 것처럼 수학을 볼 때도 잠깐의 집중은 필요하다. 이 책에 잠시 집중하면서 수학을 느끼고 더 나아가 수학의 자유로움을 이해할 수 있기를 바란다.

역사는 승자의 기록인 경우가 많다. 그러한 관점에서 내가 사람들에게 수학에 관해 설명할 때마다 느끼는 아쉬움이 있다. 바로 알파벳의 사용이다. 수학이란 학문에 깊이 들어가면 영어뿐만 아니라 러시아어로 된 기호(Ш)나 불어로 된 표현(ét)을 자주 접하게 된다. 어떤 수학적 대상을 표현하는 데 한글이 쓰이는 경우는 아직 없다. 사실 수학은 그 자체로 언어인 측면이 있기 때문에, 영어나 러시아어 혹은 불어가 적혀 있더라도 '수학'이라는 언어로 이해하는 것에 익숙해지면 언어의 장벽으로 생기는 문제는 그리 크지 않다. 하지만 수학에 익숙하지 않은 사람들에게는 장벽이 될 수 있다고 생각한다. 그래서 이 책에서는 되도록 ㄱ, ㄴ, ㄷ과 같은 한글을 사용했다. 다만, 우리가 (주로 사람이 몇 명인지 세기 힘들 때) 일상적으로 사용하는 'n명'처럼 우리에게 익숙한 표기는 그대로 사용했다.

이 책은 0에서 시작한다. 0의 이야기는 어느 날 내가 횡단보도를 건너기 위해 신호등을 기다리다 '멍 때리면서' 고민해본 이야기다. 가장 첫 장이 0인 이유는 이 책에서 내가 이야기하고픈 주제인 '수학으로 멍 때리기'가 이 이야기로부터 시작됐기 때문이다. 조금 짧지만 어쩌면 이 책에서 말하고자 하는 주제가 잘 드러난 중요한 이야기라고 할 수 있을 것이다. 0에서 얻게 될 '수학으로 멍 때리기'의 관점을 통해 1부터 9까지 읽을 수 있기를 바란다.

어떠한 학문이든 전공자가 아닌 일반 사람을 대상으로 강의를 하는 개론이 있다. 물론 전공자들도 들을 수 있지만, 개론 강의는 기본적으로 그 학문이 궁금한 사람들을 위한 강의다. 따라서 개론에서는 개략적인 내용만 소개하고 깊이 있게 들어가지는 않는다. 이 책도 그런 의미의 개론으로 쓰였다. 이 책을 펼친 여러분이 수학을 전공하지 않았더라도 읽을 수 있는 개론 말이다. 이 개론은 우리 주변 어디에서 수학을 상상할 수 있는지 소개하고 더 나아가 수학의 몇몇 이야기들을 감상할 수 있는 기회를 제공한다. 이 책을 다 읽고 여러분이 수학을 이전보다 더 잘 느낄 수 있다면 그것만으로 이 개론서는 성공적일 것이다. 더 나아가 이를 계기로 여러분이 수학에 더 관심이 생겨 직접 다른 자료들을 찾아보면 나는 더 바랄 것이 없다. 여러분에게 이 책이 《수학으로 멍 때리기 101》이 되었으면 한다(101은 개론서를 의미한다. 예를 들어, 영화 〈건축학개론〉은 〈Architecture 101〉이라고 불린다).

아주 먼 옛날의 수학은 더는 누릴 것이 없어 유유자적하던 귀족들의 취미활동이었다고 한다. 이들의 수학은 세상사 복잡한 일들을 해결하는 목적이 아니었다. 실생활에 아무짝에 쓸모없을지라도 재미있으면 그만인 취미였던 셈이다.

그들처럼 우리도 잠시 동안 여유롭게 수학을 느껴보자!

1

느티나무 사거리에서 있었던 일

2018년 6월 26일 장마가 한창이던 날, 아주 크고 오래된 느티나무 한 그루가 부서졌다. 나뭇가지에 내려앉은 빗물의 무게를 견디지 못해 나무가 세 갈래로 갈라진 것이다. 이 느티나무는 수원시 영통구에 있는 것으로 수령 500년 이상으로 추정되는데, 정조대왕이 수원화성을 축조할 당시 이 느티나무의 나뭇가지를 잘라 서까래를 만들기도 했다고 전해진다. 아파트 10층 높이의 이 나무는 마을의 수호신처럼 오랫동안 많은 사람들의 쉼터가 되어주었다. 그래서인지 나무가 부서졌다는 소식은 바로 인터넷 실시간 검색어를 차지했다. 이 일은 특히 나에게 의미가 컸는데, 그 이유는 이 책의 화두를 떠올린 곳이 바로 이 느티나무가 위치한 '느티나무 사거리'였기 때문이다.

그날의 신호등

때는 2016년 어느 날로 기억한다. 이 사거리는 주거단지와 상가 지역을 이어주는 교차로로, 많은 사람과 차가 오간다. 나는 버스에서 내려서 집에 갈 때 이 사거리를 지나는데, 빨리 가기 위해 항상 (19년 동안) 신호등을 유심히 지켜보곤 했다. 그날도 정류장에 내려 길을 건너기 위해 신호를 기다리고 있던 나는 이상한 광경을 목격하게 되었다. 그 이상한 광경은 바로 직진 신호등이었는데 나의 예상과는 다른 타이밍에 켜지는 직진 신호였다. 그 이후에도 신호등은 나의 예상과는 다른 타이밍에 켜지고 꺼졌다. 그리고 내 머릿속에는 '왜일까?'라는 의문이 들었다.

원래 내가 알던 느티나무 사거리의 신호등 시스템은 이러했다. 다음의 그림에서 보는 바와 같이 ❶ 위아래(북남) 방향의 좌회전 신호등이 켜진다. ❷ 위아래 방향의 직진 신호등이 켜진다. ❸ 좌우 방향의 좌회전 신호등이 켜진다. ❹ 좌우 방향의 직진 신호등이 켜진다. 그 이후에는 ❶~❹번 순으로 반복한다. 한눈에 봐도 매우 대칭적으로 신호가 배열되어 있다는 생각이 든다. 모르긴 몰라도 일반적으로 대칭이라고 하면 효율적일 것 같다는 느낌도 있는데 이 신호 시스템은 왜 바뀐 것일까?

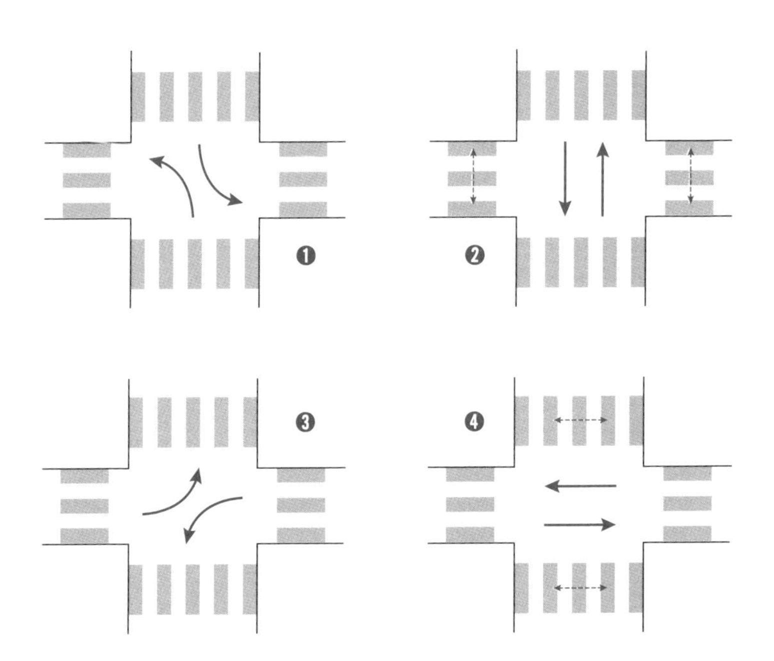

느티나무 사거리의 위아래 방향으로 뻗어 있는 도로는 12차선 도로이다. 1997년에 완공된 신도시라고 하기에는 놀라울 정도로 넓은 도로이다. 실로 엄청나서 불과 몇 년 전까지만 해도 교통정체라는 것은 우리 동네에서 찾아볼 수 없었다. 오히려 '누가 이렇게 비효율적으로 넓게 만든 거야?'라는 생각을 들게 할 정도였다. 반면 좌우 방향으로 뻗어 있는 도로는 5, 6차선 정도의 크기로, 편도로 따지면 2차선 혹은 3차선 정도였다. 우회전과 좌회전 차선을 고려하면 사실상 한 차선으로 차가 다니는 수준이라고 할 수 있다. 왜 이렇게 차이를 둔 것일까? 아마 통행량의 정도를 예측하고 설계했을 것이다. 한 가지 재미있는 사실은 그럼에도 불구하고 실제로 통행량이 많은 곳은 여러 차선으로 넓게 만들더라도 통행량이 많아 차들의 행렬이 길게 이어지는 반면, 상대적으로 차선이 적은 좁은 도로는 통행량이 많지 않아 차가 줄지어 서 있지 않다는 것이다.

다시 신호등으로 돌아가보자. 신호등은 자동차(운전자)만을 위해 있는 것은 아니다. 차가 지나가는 것뿐만 아니라 사람이 횡단보도를 건너가는 것까지 동시에 생각해보자. ❶이나 ❸의 상황에서 차들은 좌회전을 한다. 일반적인 보행자라면 횡단보도를 건너지 않을 것이다. ❷의 상황은 어떨까? 넓은 도로의 차량을 위한 신호는 대개 길다. 앞서 봤듯 넓은 도로일수록 많은 차량이 서 있기 때문에 원활한 교통상황을 유지하려면 그 많은 차들이 충분히 이동할 수 있도록 해야 하기 때문이다. 반면 그

도로와 평행한 횡단보도는 어떠할까? 차량들과는 달리 사람들은 일렬로 줄 서 있지 않는다. 게다가 가로질러야 하는 도로가 상대적으로 좁기 때문에 횡단보도를 건너는 데 필요한 시간은 그리 길지 않다. 아직 뭔가 이상한 것을 발견하지 못했는가? 신호등 시스템이 매우 대칭적이었다는 사실을 떠올려보면 ❷의 반대 상황이라고 할 수 있는 ❹의 경우에도 이상할 것 같다는 생각이 든다. 실제로 그러한지 확인해보자.

일단 자동차라는 것은 편하게 빨리 이동하기 위해 만든 것이다. ❹의 경우에서 차가 교차로를 건너가려면 얼마의 시간이 걸릴까? 정말 얼마 걸리지 않을 것이다. 더군다나 앞서 봤듯이 좁은 도로는 차량이 짧게 줄지어 있을 때가 많기 때문에 실제로 차를 위한 신호는 그리 오래 필요하지 않다. 그럼 보행자의 경우는 어떨까? 12차선 도로의 너비를 건너기 위한 횡단보도 신호등은 (내 경험에 의하면) 50초 이상은 켜져 있는 때가 많다. 따라서 ❹의 신호등이 켜졌을 때 일어나는 일은 다음과 같다. 초반 10~20초 정도를 제외하고 도로의 신호등은 오직 횡단보도를 건너는 사람만을 위해 켜져 있다.

종종 횡단보도를 건너는 보행자가 나만 있을 때에는 마치 모든 차의 운전자가 날 노려보고 있는 듯 민망한 생각이 들 때가 있다. ❹의 상황이 바로 이런 때이다. 신호가 대칭적으로 생겨서 왠지 모르게 좋을 것 같지만, 효율성에 있어서는 조금 아쉽다. 더 효율적으로 바꾸려면 어떤 방법이 있을까?

기존의 신호등 시스템이 바뀐 것은 (혹은 이를 내가 인지한 것은) 불과 5년이 채 되지 않았다. 새로운 신호등 시스템은 이렇게 작동한다.

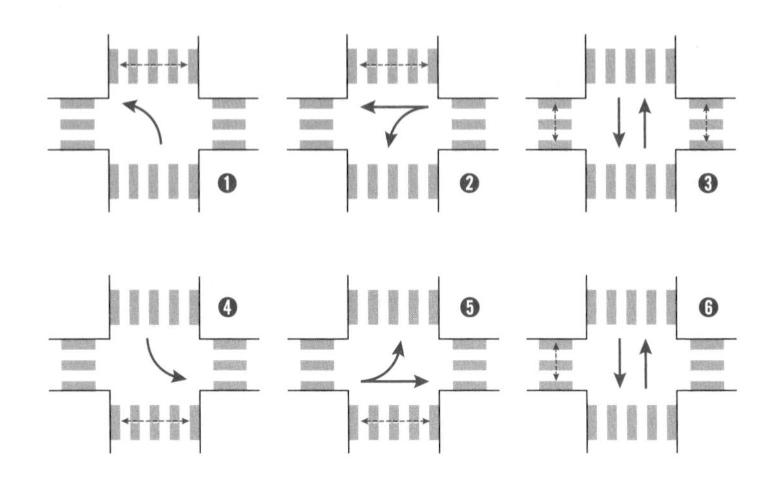

복잡해 보이지만 조급해하지 말고 차근차근 살펴보자.

❶ 아래쪽 차들을 위한 좌회전 신호가 켜진다.

❷ 오른쪽 차들을 위한 직진과 좌회전 신호가 켜진다.

❸ 위아래 방향의 직진 신호가 켜진다.

❹ 위쪽 차들을 위한 좌회전 신호가 켜진다.

❺ 왼쪽 차들을 위한 직진과 좌회전 신호가 켜진다.

❻ 위아래 방향의 직진 신호가 켜진다.

우리가 앞서 본 신호등 시스템이 비효율적이라고 느낀 이유는 '횡단보도를 건너는 사람들이 민망해지는 일'이 발생하기 때문이었다. 이 관점에서 새로 바뀐 신호등 시스템은 어떠한지 보자. 일단 ❶, ❷의 경우에는 위쪽 횡단보도에 있는 사람들은 길을 건널 수 있다. 원래의 시스템에서는 왼쪽과 오른쪽 방향 직진 신호가 켜졌을 때만 위쪽 횡단보도가 작동했다는 사실을 기억하자. 아래에 있는 횡단보도는 언제 건널 수 있을까? ❹, ❺의 경우에 아래쪽 횡단보도 신호를 기다리던 보행자들은 길을 건널 수 있다.

이미 느꼈겠지만 새로운 신호등 시스템은 위와 아래에 위치한 횡단보도를 건너는 사람들의 시간을 좀 더 효율적으로 사용하고 있다! 기존의 신호등 시스템이 비효율적이었던 이유는 횡단보도를 건너는 데 필요한 시간이 차량이 지나는 데 필요한 시간과 맞지 않아 발생한 것이었다. 더군다나 위아래 방향의 좌회전 신호등(기존 ❶)이나 왼쪽, 오른쪽 방향의 좌회전 신호(기존 ❸)가 켜졌을 때는 사람이 횡단보도를 건널 수 없었다. 대칭적이어서 의심받지 않았던 우리의 신호등 시스템은 사실 효율성과는 거리가 멀었던 것이다.

이런 새로운 신호등 시스템을 생각해내는 일은 사실 어려운 일도, 복잡한 일도 아니다. '횡단보도를 건너는 데 생각보다 너무 많은 시간이 필요해. 비효율적이야!'라고 생각하고 답을 찾으려 했다면, 분명 그 시간을 효율적으로 이용할 수 있는 방법을 찾아보려고 생각해봤을 것이다. 그러면 차량을 위한 신호를 잘

게 쪼개고 그 사이사이에 횡단보도 신호를 집어넣어서 효율성을 높여야 한다는 생각을 하지 않았을까? 아마 "횡단보도의 녹색 신호 시간을 줄이고 보행자들을 빨리 건너게 해야 해" 같은 파괴적인 답만 피했다면 자연스럽게 위와 같은 방법을 쉽게 찾을 수 있었을 것이다.

이쯤에서 솔직하게 고백해야겠다. 여러분은 이미 이 답이 내가 찾은 답이 아니라는 것을 알고 있다. 사실 나는 이런 답을 찾으려고 노력해보지 않았다. '이 횡단보도는 왜 이렇게 비효율적이지?'라는 불만만 가끔 가졌을 뿐이다. '조금만 참고 기다리면 길을 건너게 해주는데 굳이 답을 찾아야 하나?' 우리 모두 비슷할 거라고 생각한다. 뭔가 불만은 있지만 정작 답을 찾기는 싫은 이런 느낌말이다. 이럴 때 여러분이 할 수 있는 최소한의 일은 나처럼 관찰하는 일이다. 관찰하면서 뭔가 새롭게 바뀐 것은 없는지, 있다면 어떤 것이 어떻게 바뀌었는지 그리고 그렇게 바꾼 이유는 무엇이고 그 아이디어는 어디에서 나왔을지를 생각해보면 더 좋다. 직접 답을 찾는 일은 어렵지만 남이 내놓은 답과 아이디어를 감상하는 것은 생각보다 어렵지 않으니 별로 걱정할 필요는 없다.

지금까지 우리가 본 이야기는 나의 동네 이야기다. 여러분이 거주하고 있는 곳의 사거리는 어떤 특징을 가지고 있는가? 나의 동네와는 달리 모든 방향의 도로가 넓은 사거리도 있을 것이고 반대로 모든 도로가 비좁은 사거리도 있을 것이다. 이렇게 상황이 달라지면 더 이상 우리 동네 시스템이 여러분 동네에 도움이 되지 않을 가능성이 높다. 더군다나 교차로가 사거리에만 있는 것도 아니다. 오거리나 육거리에도 있다(한 예로 충북 청주에 내덕 칠거리가 있다). 이렇게 되면 차량과 보행자의 흐름이 많아져서 고려해야 하는 신호가 늘어난다.

다시 말해, 나의 동네 이야기는 스포일러가 아니다! 여러분의 동네에는 여러분만의 (아직 모르기 때문에) 흥미로운 느티나무 교차로가 있다. 횡단보도의 녹색 신호를 기다리는 동안 그리고 길을 건너는 동안, 한 번쯤 '우리 동네 신호등은 어떤지'에 대해 생각해보자. 말 그대로 수학으로 멍 때리면서 길을 걸어가는 것이다. 물론, 주변을 잘 살피며 걸어야겠지만 한 가지 확실한 것은 '수학으로 멍 때리기'는 우리가 휴대폰을 하면서 걸어가는 것보다 훨씬 안전하다는 것이다. 그리고 집에 가는 길이 더 이상 심심하지 않을 것이다. 가는 동안만이라도 휴대폰이 필요 없을 만큼!

느티나무 사거리의 신호등 시스템을 더 좋게 바꾸는 아이디어를 낸 사람들은 누구였을까? 알려지지 않은 이 사람들 덕분에 이곳을 지나다니는 나의 동네 사람들은 시간을 좀 더 아낄 수 있게 되었고 불평불만을 가지는 일도 줄었을 것이다. 참 고마운 일이다. 특히 나에게는 이런 수학 이야깃거리를 던져줬으니 더욱 그렇다. 여러분도 여러분의 느티나무 교차로를 감상하고 고마워할 수 있게 되기를 바란다.

누가 빨리 가나

앞서 본 느티나무 사거리의 문제는 가만히 앉아서 지켜보는 운전자보다는 횡단보도를 마음 졸이며 건너가는 보행자의 입장에서 더 감정이입하기 쉬운 문제인 것 같다. 그렇다면 사거리에 있는 운전자의 입장에서 생각해볼 수 있는 문제는 없을까? 실제로 다음은 내가 운전할 때 종종 생각하는 문제다.

녹색 신호등이 켜졌는데도 앞차가 바로 출발하지 않는다. 운전 중에 딴 짓을 하고 있는 모양이다. 저기 한참 앞에 있는 차들은 신호등을 지나 직진하거나 좌회전을 하는데, 나만 단 1m도 움직이지 못하고 가만히 서 있다. 결국 나는 이번 신호에서 교차로를 건너지 못하고 신호등 앞에서 브레이크를 밟아야 했다. 나는 왜 건너지 못했을까?

다음 신호를 기다리며 곰곰이 생각해보니, 그 이유는 앞차가 출발한 다음에 내가 출발할 때까지 어느 정도의 시간이 걸리기 때문인 것 같다. 그럼 왜 지연되었을까? 첫 번째로는 반응속도 때문이었을 것이다. 우리는 앞차의 움직임을 보자마자 바로 가속페달을 밟을 정도로 반응속도가 빠르지 않다. 두 번째 이유는 안전이다. 앞차가 슬슬 출발하려고 할 때 우리는 앞뒤 좌우 교통상황을 지켜보고 움직인다. (앞의 상황을 몰라서) 앞차가 출발하다가 갑자기 멈추면 위험하기 때문이다. 이 두 가지 이유로 인해서 앞차의 출발과 나의 출발 사이에는 지연되는 시간이 생긴다. 이렇게 지연되는 시간으로 과연 내가 교차로를 건너지 못할 만큼 큰일이 발생할까?

간단한 상황을 가정해보자. 내 앞에는 열 대의 차량이 신호를 기다리고 있다. 마침내 녹색 신호등이 켜졌다. 내 앞에 있는 차들이 만들어내는 지연시간 동안 가장 앞에 있던 차는 얼마나 이동했을까? 이걸 알아낸다면 신호등이 켜지자마자 내가 출발했을 때와 그렇지 않을 때의 차이를 비교해볼 수 있다.

숫자가 간단하게 맞아떨어지는 계산을 위해서 몇 가지 가정을 하자. 가장 먼저, 앞차가 출발한 이후에 그 뒤차가 출발할 때까지는 1초의 반응시간이 필요하다. 첫 번째 차는 신호등이 켜지자마자 출발하고 두 번째 차는 그 1초 뒤에 그리고 세 번째 차는 그것보다 더 1초 뒤에 출발한다. 내 앞에는 열 대의 차가 있으니까 나는 신호등이 켜진 지 10초 만에 출발할 수 있다. 이제 가장 앞의 차는 얼마나 갔을까?

역시 간단한 계산을 위해 차량은 4초 동안의 가속을 통해서 시속 43.2km(우리의 계산은 초 단위로 한다는 것을 잊지 말자. 이는 초속 12m이다)정도의 속도로 달린다고 하자. 여기서는 중학교 물리 시간에 배웠던 지식이 필요하다. 10초 동안 차량이 이동한 거리는 다음 그림의 색칠된 영역의 넓이를 통해 구할 수 있다. 답은 96m가 나온다. 즉, 내 앞에 차가 열 대라면 지연되는 시간의 효과만으로 96m를 손해보게 되는 것이다.

더 극단적인 비교도 할 수 있다. 두 가지 상황을 생각해보자. 첫 번째는 내 차 앞에 차량은 하나도 없지만 '차량 스무 대' 정

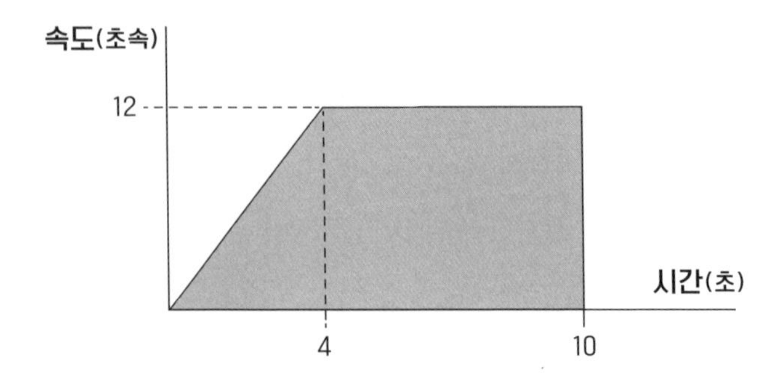

도가 서 있을 수 있는 텅 빈 공간이 있는 경우다. 두 번째는 내 차 앞에 실제로 열 대의 차량이 서 있는 경우다. 이때 신호등에 초록색 불이 들어왔다. 무슨 일이 일어날까?

계산의 편의를 위해 차량 길이를 4.8m로 잡고 교차로를 지나는 데 걸리는 시간을 계산해보면 전자의 경우는 10초 정도가 걸리고, 후자의 상황에서는 15초 정도의 시간이 걸린다. 앞차로 인해 지연되는 시간이 없다면 비어 있는 공간이 두 배일지라도 더 빨리 교차로를 지나갈 수 있다는 뜻이 된다. 비슷하게 계산해보면 앞에 차가 스무 대 서 있을 때와 (실제로는 없지만) 그 정도의 공간만 있을 때는 교차로를 지나는 데 걸리는 시간이 무려 세 배 차이가 난다. 이 차이는 오로지 반응하는 데 걸리는 시간 때문에 생기는 차이다.

그렇다. 별 것 아닐 줄 알았던 앞차와 뒤차의 출발 지연은 사실 큰 문제인 것이다. 지연시간이 있는 한 (녹색 신호가 길어봤자) 우리의 차는 교차로를 통과할 수 없다. 이제 우리는 해결방법을 찾을 수 있다. 먼저, 운전자들이 서로의 체증을 줄여주기 위해서는 고도의 순발력과 집중력으로 앞차와 거의 동시에 출발하면 된다. 그러면 녹색 신호가 켜졌을 때 평소 스무 대만 지날 수 있던 것이 무려 육십 대 가까이 지나가게 만들 수 있다. 하지만 꼭 이렇게까지 위험한 곡예 운전을 해야만 할까?

그럴 필요는 없다. 근본적인 해결책이 있다. 우리가 늦게 출발하는 이유가 두 가지였던 것을 기억해보자. 하나는 반응속도이고, 다른 하나는 안전이었다. 안전 부분을 해결할 수 있는 방법은 무엇일까? 교차로에 멈춰 설 때도 앞차와의 거리를 충분히 확보하는 것이다. 주행 중이 아니라 대기 중일 때도 말이다. 그러면 녹색 신호가 들어오고 앞차가 출발할 때 우리는 안전을 이유로 늦게 출발할 이유가 없어지고 지연을 막을 수 있는 것이다. 예를 들어, (아주 극단적으로) 차 한 대가 들어올 수 있을 정도로 거리를 둔다면? 너무 극단적인 예라고 생각하겠지만 오히려 놀라운 결과를 볼 수 있다. 사실 바짝 붙어있는 스무 대보다 간격이 차 한 대만큼 넓은 서른 대가 먼저 교차로를 지나간다.

고속도로는 왜 막히는 걸까?

고속도로는 말 그대로 고속으로 달릴 수 있는 도로를 뜻한다. 하지만 우리는 빈번하게 고속으로 달릴 수 없는 정체된 고속도로를 자주 마주하게 된다. 가장 흔히 볼 수 있는 정체는 고속도로 밖으로 빠져나가는 출구와 들어가는 진입로에서 일어난다. 반면 그 외의 장소에서 예상치 못한 정체가 생길 때도 있다. 이런 경우에 나는 '어디서 사고가 났나?'라는 생각부터 한다. 하지만 길고 긴 기다림 끝에 정체가 끝나는 지점에 다다르면 '역시…' 하는 한탄을 하게 된다. 교통체증 끝에 기다리고 있는 것은 그냥 뻥 뚫린 길인 때가 대부분이기 때문이다.

하루 평균 고속도로 교통사고가 스무 건 정도라고 하니 수많은 고속도로 중에서 내가 달리고 있는 그 시간, 그 지점 부근에서 사고가 났을 확률은 생각보다 낮다. 그렇다면 고속도로 출구도 입구도 아닌 곳에서 정체가 생기고, 오랜 기다림 끝에 우리가 뚫린 도로를 마주하게 되는 이유는 무엇일까?

이렇게 생각해보자. 모든 차가 비슷한 속도로 주행한다면 잠시라도 막힐 이유가 있을까? 당연히 없다. 반대로 이야기하면 모든 차가 비슷한 속도를 유지하지 않기 때문에 길이 막히는 것이라고 해석할 수 있다. 비슷한 속도를 유지하지 못하는 이유에는 두 가지가 있을 것이다. 첫째, 한 대가 너무 빨리 주행한다. 둘째, 한 대가 너무 느리게 주행한다.

전자의 경우를 생각해보자. 차 한 대가 유난히 빨리 간다면 무슨 문제가 생길까? 사실 이 차량이 빠른 속도로 다른 교통흐름에 영향을 주지 않고 행렬에서 빠져나간다면 상관없다. 하지만 차를 빠르게 몰아본 경험이 있는 운전자면 이것이 불가능하다는 것을 알 수 있을 것이다. 보통 둘 중 하나의 일이 일어난다. 앞차와의 간격이 지나치게 가까워져 브레이크를 밟아야 하거나 차선을 변경해야 한다. 후자는 어떠할까? 한 대가 느리게 가면 그 뒤에 있는 차들은 브레이크를 밟아야 한다. 아니면 차선을 변경해야 할 것이다. 두 경우를 종합해 생각해보면 다음과 같은 논리를 펼칠 수 있다. 모든 차량이 비슷한 속도를 유지하는 비현실적인 경우를 제외하면 누군가는 브레이크를 밟거나 차선을 변경해야 한다.

브레이크를 밟고 나면 우리는 앞서 살펴본 교차로 문제로 돌아갈 수 있다. 브레이크를 밟은 그 시점부터 그 뒤에 있는 차들은 교차로에서 신호등이 켜졌을 때와 똑같은 상황을 마주하게 된다. 앞차가 브레이크를 밟을 때 뒤에 있는 모든 차가 브레이크를 동시에 밟은 후 출발하는 일은 불가능하다. 브레이크를 밟았다가 다시 가속페달을 밟는 행위는 시간 지연과 함께 발생한다. 그리고 앞에서 살펴본 것처럼 앞차들이 지연시킨 시간은 단순히 사라지는 게 아니라 뒤차들에 누적되어 영향을 준다.

차선을 변경한다면 어떨까? 더 나을까? 그럴 리 없다. 우리는 아무 때나 차선 변경을 하지 않는다. 보통 앞차를 피하기 위해서 혹은 브레이크를 밟지 않기 위해서 차선을 변경한다. 이런 상황은 보통 급작스럽게 발생하고 무리한 차선 변경으로 이어지는 때가 많다. 즉, 새로 진입한 차선에서 주행하고 있는 차들에 영향을 주게 된다. 이렇게 되면 "브레이크를 밟은 건 내가 아니야"라고 말할 수는 있겠으나 결국 내 탓으로 고속도로를 주행하고 있는 다른 운전자들에게 불편을 주게 되는 것이다.

이제 앞선 논리에서 빈틈을 찾으면 그건 바로 고속도로에 생기는 정체를 막을 수 있는 방법이 된다. 일단, 우리의 논리에는 크게 두 가지 암묵적인 가정이 있는데 그중 하나는 '브레이크를 밟음. 뒤차도 브레이크를 밟음' 그리고 나머지 하나는 '차선 변경을 함. 뒤차가 브레이크를 밟음'이다. 다시 말해 이런 상황이 발생하지 않으면 우리는 좀 더 자유롭게 운전을 할 수 있다는 뜻이다. 주행속도를 조절해도 괜찮다는 뜻이다. 과연 가능할까?

우리가 어렸을 때부터 교통 포스터를 통해 배우는 두 가지만 기억하면 된다. 첫 번째는 안전거리 유지이다. 안전거리 유지는 말 그대로 거리를 적당히 유지해서 돌발적인 상황에 쉽게 대처할 수 있게 해준다. 하지만, 앞서 보았듯 앞차와의 거리 유지는 불필요하게 브레이크를 밟는 일을 없애주는 역할도 한다. 교통사고를 방지할 뿐만 아니라 체증의 원인도 줄일 수 있는 것이다. 두 번째는 운전 중에 딴짓을 하지 않는 것이다. 예를 들어, 휴대폰 사용이다. 우리는 심심치 않게 택시, 버스나 아는 사람의 차를 탔을 때 운전자가 통화하는 모습을 본다. 사고의 위험성이 올라가는 것도 당연하지만 이런 행동은 알게 모르게 반응시간을 늘려 교통체증도 유발한다. 그래서 교차로에서든 고속도로에서든 거리를 유지하고 딴짓을 줄이는 것은 우리 모두의 안전뿐만 아니라 우리 모두의 소중한 시간을 위해서도 꼭 필요하다!

수학으로 멍 때리기

우리가 여기서 생각해본 교통과 관련된 수학 문제는 비교적 단순한 문제들이었다. 실제로 교통과 관련된 이슈에는 더 복잡한 수학이 다각도로 활용된다. 우리 주변의 현상을 수학적으로 분석하는 관점인 '수학적 모델링'에서 많이 다루는 주제 중 하나는 교통과 관련된 모델링이다. 실제로 몇 년 전부터 매사추세츠 공과대학교의 연구진들은 수학적인 방법을 통해 차량 간 그리고 차량과 도로 간의 소통이 가능한 시스템 내에서 신호등 자체가 필요하지 않도록 하는 기술을 개발하고 있다. 그리고 이와 관련하여 스위스의 로잔 연방 공과대학교와 미국의 카네기멜론 대학교의 연구진들이 쓴 비슷한 내용의 논문이 2018년 7월 아카이브arxiv.org•에 게재되었다. 차량 간 연결로 어떤 차가 먼저 갈 것인지를 소통해서 정하는 일종의 가상 신호등 시스템을 만들고, 학교 내에서 실험했다는 내용이었다.

이런 실제 연구들에서는 우리의 분석이 맞는지 확인하기 위해 수식을 사용한다. 한 가지 강조하고 싶은 것은 어려워 보이

• 이 단어는 앞으로 이 책에서 두 번 정도 더 등장하지만 실제 수학 연구와 관련된 것이니 만큼 설명해두고자 한다. 아카이브는 일종의 논문 저장 및 공유 사이트이다. 저널과의 차이점은 아카이브는 (마치 인스타그램처럼) 원하는 대로 논문을 올릴 수 있다는 점이다. 그래서 (정말 인스타그램처럼) 모든 논문이 믿을만한 것은 아니다. 그럼 왜 이런 사이트가 있는지를 물어봐야 하는데 그건 바로 연구 교류의 속도 때문이다. 인터넷 덕분에 연구 교류가 상당히 빠른 요즘에는 이전보다 다양한 논문들이 더 많이 나와서 한 달에 한 번 나오는 저널에서조차 모든 새로운 연구결과를 담을 수 없다. 실제로 수학 논문은 연구자가 처음 논문을 저널에 제출하고 무려 2년이 지나서 출판되는 경우도 많다. 그래서 많은 연구자들이 아카이브를 통해 서로의 연구결과를 바로바로 확인하고는 한다.

는 수식들 모두가 눈에 보이는 것처럼 어려운 수식은 아니라는 것이다. 사실 수식들은 알고 보면 (한글로 정리한) 우리의 생각을 (수식으로 정리해서) 종이에 옮겨 적은 경우가 많다. 예를 들어, 우리가 앞서 본 "브레이크를 밟으면, 브레이크를 밟는다"처럼 말로 표현된 것을 수학에서는 수식으로 정리한다. 그러고 나서 논리를 따라 결론에 도달하는 것이다.

이런 점에서 보면 수학을 공부하거나 연구하는 데에는 두 가지가 필요하다. 첫 번째는 앞서 우리가 한 것처럼 단계 단계를 거쳐 '한글로 된 논리적인 생각'을 만들어내는 노력과 능력이다. 두 번째는 한글이라는 언어를 수학이라는 언어로 번역하는 능력이다. 수학을 활용해서 연구를 하는 사람들에게는 첫 번째와 두 번째의 능력이 모두 필요하다.

교통정체 상황으로 다시 돌아가서 생각해보자. 가장 처음 우리는 교통정체를 분석하고 싶었다. 처음에 우리에게 주어진 것은 아무것도 없었다. 이 상황에서 우리는 "누가 범인일까?"라는 문제의 핵심적인 답을 찾아야 했다. 가장 쉽게 생각할 수 있는 범인은 아마 '천천히 가는 차량'일 것이다. 하지만 조금만 생각해보면 이건 충분한 답도 근본적인 답도 아니라는 것을 깨닫게 된다. '빠르게 가는 차량' 또한 교통정체에 영향을 주기 때문이다. 게다가 '천천히 가는 차량'의 옆차선이 비었다면 이 상황은 체증을 유발하지 않는다. 곧이어 우리는 '차량 앞뒤의 지연시간이 (그리고 이를 만들어내는 브레이크가) 정체의 범인이 아닐까?'라는 생각을 하게 됐다. 그리고 여기서부터 논리를 전개해 원하는 근본적인 범인을 찾아냈다.

여기서 아이디어는 '지연시간이 정체를 만들어낼 것이다'라는 추측이다. 물론 '느리게 가는 차량이 정체를 만들어낼 것이다'라고 추측하는 것도 하나의 아이디어다. 다만 이 경우에는 논리를 전개해봤더니 아이디어가 충분하지 않다는 것을 깨달았을 뿐이다. 우리가 앞으로 볼 이야기들에서 가장 중요한 건 이런 '아이디어'들이다. 단어가 조금 추상적이기는 하지만 앞서 본 것처럼 어떤 생각도 아이디어가 될 수 있다. 중요한 건 그 아이디어를 한 단계 한 단계 앞으로 진전시켜 나가는 논리다. 그리고 이 두 가지가 잘 합쳐진 것이 바로 앞서 이야기한 '한글로 된 논리적인 생각을 만들어내는' 첫 번째 능력이다.

두 번째 능력은 조금 다르다. 이는 전문적인 번역 작업과 비슷한 점이 있다. 전문적으로 번역을 하는 일은 쉬운 일이 아니다. 우리는 학교에서 영어를 배우지만 단어만 외우기도 벅차다. 단어를 다 외웠다고 쳐도 올바른 문장을 만드는 건 또 다른 문제다. 올바른 문장을 만들 수 있다고 해도 아직 번역의 단계는 한참 멀었다. 심지어 전문적인 번역이라면 문장의 의미뿐만 아니라 느낌도 살려서 번역해야 한다. 그래서 좋은 번역을 하기 위해서는 해야 할 것이 아주 많다. 특히나 반복적인 연습이 많이 필요하고 그래서 지겨울 수도 있다. 수학을 하는 데 있어서 두 번째 능력도 마찬가지다. 이 능력은 반복 연습이 많이 필요하고 지겨울 때도 많다.

수학으로 멍 때리기(첫 번째)와 수학을 하는 것(첫 번째와 두 번째)은 이렇듯 큰 차이가 있다. 다행히 우리는 이 책에서 첫 번째 능력인 수학으로 멍 때리기에 대해서 이야기할 것이다. 앞서 봤듯 수학으로 멍 때리기는 결코 수학을 잘하는 사람만이 할 수 있는 것이 아니다. 우리 주변에서 마주치는 상황에 대해서 생각해보되 한 걸음만 더 논리적으로 생각을 이어간다면 누구나 할 수 있다. 이 책을 다 읽고 나서 여러분이 수식의 세상에 발을 들이지 않은 채 수학으로 멍 때리기를 하는 것이 어떤 느낌인지 알게 되기를 바란다. 그리고 수학을 숫자나 수식을 통해 멀게 느끼지 않고 더 다양한 시선을 통해 더 가깝게 느끼게 되기를 바란다. 수학은 우리를 떠난 적이 없다!

1

여행자를 위한 길 안내서

프랑스는 언젠가 꼭 한 번은 가보고 싶은 나라다. (나는 아직까지 이 흥미로운 곳에 가보지 못했다.) 내 상상 속 프랑스를 그림으로 표현하라고 한다면 다양한 색을 가진 표현주의 느낌으로 표현할 것이다. 그림 속 다채로운 색들은 각각 미술, 음식, 패션, 교육, 철학, 혁명, 그리고 축구 등을 의미한다. 그리고 이 그림 속에는 많은 사람이 예상하지 못하는 중요한 색이 하나 있다. 바로, 수학이라는 색이다.

우리의 이야기로 들어가기 전에 프랑스와 수학의 뗄 수 없는 관계에 관한 이야기를 잠깐 하고 넘어가고 싶다. 먼 과거로 올라가보면, 수학 전공자가 아닌 사람들도 익히 알고 있는 피에르 페르마(페르마의 마지막 정리), 데카르트(나는 생각한다. 고로 존재한다), 앙리 푸앵카레(푸앵카레의 추측)는 모두 프랑스 수학자들이다. 가까운 과거에는 앙드레 베유, 앙리 카르탕 등을 필두로 한 프랑스 수학자들의 모임인 부르바키가 있다. 이들은 지금 대학에서 쓰는 수학 교과서들이 사실상 지금의 형식으로 자리 잡는데 가장 큰 영향을 준 수학자들이다.

부르바키는 또한 수학의 여러 주제를 구분하고 합치는 과정을 통해 현대 수학의 분야를 정립하는 데 크게 기여했다. (공집합을 표현할 때 쓰는 기호인 $\varnothing$는 부르바키의 유산이다.) 마지막으로, 지금의 프랑스는 수학계에서 가장 영예로운 상으로 여겨지는 필즈상의 수상자를 가장 많이 배출해낸 국가 중 하나이다. 그래서 수학은 프랑스라는 그림에 없어서는 안 될 중요한 색인 셈이다.

그래서 수학을 공부하는 내 마음속에는 항상 프랑스 파리 여행이 자리 잡고 있다. 우리가 지금 많고 많은 도시 중에서 프랑스 파리를 여행하려는 이유도 이것이다. 자, 그럼 프랑스 파리에서는 무엇을 봐야 할까?

첫 번째는, 비록 처음에 지어질 때는 흉물스럽고 파리와 어울리지 않는다는 평가를 받으며 철거위기에도 놓였었지만 지금은 파리를 대표하는 건물이 된 에펠탑이다. 두 번째는 피라미드 모양으로 생긴 세계에서 가장 유명한 박물관 중 하나인 루브르 박물관이다. 다음은 오귀스트 로댕의 작품 〈생각하는 사람〉이 있는 로댕 박물관으로 정하자. 마지막으로는 최근 화재로 인해 잠시 닫혀버렸지만 여전히 프랑스의 가장 대표적인 성당 중 한 곳인 노트르담 대성당과 프랑스 혁명의 진원지였던 바스티유 광장을 가볼 것이다.

운 좋게도 우리의 숙소는 아름답고 웅장한 에펠탑이 바로 앞에서 보이는 곳이다. 오늘은 숙소에서 여유롭게 여행 루트를 짜고 내일부터 돌아다닐 것이다. 앞서 정한 다섯 개의 장소를 거치는 여행 루트를 어떻게 짤까? 일단, 여행 루트를 짜기 위해 다음과 같이 지도를 꺼내서 장소를 표시하자.

여행 일정은 항상 뒤로 미뤄지기 마련이니, 각 장소에서 최대한 많은 시간을 보낼 수 있도록 이동하는 데 드는 시간을 최소화할 수 있는 루트를 고민해봐야 한다. 과연 어떤 순서로 방문해야 길에서 보내는 시간을 줄이고 각 장소에서 많은 시간을 보낼 수 있을까?

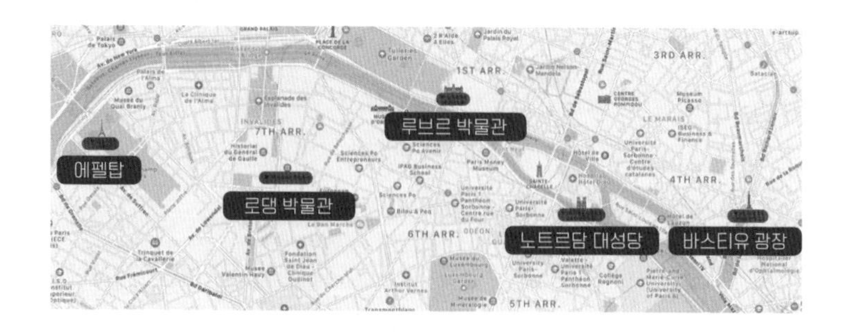

우리는 숙소 근처인 에펠탑 관광을 마치고 다음 행선지를 정해야 한다. 아무래도 가장 가까운 로댕 박물관으로 향하는 것이 현명할 것이다. 그다음은 어디인가? 루브르 박물관? 노트르담 대성당? 어떤 경로로 다녀야 파리에서의 하루를 알차게 보낼 수 있을까? 직접 루트를 그려보는 게 좋겠다.

에펠탑에서 시작해 다시 에펠탑으로 돌아오는 경로를 다음 그림의 ❶, ❷, ❸, ❹와 같이 짜보았다. 이 중 어느 루트를 이용하는 것을 좋을까?

내 동생이었다면 이때쯤 "이 문제 고민할 시간에 직접 나가 돌

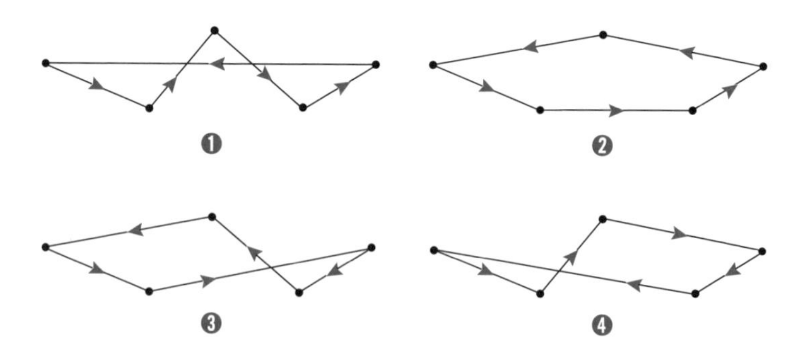

아다니고 말지"라고 했을 것이다. 여러분도 그러는 건 아닐지 걱정된다. 부디 차분한 마음을 가지고 우리 함께 수학 아이디어를 감상해보자.

급할수록 돌아가라? 그럴 리가…

요즘 들어 눈에 띄는 특이한 사거리가 있다. 바로 대각선 방향의 횡단보도가 있는 사거리다. 넓은 도로에는 (아마도 위험해서) 만들 수 없지만 왕복 4차선 정도의 좁은 도로가 지나는 사거리에는 가능해서 이런 대각선 횡단보도가 늘어나는 추세인 것 같다. 여기서 주목해야 할 (알아두면 쓸데없는) 사실은 횡단보도의 뜻이 '가로'질러 건너는 보도인만큼 대각선 횡단보도에는 새로운 이름이 필요하다는 것이다.

나의 동네에도 대각선 횡단보도가 있다. 내가 주로 이용하는 마트가 우리 집 방향에서 대각선으로 위치한 탓에 자주 이용한다. 그림을 그려보면 다음과 같다.

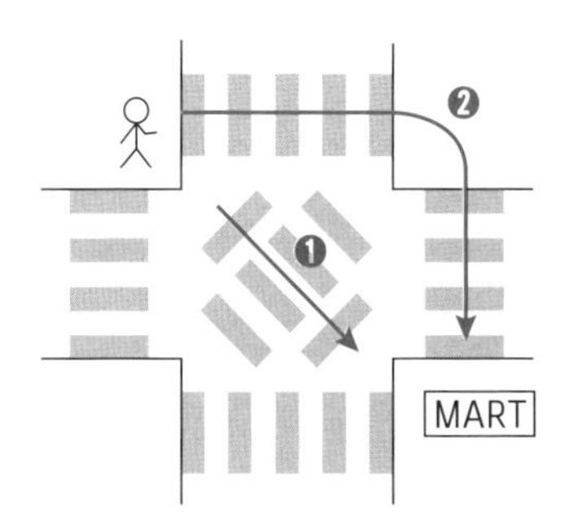

그림을 통해 알 수 있듯이 집에서 출발해 대형마트로 걸어가려면 나는 왼쪽 위에서 오른쪽 아래방향으로 길을 건너야 한다. 대각선 횡단보도가 있는 사거리는 모든 횡단보도 녹색 신호등이 동시에 켜진다. 여러분이라면 어느 방향으로 길을 건너 마트로 향하겠는가? 횡단보도를 건너갈 것인가? ❶번인가 ❷번인가?

급히 마트에 들러야 하는 보행자라면 ❶번 방법으로 길을 건널 것이다. 사실, 시간 여유가 있는 보행자더라도 대부분 ❶번 방법으로 길을 건널 것이다. 그렇다. 우리는 어떤 계산을 하지 않고도 ❶번 방법으로 길을 건너는 것이 ❷번 방법으로 건너는 것보다 빠르다는 것을 알고 있다. 그러면 다음의 상황은 어떤가?

학교를 다니는 동안 내게 가장 어려웠던 일은 제시간에 맞춰 교실에 도착하는 것이었다. 눈꺼풀은 무겁고 행동은 굼뜬 아침. 그래서인지 본능적으로 교실에 가장 빨리 도착할 수 있는 방법을 찾게 되었다. 다음은 내가 다닌 중학교의 모습을 그린 것이다. 오른쪽 아래에 학교 정문이 있다. 나의 최종 목적지는 학교 본관 1층 중앙문이다.

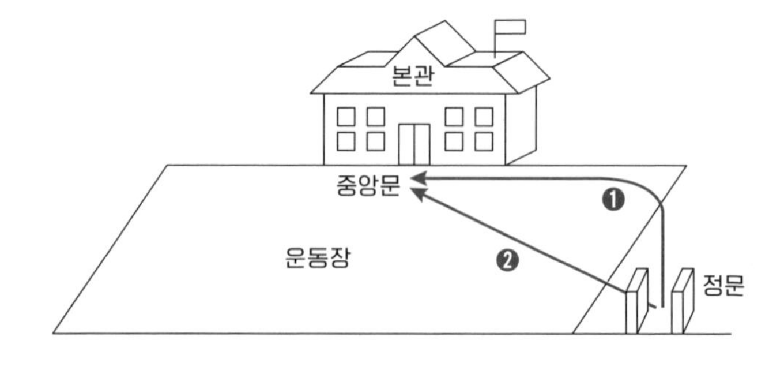

상황을 가정해보자. 나는 지금 지각할 수도 있는 위태로운 상황에 처해 있다. (학교 본관 1층 문 앞에서 지각생을 잡는다고 해보자.) 급히 뛰어 방금 정문을 지나쳤고 이제 학교 본관 1층 문으로 입성해야 한다. 그렇다면 여러분은 위의 그림에 표기된 ❶과 ❷의 경로 중 어떤 방향을 택해 전력 질주하겠는가? 그렇다. ❷번이다. 역시 여러분의 본능은 가장 빠른 길이 어떤 길인지 알고 있다.

여기서 마트 가는 길에 건너는 횡단보도와 지각을 피하기 위해 선택해야 하는 길 사이에는 공통점이 있다. 꺾어서 가는 길보다 바로 질러가는 길이 더 빠르다는 것이다. 우리는 어려서부터 '급할수록 돌아가라'는 격언을 들으며 살아왔다. 하지만 그 뜻은 마음이 급할수록 한 번 더 차분히 생각해보라는 뜻일 뿐, 우리는 '급할수록 곧게 가야'한다.

우리는 본능적으로 어느 상황에서든 돌아서가는 것보다 직진으로 가는 것이 더 빠르다는 것을 안다. (수학에서) 우리는 이 사실을 바로 삼각부등식이라고 부른다.

두 변의 길이의 합은 나머지 한 변의 길이보다 길다.

표현이 어렵게 느껴질 수 있지만, 내용은 우리가 이미 아는 사실을 글로 표현한 것이다. 대각선 횡단보도와 학교 정문에서 본관 1층으로 가기 위한 경로에서 우리는 삼각부등식을 몸소 실천했다. 삼각부등식은 다음의 그림처럼 삼각형 여러 개를 그려놓고 실선을 따라가는 것과 점선을 따라서 가는 것을 비교해도 이해할 수 있다. 한 변의 길이는 나머지 두 변의 합보다 짧다. 삼각형 변의 길이가 킬로미터이든 미터이든 나노미터이든 이 사실은 변하지 않는다.

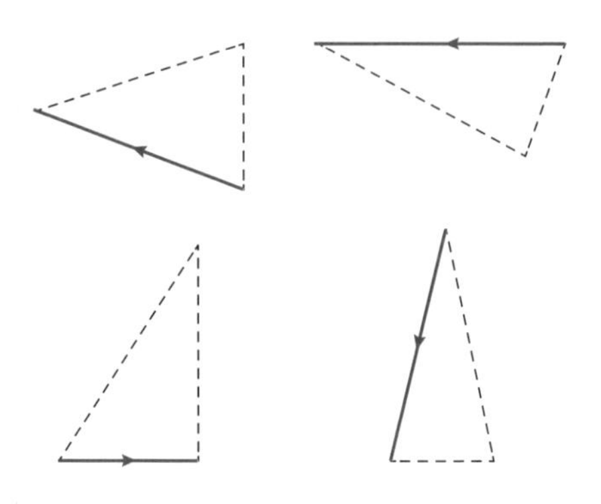

누구나 본능으로 알고 있는 이 사실을 한 번 더 적용해보면, 재미있는 관찰을 할 수 있다. 다음의 문제를 생각해보자.

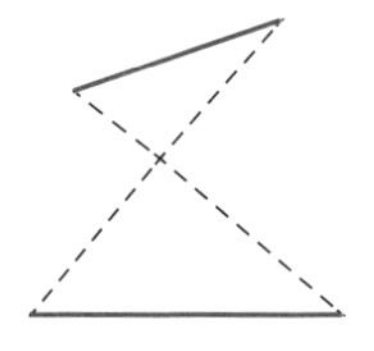

이 그림에서 점선의 합이 클까, 실선의 합이 클까?

힌트: 그렇다. 점선은 점선인 이유가 있고, 실선은 실선인 이유가 있다.

그냥 봐서는 바로 대답하기 쉽지 않지만 이 꼬여있는 모양의 도형을 삼각형 두 개로 분리해 생각하면 모든 게 분명해진다.

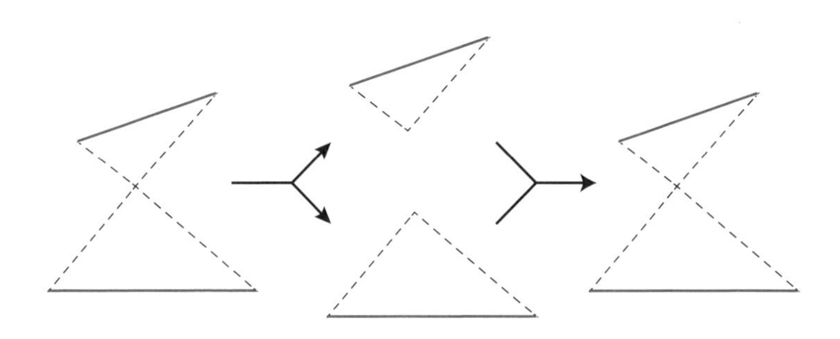

각 삼각형에서 점선의 합이 더 크기 때문에 이 둘을 합치면 당연히 점선의 합이 크다는 것을 알 수 있다. 이 사실을 좀 더 쉽게 기억하는 방법은 '꼬여있는 길을 풀면 경로가 더 짧아진다'이다. 혹은 'X자 모양의 경로는 =자 모양이나 ||자 모양으로 바꾸면 경로가 더 짧아진다'라고 할 수도 있겠다. 삼각부등식을 통해 알게 된 이 사실을 바탕으로 프랑스 파리의 일정을 다시

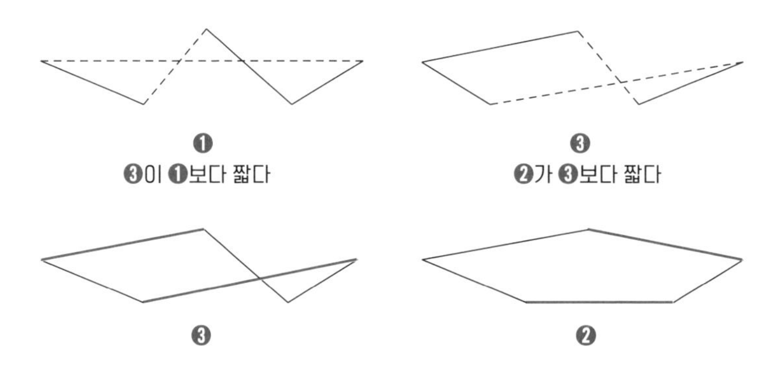

세워보자. 우리는 파리를 효율적으로 여행하기 위해서 ❶,❷,❸,
❹ 경로를 생각해봤다. ❶번 경로에서 방금 얻어낸 사실을 적용할 수 있을까?

왼쪽의 그림에서 ❶번과 ❸번 중 어느 경로가 더 짧을까? 그렇다. ❸번이다. 실선에 해당하는 선의 합이 점선에 해당하는 선의 합보다 작기 때문이다. 오른쪽의 그림에서는 어떨까? 비슷하게 ❸번 경로보다 ❷번 경로가 짧다는 것을 알 수 있다. 그래서 ❶번과 ❸번의 경로는 둘 다 ❷번 경로보다 오래 걸리는 경로가 된다. 그래서 최종적으로 파리에서의 나의 일정은 ❷번 경로에 따라 움직이게 될 것이다.

이처럼 수학적 아이디어라는 것은 단순한 수학 원리로 복잡한 문제를 해결할 수 있게 해준다. 다음으로 넘어가기 전에 배운 것을 한번 이용해보자. 다음 날 아침이 밝았는데 가고 싶은 곳이 하나 더 생겼다. 아방가르드 건축의 상징으로 유럽에서 가장 큰 현대미술박물관이 있는 퐁피두 센터다. 총 여섯 군데의

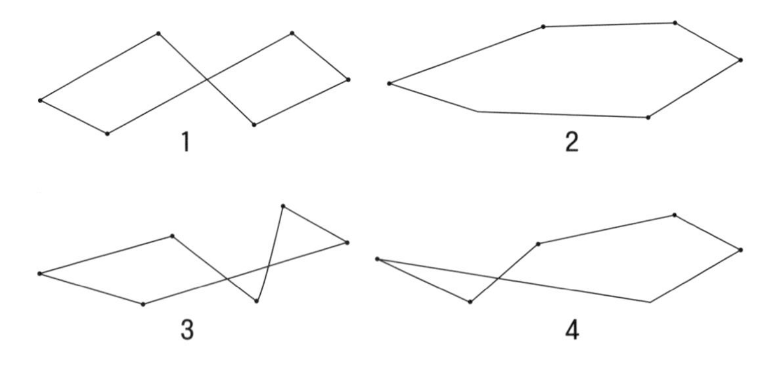

위치를 지도에 표시하고 단순하게 만들면 아래와 같은 경로들이 가능하다. 이 중에는 무엇이 가장 짧을까?

힌트: 경로가 꼬여있을 때는? 꼬인 것을 풀어내면 경로가 더 짧아진다. 답은 2번.

우리의 파리 여행 계획은 여기서 끝이다. 우리는 이제 좀 더 진지하고 심각한 문제로 넘어갈 것이다. 바로 택배 물류창고 짓기 문제다.

택배가 멈춰서는 그곳이 알고 싶다

버뮤다 삼각지대라는 곳이 있다. 미국 플로리다와 푸에르토리코 그리고 버뮤다 섬을 잇는 삼각형 모양의 지대에서 선박과 항공기 등이 사라지는 일이 유난히 많이 발생한다고 해서 이름 지어진 지역이다. 우주의 다른 부분으로 통하는 통로라는 신선한 주장도 있지만, 실종 관련 기사가 부풀려진 것이라는 주장이 더 설득력 있는 듯하다. 아무튼 요즘에는 '빠지면 헤어나올 수 없는 곳'을 뜻하는 용어로 가끔 사용되기도 한다. 이런 버뮤다 삼각지대가 우리나라에도 있다.

옥천군은 지도상으로 보면 대전광역시의 약간 오른쪽에 있다. 나는 친구와 함께 이곳으로 1박 2일 여행을 다녀온 적이 있는데 산이 푸르렀던 조용하고 아늑한 곳으로 기억한다. 옥천은 시 〈호수〉로 유명한 정지용 시인의 생가가 있는 곳이기도 하다. 이렇듯 듣기만 해도 마음이 편안해지는 옥천은 아이러니하게도 우리나라의 버뮤다로 통한다.

옥천은 사실 온라인쇼핑 이용자들에게는 호환마마보다 무서운 곳이다. '옥뮤다 삼각지대'라 불리는 옥천의 한 택배물류창고HUB 때문이다. 배송이 지연되는 건 기본이고 물건이 사라지기까지 한다는 흉흉한 소문이 돌면서 온라인에서는 'I okcheon you'가 '택배를 못 받게 하겠다'는 뜻으로 통하기도 한다.

옥천이 이런 불명예를 얻게 된 이유는 옥천을 거쳐서 가는 택배의 양이 아주 많기 때문이다. HUB는 접수된 택배들이 집결하는 곳을 의미하는데 옥천에는 아주 큰 유명한 HUB가 하나 있다. 그래서 전국에서 접수된 택배들이 모이는 곳이 옥천인 경우가 많은 것이나. 심시어는 서울에서 접수되어서 서울로 가는 택배가 옥천에 집결되기도 한다. 그럼 왜 굳이 옥천일까? 일단, 큰 도시(대전)에 가깝고, 땅값이 비싸지 않은 가운데 물류창고를 지을 넓은 땅이 있으며 고속도로도 인접해 있는 등 여러 장점을 갖추고 있기 때문이다. 그리고 가장 중요한 사실은 대한민국에서 지리상으로 보았을 때 중심에 가깝다는 것이다.

택배회사들의 물류터미널이 옥천에만 있는 것은 아니다. 사실 수도권에 인구가 집중되어 있기 때문에 그 주변에도 물류터미널이 많을 것이라 짐작할 수 있다. 서울 남쪽에 있는 여러 도시 가운데 군포는 인구 30만이 채 되지 않는 작은 도시이다. 무궁화호나 새마을호 혹은 1호선 지하철을 타고 서울에서 수원을 향해가다 보면 이 도시를 지나게 되는데, 가만히 창밖을 내다보고 있으면 물류터미널처럼 생긴 큰 건물들이 여러 채 늘어서 있는 광경을 볼 수 있다. 군포도 옥천과 비슷한 특징을 가지고 있다. 큰 창고를 지을 공간이 있고 값이 상대적으로 싸며 교통이 편리하다. 그리고 마지막으로 서울-인천-경기남부 지역의 지리적 중심지에 가깝다.

지리적 중심지는 어떻게 찾을까?

택배회사의 입장에서 창고를 지을 때는 지리적 중심지를 찾는 것이 중요하다. 중심지는 어떻게 찾을 수 있을까? 다음의 지도를 보고 생각해보자.

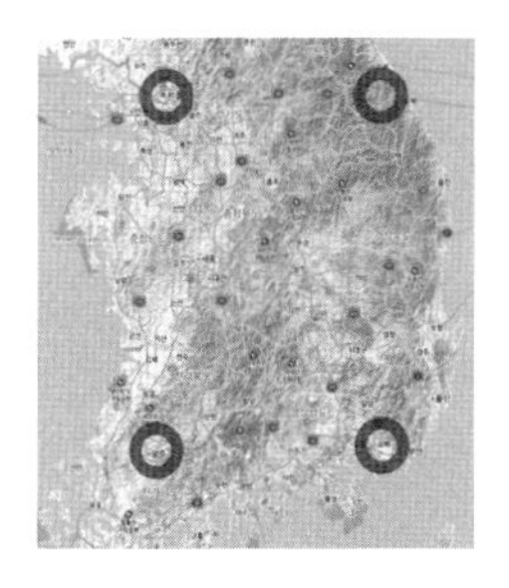

편의상 동그라미 표기한 지점에 도시들이 위치한다고 가정해

보자. 예를 들어, 왼쪽 위에는 수도권. 오른쪽 위에는 강릉, 원주. 왼쪽 아래에는 전주, 광주, 목포. 오른쪽 아래에는 대구, 부산, 울산, 이렇게 말이다. 이제 각 지점을 선으로 이어 만들어진 직사각형 안, 어딘가에 물류터미널을 지어야 한다. 어디에 짓는 것이 가장 좋을까? 다음 세 가지의 옵션이 있다.

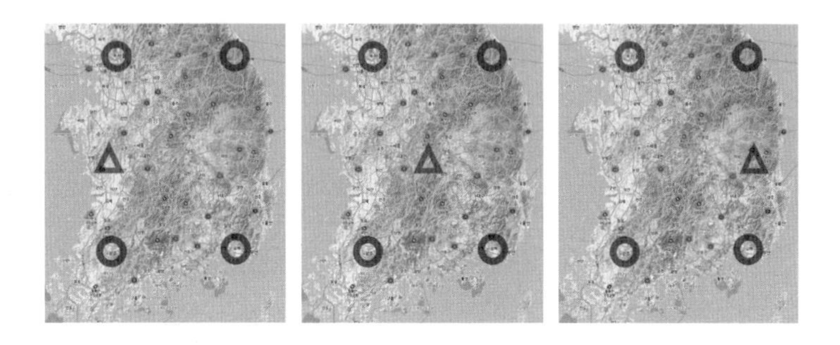

어느 위치가 가장 좋아 보이는가? 언뜻 생각하기에는 가장 중심에 짓는 것이 그럴 듯해 보인다. 여기에 삼각부등식의 원리를 적용해보자. 점선과 실선을 다음 그림처럼 그리면 (그리고 두 개의 삼각형 각각에 대해서 삼각부등식을 써보면) 실선이 점선보다 짧기 때문에 중심에 짓는 것이 가장 효율적이라는 것을 알 수 있다. 즉, 옥천이 가장 효율적인 물류터미널의 위치 혹은 지리적 중심지라는 것이다.

그렇다면, 군포는 어떠한 방법으로 중심을 찾은 걸까? 방금 본 것처럼 서울-인천-경기 남부 각 지점을 꼭짓점으로 하여 삼각형을 그린 뒤, 물류터미널의 위치를 찾아보자. 어디가 가장

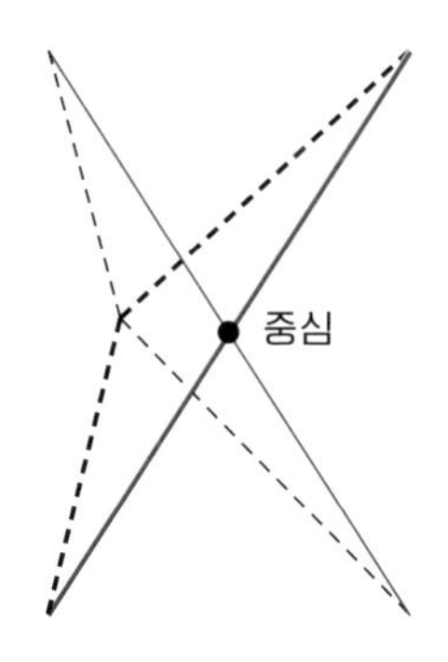

좋은 위치일까? 앞서 네 개의 도시가 있을 때처럼 쉽고 정확하게 찾을 수 있는 방법은 없을까? 있다. 하지만 약간 더 생각을 필요로 한다.

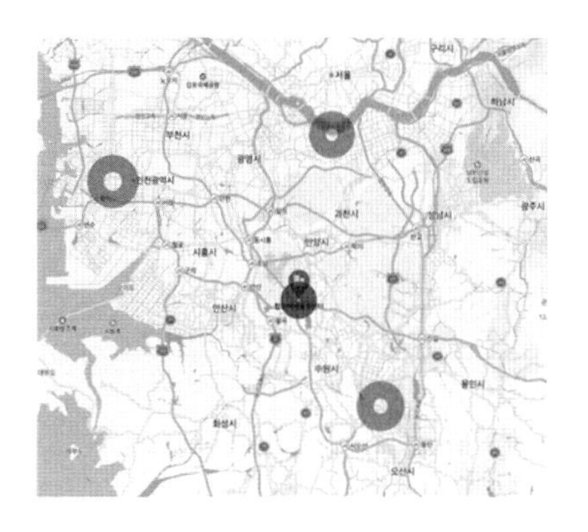

다음 이야기에 넘어가기에 앞서 한 가지 변명 아닌 변명을 하고 넘어가고 싶다. 계속 최소의 비용과 최대의 효율을 이야기하다 보니 문득 이런 생각이 들었다. 수학자 집단에 대한 편견 중 하나는 수학자 집단이란 최솟값이나 최댓값을 찾는 문제에만

온 정신이 팔려 있는 사람들의 모임이라는 것이다. 수학을 공부하는 나조차 이런 편견을 가끔 가지고 있다. 하지만 이는 명백한 편견인데 그 이유는 수학자들만 그런 부류의 사람들인 것은 아니기 때문이다. 예를 들어, '나는 최소나 최대 같은 것에 정신이 팔려 있는 사람이 아니다'라고 생각하지만 이 책을 속독으로 읽고 있는 여러분은 최소한의 시간으로 이 책의 내용을 최대한 많이 흡수해 갔으면 하는 사람이다. 인간은 원래 효율성에 관심이 많다. 아마도 '게으르고 욕심이 많기' 때문일 것이다.

하지만 안타깝게도 효율성을 최대로 하는 방법을 찾는 것은 인간의 머리로는 쉽지 않은 일이다. 이럴 때 우리는 항상 자연을 찾는다. 자연이 항상 옳거나 자연이 항상 답을 알려주는 것은 아니지만, 운 좋게도 이번에는 자연에서 답을 얻을 수 있다.

(비눗)물은 답을 알고 있다!

벚꽃이 피는 날씨 좋은 봄날에 우리는 벚꽃 명소를 찾는다. 벚꽃 명소에는 연인이나 가족들이 많다. 특히 그중에서도 아이들을 데리고 나온 가족을 자주 볼 수 있다. 우리가 찾고 있는 '자연에서 얻을 수 있는 답'은 아이들의 조그만 손에 쥐어있다. 바로 비눗방울 장난감이다. 동그란 구멍이 달린 막대기를 비눗물에 담갔다 꺼내, 입김을 후하고 불면 오묘한 색을 띠는 비눗방울들이 만들어지는데 여기에 얽혀 있는 한 가지 과학 이야기가 우리가 찾고 있는 그 단서다. 모두가 한 번쯤은 들어봤을 표면장력이다.

표면장력이라는 단어를 해석하면 '표면+장+력'으로 나눠 생각해볼 수 있다. 여기서 '표면'은 말 그대로 표면을 의미한다. '장'은 '베풀 장張'으로 읽지만 종이나 가죽 같이 얇고 넓적한 물건을 세는 데 쓰이는 단위이다. 마지막으로 '력'은 (예상할 수 있듯이) 힘을 뜻한다. 즉, 표면장력은 '표면이라는 비눗장(?)에 담긴 힘' 정도로 해석해볼 수 있을 것이다. 하지만, 이것만으로는 충분하지 않다. 좀 더 직관적인 방법으로 이해해보자.

방방이라고 부르는 놀이기구가 있다. 지역마다 다른 이름(봉봉, 퐁퐁)을 가지고 있는 이 트램펄린은 단순히 공중으로 뛰어오르며 노는 놀이기구이다. 방방에 온 체중을 실어 몸을 내던지면 방방은 우리를 하늘 높이 올려준다. 방방이 우리를 공중으로 높이 올려주는 것은 우리가 방방에게 스트레스를 주기 때문이다. 스트레스를 받은 방방에는 더 강력한 '표면장력'과 비슷한 것이 생기고 이 힘이 우리를 위로 높이 올려주는 것이다.

이것이 바로 표면장력이 작동하는 방식이다. 누군가 표면을 늘리면 스트레스를 받아, 원래의 상태로 표면을 돌리려고 하는 것이다. 고무막이나 고무줄도 비슷한 방식으로 작동한다. 예를 들어, 고무줄을 양옆으로 당겼다가 놓으면 원래 모양으로 돌아가고 고무막도 중간 부분을 잡아당기면 원래 모양으로 돌아가려는 힘을 가지게 된다. 비눗물이 가지고 있는 표면장력은 고무막과 똑같이 작동한다. 누군가가 스트레스를 주면 원래대로 돌아가려고 한다. 그렇다면 표면장력은 왜 생기고 어떤 특징을 가지고 있을까? 이에 대한 답은 한 동요 속에서 찾을 수 있다.

> 손을 잡고 오른쪽으로 빙빙 돌아라
> 손을 잡고 왼쪽으로 빙빙 돌아라
> 뒤로 살짝 물러섰다 앞으로 다들 모여서
> 손뼉치고 꼬마는 빠져라

많이들 알고 있는 동요, "빙빙 돌아라"의 가사이다. 어린시절 다들 이 동요에 맞춰 한두 번은 율동을 춰보았을 것이다. 아직 율동을 기억하고 있는지 잠시 생각해보자. 이 동요의 율동은 아주 직관적으로 가사에 딱 맞춰 만들어졌다. 강강술래를 하는 것처럼 손에 손을 잡고 원 모양으로 서서 노래에 맞춰, 오른쪽으로 갔다, 왼쪽으로 갔다, 뒤로 갔다, 앞으로 가는 율동이다.

이 율동을 할 때, 가끔 과격한 친구들을 만나면 '뒤로 가는' 율동에서 뒤로 너무 많이 나간 나머지, 옆 친구의 손을 세게 붙들고 있어야 하는 상황이 생긴다. 원의 둘레가 길어지면 서로를 잡고 있기 위한 힘이 세질 수밖에 없는 것이다. 이때, 옆 사람과 서로 당기는 힘이 일종의 표면장력이다. 정확히는 면이 아니라 선이니까 '선장력'이라고 부르자. 이 '선'장력은 사람들이 이루는 선의 둘레를 줄이려는 성질이 있다. 서로가 강하게 잡아당기면 둘레가 작아지지 않겠는가? 그럼 면의 차원에서는 어떤 일이 일어날지 한번 상상력을 발휘해보자.

다음 그림에서 사람들이 서로를 당긴다면 저절로 면적을 줄이려는 성질을 갖게 될 것이다. 그래서 "빙빙 돌아라"의 율동이 남긴 교훈은 다음과 같다. 표면장력은 자연스레 표면적을 줄이려고 한다. 이를 비누막에 적용해보자. 비누막에는 표면장력이 있고 표면장력은 표면적을 줄이려고 한다. 따라서 우리가 만드는 비누막은 항상 표면적이 최소가 되는 모양으로 돌아가려 한다는 사실을 알 수 있다.

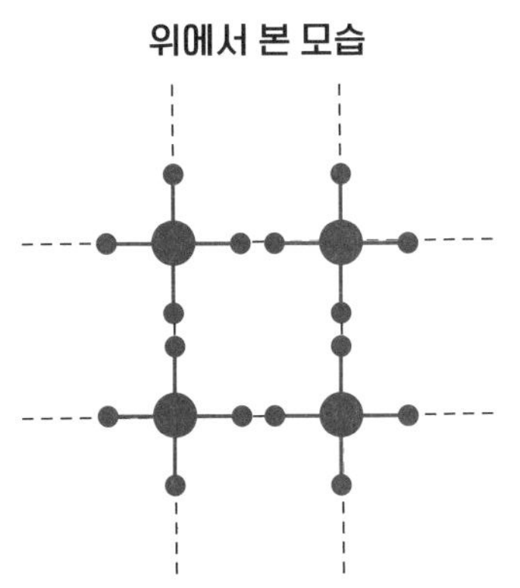

서로 당기면 차지하는 면적이 줄어든다.

이게 무슨 이야기인지 직접 실험을 해보자. 준비물은 얇은 철사다. 구부러지는 얇은 철사를 살 수 있는 곳이 어딘지 잘 모르겠는 나 같은 사람은 머리로 실험을 해보자. 다음 그림처럼 철사를 원 모양으로 만든 다음, 비눗물에 넣었다가 꺼내면 어떤 모양이 만들어질까? 아마도 원 모양 비누막이 만들어질 것이다.

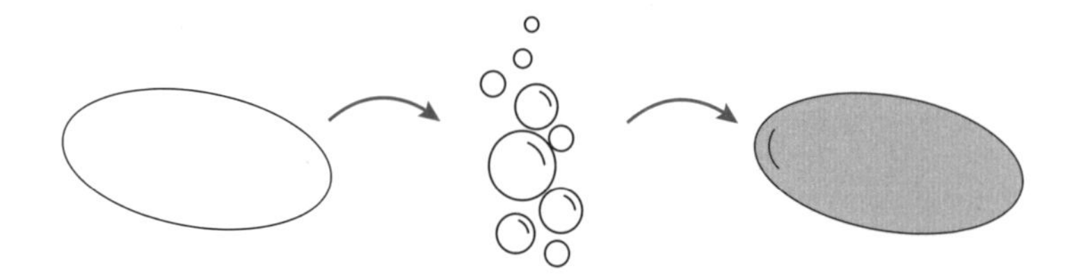

그러면 여기에 아주 간단한 변형을 줘보자. 철사를 다음 그림처럼 반만 접어보는 것이다. 그런 다음 이 철사를 비눗물에 넣었다가 꺼내면 어떤 비누막이 만들어질까? 아래 두 가지의 보기가 있다. 비슷해 보이지만 왼쪽은 앞에서 봤을 때 비누막이 가려지고 철사만 'v'자 모양으로 보이는 상황이고, 오른쪽은 앞에서 봤을 때도 비누막이 보이는 모양이다.

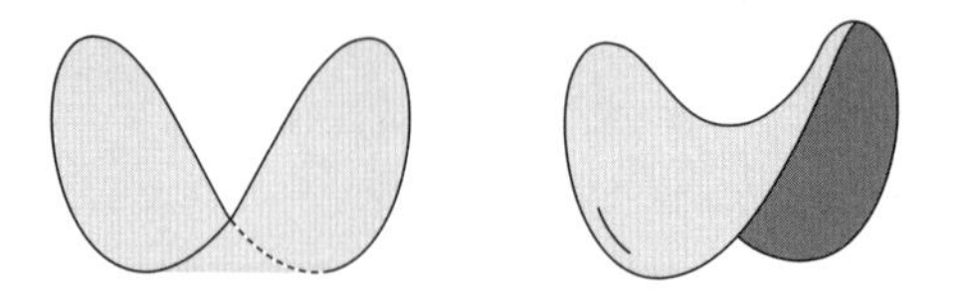

답은 오른쪽이다. 즉, 원 모양의 철사를 구부리면 비누막도 똑같이 구부러지는 것이 아니라 마치 감자칩 모양으로 휘어진다는 것이다! 그리고 이는 철사에 붙어 있는 면 중에서 면적이 가장 작은 모양이다. (여담으로, 감자칩의 모양이 왼쪽처럼 완전히 구부러진 모양이 아닌 오른쪽 모양인 이유는 여러 가지가 있겠지만, 한 가지 확실한 건 오른쪽 모양의 감자칩은 면적이 최소이기 때문에 감자가 가장 적게 들어갔을 거라는 것이다!) 믿을 수 없어도 믿어야 한다. 비누막이 수학보다 더 수학적이기 때문이다. 비누막은 본능대로 움직이고 그 본능의 결과는 최적화가 된다. (비눗)물은 답을 알고 있다!

실제로 비누막을 이용해 모양을 만들어보면 생각보다 재미있는 결과가 많이 나온다. 다음의 사진을 보면 왜 정확히 원기둥 모양이 아니라 안쪽으로 꺾여 들어가는지 궁금하다. 비누막이 안으로 굴곡이 지면 직선이 아닌 휘어진 선이 되어서 길이가 길어져 면적도 넓어질 것이라고 생각되지만 안으로 굴곡이 진 만큼 가운데로 갈수록 '배둘레'가 짧아지기 때문에 사실상 면적이 더 줄어드는 효과가 있다. 수학자에게 이에 대해 증명하라고 한다면, 열심히 수식을 풀어내려고 할 테지만 비누막은 그냥 그 모습 그대로 우리에게 답을 보여준다.

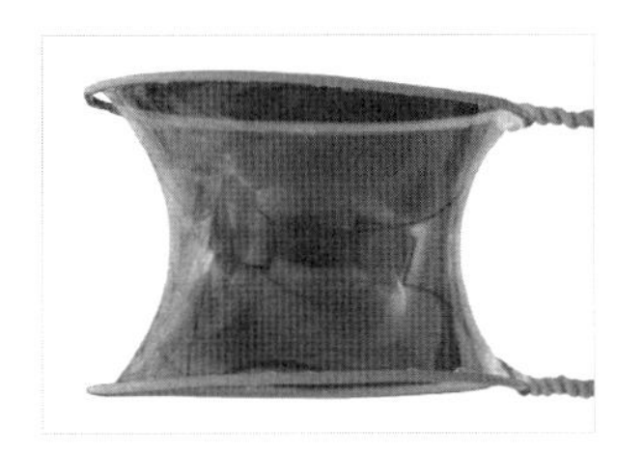

이제 비누막의 면적 최소화 본능을 이용해서 물류창고의 위치를 구하는 방법을 알아보자. 앞서 본 것처럼 세 개의 도시 인

천(ㅇ), 서울(ㅅ), 경기(ㄱ)가 있고, 우리는 그 중간 어딘가에 '적절한 중심지'를 찾아서 물류창고를 지으려고 한다. 여기서 '적절한 중심지'라는 것은 하루에 한 대씩 택배 차량이 왕복을 했을 때, 그 이동거리가 가장 짧은 (혹은 연료가 제일 적게 드는) 곳을 이야기한다. 다음의 그림을 보자.

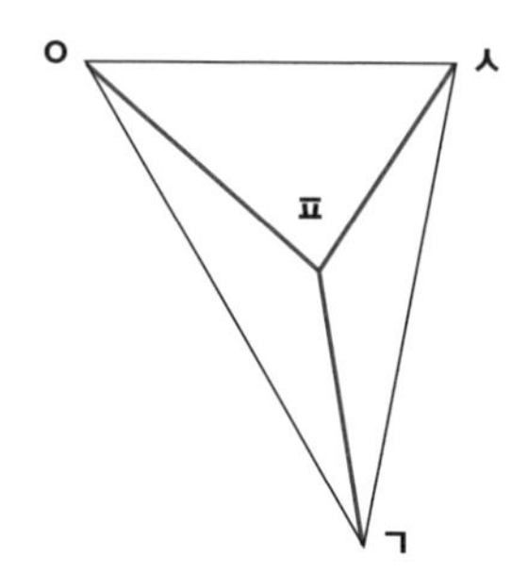

우리가 원하는 것은 물류창고로부터 각 도시까지 왕복 거리를 모두 합한 값이 제일 작은 위치 (나중에 군포 근처로 판명날) ㅍ이다. 다시 말하면 우리는 (ㅍ~ㅅ 왕복)+(ㅍ~ㅇ 왕복)+(ㅍ~ㄱ 왕복)의 합이 가장 작은 ㅍ의 위치를 구하고 싶다. 왕복은 당연히 편도의 두 배이기 때문에 사실은 편도 거리를 합친 것으로 생각해도 괜찮다. (물론, 도로 사정 등을 고려한다면 딱 두 배로 떨어지지 않겠지만 그런 모든 사정을 고려하기에는 여백이 매우 모자르다.)

비누막으로부터 도움을 받기 위해서는 앞서의 실험처럼 철사와 비슷한 무언가가 필요하다. 물류창고 위치의 문제는 길이에 관련된 문제이고 비누막의 문제는 넓이의 문제인데 어떻게 이 둘을 연관 지을 수 있을까? 아주 단순하게 '면적=밑변×높이'니까 높이를 만들면 된다. 어떻게 하면 될까?

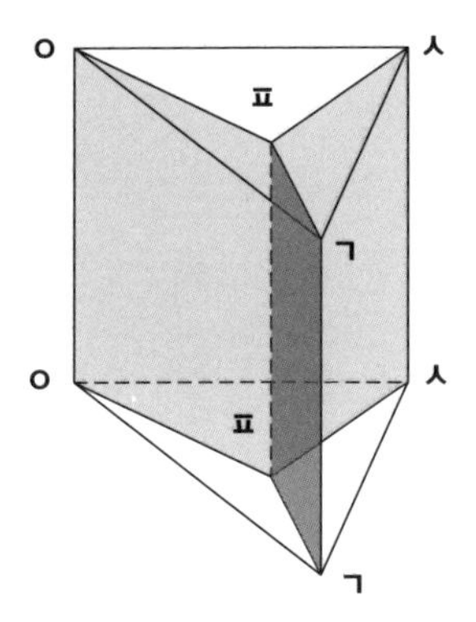

그림을 아래로 쭉 늘리는 것이다. 그러면 길이가 넓이로 변하는 믿을 수 없는 일이 일어난다. 예를 들어 방의 면적을 잴 때는 한 쪽 방향으로 길이를 재고 다른 쪽 방향으로 길이를 재서 곱한다. 여기서도 마찬가지이다. 위아래로 뻗은 비누막 직사각형 각각의 면적은 한쪽 방향의 길이(변의 길이)와 높이를 곱한 값이 된다. 여기서 여러분이 알아야 할 사실은 딱 한 가지다. 높이는 여기나 저기나 같다는 것이다. 그렇기 때문에 사실상 $\overline{\text{ㅇㅍ}}+\overline{\text{ㅅㅍ}}+\overline{\text{ㄱㅍ}}$가 제일 작은 값이 나오도록 하는 문제는 위 그림과 같은 비누막의 면적이 제일 작아지는 문제와 같다. 이 실험을 성공적으로 마치기 위해 우리가 준비할 도구는 ㅇ, ㅅ, ㄱ 세 점의 위치를 찍은 플라스틱 판을 위 아래로 이어붙인 다음과 같은 모양이다.

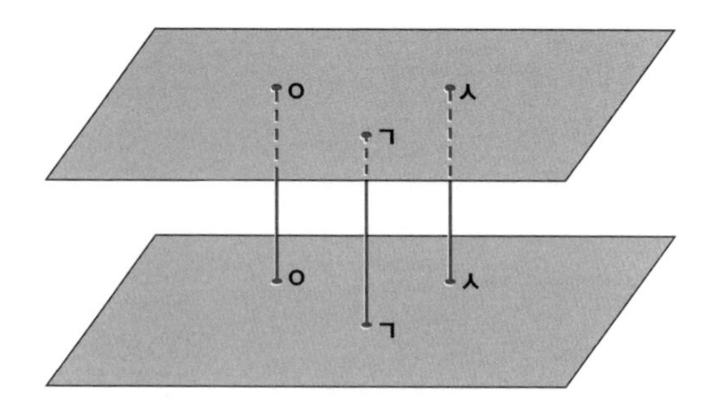

이제 우리는 '(비눗)물은 답을 알고 있다'라는 슬로건을 사용할 차례다. 자연을 따르는 비누막은 우리가 걱정하지 않아도 알아서 면적을 최소화한다. 우리가 할 일은 이제 준비한 도구를 비눗물에 담갔다가 꺼내는 것이다. 그럼 앞서 본 그림처럼 비누막이 형성될 것이다. 이제 이 도구를 정확히 위에서 내려다보면 우리는 비누막이 만나는 위치를 볼 수 있다. 그리고 세 도시까지의 거리의 합이 가장 작은 '적절한 중심지', 즉 우리의 택배물류창고 위치를 정할 수 있다.

다음 이야기로 넘어가기 전에 마지막으로 한 가지 짚고 넘어갈 것이 있다. 누군가는 중간에 이런 생각을 했을 수 있다. 중간에 점(물류창고)을 어디에 놓던 간에 어차피 별로 차이나지 않을 것 같은데 어림짐작으로 하면 안 되나? 그렇다. 맞는 말이다. 이처럼 우리의 책 안에 들어가는 작은 스케일의 경우에는 중심을 어디에 놓던 사실 우리의 삶에 큰 영향을 주지 않는다. 하지만 여기서 고려하는 것은 각 점 사이의 거리가 몇 센티미터 수준이 아니라 몇십 킬로미터 수준이기 때문에 실제 스케일로 생각해본다면 우리의 삶에 매우 큰 영향을 줄 만한 문제가 될 수도 있고, 그래서 우리는 조금 더 정확해질 필요가 있다.

문제에 따라 답은 다르다

세 개의 도시에 대해서 했으니 네 개나 다섯 개 도시에 대해서 생각해보는 것은 자연스러운 일이다. 이 경우들은 어떨까? 아쉽게도 비누막은 더 이상 답을 알고 있지 못하다. 좀 더 정확히 표현하면, 사람이 상상할 수 있는 수준의 답은 알지 못하고 그것보다 한 단계 더 높은 답을 알고 있다. 무슨 소리일까?

네 개의 도시가 있는 경우, 앞에서 우리는 직사각형 모양의 경우를 봤다. 직사각형 모양이 아닌 네 개의 점이 있는 경우도 그림을 그려보면 중심지를 찾기가 쉽다. (아직 기억하기를 바라면서) 여기서는 다시 '점선'들과 '실선'들을 이용할 것이다.

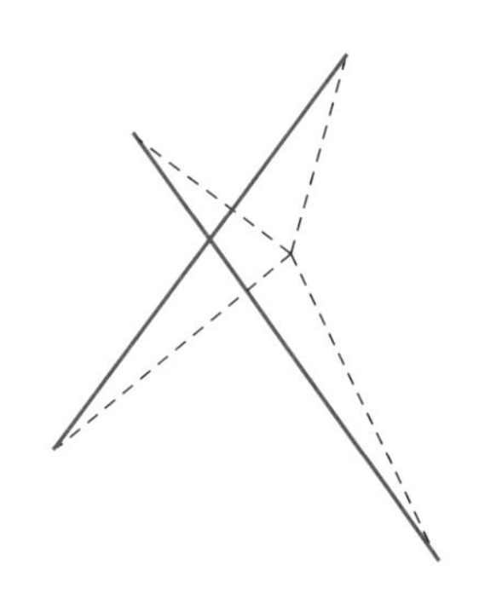

위의 그림 하나로 '적절한 중심지'는 직사각형 모양의 경우와 똑같이 대각선의 교점이 되어야 한다는 사실을 깨달았다. 이 답이 바로 사람이 상상할 수 있는 수준의 답이다. 이제 돌다리도 두드려보고 건너기 위해 비누막을 이용해 우리의 답이 맞는지 확인해볼 것이다. 도시 세 개의 경우처럼 준비물을 준비하고 비눗물에 담갔다가 꺼내면 결과는 과연 같을까?

안타깝게도 우리는 다음 그림과 같은 비누막을 얻게 된다. (다섯 개는 오른쪽과 같은 결과가 나온다.) 뭔가 다르다. 비누막은 중심지를 두 개나 제시하고 있다. 우리의 답은 틀린 것일까? 우리의 답은 맞기도 하고 틀리기도 하다.

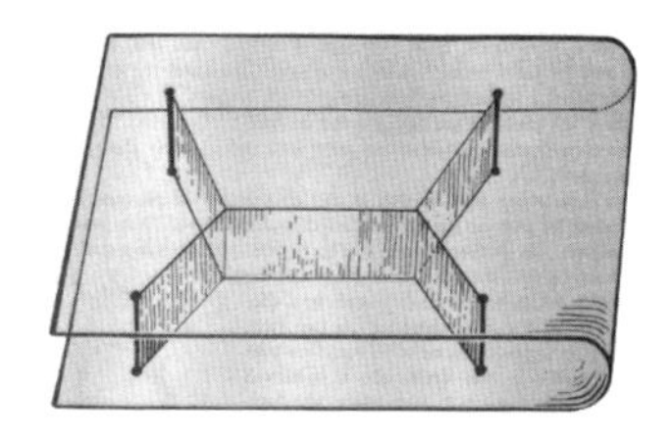

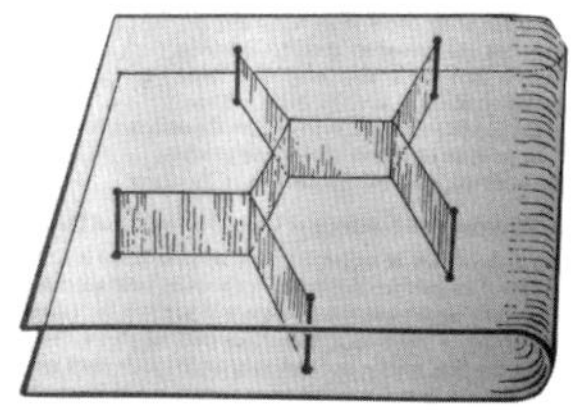

맞는 이유는 이러하다. 우리가 앞에서 본 것처럼 우리는 실선과 점선을 이용해 정확히 증명해냈다. 증명에 아무 문제가 없기 때문에 맞다. 틀린 이유는 이러하다. 네 개의 도시를 잇는 중심지'들'(중심지가 하나인 경우와 여러 개인 경우의 차이이기 때문에 강조한다)을 찾아서 그 거리를 제일 작게 하는 문제에 대한 답은 비누막의 답이 맞다. 그래서 우리의 답은 틀렸다. 즉, 우리가 고려해야 할 큰 도시가 네 개 있고, 우리는 물류창고를 한 곳에만 지으려고 한다면, 대각선의 교점에 짓는 것이 가장 좋은 판단이다. 하지만 물류창고를 여러 개 나누어서 지어도 상관없을 때 거리의 합이 가장 작은 물류창고들의 위치는 비누막이 제시해 주는 위치가 맞는 것이다.

또 다른 문제점도 있는데, 물류창고가 한 개든 두 개든 위의 방법들로 찾아낸 물류창고의 위치는 항상 적용이 가능한 것은 아니다. 예를 들어 다음과 같은 상황에는 적용할 수 없다. 네 개의 도시에 보낼 택배를 보관할 물류창고를 지어야 하는데 서울로 가는 택배의 양이 압도적으로 많다. 그러면 당연하게도 서울에 더 가까이 창고를 짓는 것이 바람직할 것이다. 우리가 위에서 본 대각선의 교점이 잘 작동하는 것은 네 개의 도시로 가는 택배의 양 혹은 택배 차량이 왔다 갔다 하는 횟수가 같을 때뿐이다.

즉, 상황에 따라 답은 달라진다. 그리고 앞서 봤듯이 답을 찾는 과정 또한 달라져야 한다. 운 좋게 한 가지 방법이 많은 상황에 대한 답을 줄 수도 있지만 그런 경우는 드물다. 그래서 이쪽 분야의 수학을 연구하는 사람들의 일 중 하나는 최대한 많은 상황들에 대해 일괄적으로 적용할 수 있는 방법을 찾는 것이다. 또 다른 종류의 연구로는 특정한 조건('도시가 백 개 이하'라든지 '도시들이 많이 뭉쳐 있는 경우'라든지)을 고정해 놓고, 답을 찾는 방법들을 찾고 그 방법들의 차이를 비교하는 연구도 가능하다.

우리의 삶은 너무나 복잡하다

우리가 가장 처음에 이야기했던 다섯 개의 장소를 돌고 오는 문제는 이런 '짧은 경로 찾기' 문제 중에서 가장 먼저 그리고 가장 많이 연구된 문제이다. 이런 종류의 문제는 '순회하는 외판원 문제Travelling Salesman Problem'라고 쓰는 때가 많지만 간단하게 이야기하면 '세일즈맨 문제'이다. 세일즈맨이 많은 실적을 올리기 위해서는 이동하는 데 걸리는 시간을 줄여서 최대한 많은 집을 방문해 물건을 팔아야 하기 때문이다. 세일즈맨 문제는 다양하게 변형이 가능한데, 예를 들어 이런 것도 가능하다.

대개 거리라고 하면 갈 때와 올 때의 거리가 같기 마련이다. 도로가 양방향으로 뚫려 있기 때문이다. 간 길을 따라서 그대로 돌아오면 걸리는 시간은 같다고 생각할 수 있다. 하지만 늘 그런 것은 아니다. 예를 들어 비행기 시간이 그렇다. 인천공항에서 출발해 미국 서부에 있는 샌프란시스코국세공항을 가는 데는 보통 10시간 30분 내외가 걸리는 데 비해, 반대로 올 때는 보통 13시간 내외가 걸린다(이는 지구 특정 부분에서 부는 편서풍의 영향 때문이다).

우리가 파리 여행에서 생각해본 세일즈맨 문제는 오가는 거리가 같은 경우였지만, 실제로는 이처럼 오는 시간과 가는 시간이 다른 경우도 우리 주변에서 많이 찾아볼 수 있다. 이 분야의 수학을 연구하는 사람들에게 오는 것과 가는 것이 서로 상이한 세일즈맨 문제는 아직 미개척된 상태이다. 실제로 2017년 8월에는 아카이브에 이런 세일즈맨 문제에 접근하는 새로운 알고리즘을 제시한 획기적인 논문이 올라왔다.

한 블로거는 "세일즈맨 문제의 새로운 지평"이라는 제목과 함께 이들의 연구결과를 이야기하면서 아무 진전도 없던 무에서 (비록 미약할지는 모르지만) 역사상 처음으로 유를 만들어냈다고 소개했다. 이렇듯 수학은 아직까지도 할 일이 너무 많다!

우리가 무심코 지나친 또 다른 가능성이 있다. 바로 우리가 평면 위에 그린 선들이다. 다음과 같은 상황을 생각해보자. 지도에서 보면 대전은 주변이 고속도로로 둘러싸여 있다. 그렇다면 북쪽에 표시된 위치(북대전 IC 근처)에서 남쪽에 표시된 위치(대전오월드)로 갈 때, 과연 아래로 쭉 내려가는 것이 빠를까? 눈에 보이는 거리야 그렇지만 시간의 측면에서 보면 실제로 왼쪽에 있는 (빙 둘러가는) 고속도로를 따라 내려가는 것이 20분 이상 시간을 절약할 수 있는 방법이다. 즉, 어떤 경로를 택할 때

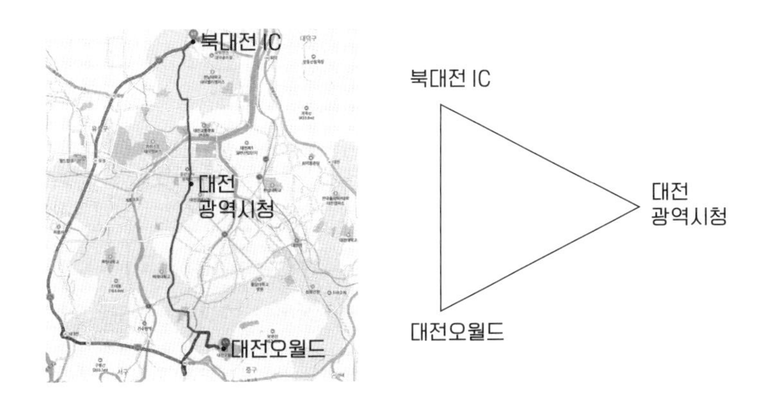

그 거리가 아닌 '비용'이라는 측면에서 생각하면 우리 눈에 보이는 선은 더는 의미가 없게 된다.

오히려 이럴 때는 직관적으로 지도를 오른쪽 그림과 같이 그리는 것이 비용을 상상하기 더 쉬울지도 모른다. 즉, 우리가 단순히 지도 위에 점을 찍고 직선으로 그려 풀어본 세일즈맨 문제는 가장 기초적이지만 어쩌면 매우 단순한 것이라고 볼 수도 있는 것이다. 수학은 항상 이렇게 지나치게 단순한 경우에서 시작해 이를 응용하여 조금 더 복잡한 문제로 나아가려고 노력한다. 존 폰 노이만이란 수학자가 한 말이 떠오른다.

> 수학이 단순하다는 것을 믿지 못하는 사람들은, 분명 우리의 삶이 얼마나 복잡한지 깨닫지 못한 사람들이다.

세일즈맨의 친구들

세상엔 세일즈맨의 친구들이 많다. 여기저기 유용하지도 않고 어딘가 쓸모 없기는 하지만 왠지 모르게 궁금한 문제부터 먼저 생각해보려고 한다. 2017년 아주 잠시 유행했던 게임 중에 엄지손가락이 닳고 닳도록 돌려야 하는 휴대폰 게임이 있었다. 바로 '포켓몬 GO'이다. 한국에 정식으로 출시되기 전에도 지도 구역의 문제로 속초에서는 포켓몬을 잡을 수 있어서 2016년 말에 속초시가 우리나라의 가장 유명한 관광지가 될 뻔한 일도 있었다. '포켓몬 GO'에서 중요한 것 중 하나는 '포켓 STOP'이다. 왜? 공짜니까.

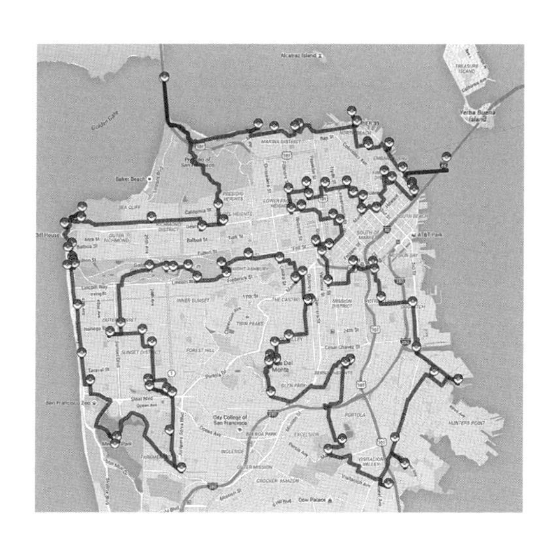

이 지도는 캐나다 워털루대학교 수학과의 한 웹페이지에서 찾을 수 있다. 바로 윌리엄 쿡William Cook 교수를 비롯한 몇 명이 만든 '세일즈맨 문제' 웹페이지다(쿡 교수는 수학과 교수로 '조합론과 최적화'라는 그룹의 일원이다). 이곳에 가면 '널리 인간세상을 이롭게 하라'를 실천하는 여러 자료를 볼 수 있다. 앞서 소개한 지도는 포켓몬 GO 유저들이 최소한의 거리를 이동하면서 포켓 STOP에 들를 수 있기를 바라는 마음으로 만든 지도라고 볼 수 있다. 이는 미국 샌프란시스코에 있는 99개의 포켓 STOP을 모두 거쳐 돌아오는 가장 짧은 경로를 표시한 지도이다.

"모두 잡고 싶어? 최대한 빨리? 여기 세일즈맨 문제라고 불리는 수학적 방법이 있어"라는 광고성 문구와 함께 시작하는 이 사이트는 "걱정할 필요 없이 수학 세계에서는 세일즈맨 문제를 60년 넘게 풀어왔고 포켓몬 GO 사냥꾼들에게 가장 빠른 길을 찾아줄 수 있는 방법이 있어"라고 홍보하고 있다. 심지어 551개의 포켓 STOP을 다 돌고 오는 가장 빠른 길을 찾는 데 일반 노트북으로 101초밖에 걸리지 않는다고 자랑한다.

수학과 교수와는 매우 어울리지 않는 사이트라고 생각할 것이다. 이 사이트는 세일즈맨 문제에 크게 관심이 없는 사람들에게 실제 세상에 좀 더 가까운 무언가를 보여주기 위해 만든 사이트라고 보아도 무방하다. 이 사이트에서 포켓몬 GO는 그 일부일 뿐이고, 미국 50개 주의 랜드마크를 방문하는 길이나 거의 5만 개에 달하는 미국의 역사적 장소를 방문하는 경로가 표시된 지도도 게재되어 있다.

물론 세일즈맨이 이렇게 '재미로 하는 경로 찾기'에만 쓰이는 건 아니다. 우리가 앞에서 본 프랑스 파리 여행자 문제는 실제로 유용하게 쓸 수 있는 문제이다. (기억해두자. 꼬여 있는 경로는 비효율적이다!) 이외에 세일즈맨의 친구 중에는 스쿨버스도 있다. 스쿨버스는 등하교에 걸리는 시간을 가능한 단축해 많은 학생을 실어 나를 수 있는 것이 중요하다. (과속운전이나 난폭운전은 옵션이 아니다.) 비록 우리나라에는 스쿨버스가 다니는 경우가 흔치 않지만 대신 학원버스가 있다. 익숙해지면 정해진 루트만 반복해서 다니면 되지 않냐고 물어볼 수도 있다. 하지만 상황을 좀 더 현실적으로 생각해본다면, 학원은 학교와는 다르게 그만두거나 옮기는 일이 빈번하다. 이렇게 되면 버스 기사님은 매일매일 세일즈맨 문제를 풀어야 한다. 실제로 우리나라의 한 스타트업은 여러 학원이 함께 사용할 수 있는 학원버스 서비스를 제공한다.

세일즈맨의 친구로 사람만 있는 것은 아니다. 밤하늘의 별과 달, 행성을 보기 위해 집에 망원경을 둔 사람들도 있겠지만 저 멀리 우주에도 망원경이 있다. 대표적으로 허블망원경 같은 것이 있는데, 우주에 떠있는 망원경들은 그렇게 많지 않기 때문에 더 효율적으로 활용해야 한다. 실제로 관측 시기를 한 번 놓치면 오랜 시간을 기다려야만 겨우 관측할 수 있는 때도 있고, 사용하고 싶어 하는 연구자들이 많기도 해서 빠른 시간 내에 망원경을 잘 조종해 이 별에서 저 별로 망원경의 방향을 조종해야 한다. 그리고 이를 위해서는 어느 별 다음에 어느 별로 '여행'할 것인지를 미리 잘 정해두어야 한다.

세일즈맨 문제는 컴퓨터 칩을 이루는 집적 회로의 불량을 효율적으로 확인하는 데에도 쓰인다. 빠른 시간 안에 회로를 돌면서 불량품이 있는지 확인할 수 있는 경로를 찾는 것이다. 내가 본 가장 신기했던 것은 유전자 지도라고 불리는 '게놈 지도'를 완성하는 데에 도움을 주는 세일즈맨 문제였다. 유전자 지도를 얻기 위해서는 한꺼번에 모든 것을 확인하는 것이 아니라 유전자들을 부분마다 잘라, 어떤 유전자 다음에 어떤 유전자가 나오는지를 확인해야 하는데 놀랍게도 여기에 세일즈맨 문제가 등장한다.

우리 주변의 택배부터 전자제품을 만드는 공학, 유전자 분석을 하는 과학까지 세일즈맨은 우리의 복잡한 삶의 이야기를 최대한 단순하게 풀어주기 위해 노력하고 있다. 여러분도 길을 걷다가 잠깐씩 세일즈맨이 되어보는 것은 어떨까? "어디로 가야 하오?"라는 질문을 던지면서 말이다.

수학으로 멍 때리기, 하나 더

세 도시의 중심지, 짧지만 뜬금없는 또다른 방법

이 방법은 신기한 아이디어를 사용하고 풀이도 짧지만 '왜 이렇게 푸는지' 직관적으로 그럴듯하지 않을 수 있다는 점을 미리 밝혀둔다.

ㅇㅅㄱ 삼각형을 ㄱ을 중심으로 시계방향으로 60도를 회전시켜 보자. 정삼각형의 각이 모두 60도라는 것을 기억하고 있다면 ㄱㅍㅍ'가 정삼각형이라는 것을 쉽게 알 수 있다. 정삼각형은 세 변의 길이가 같기 때문에 $\overline{\text{ㅇㅍ}}+\overline{\text{ㅅㅍ}}+\overline{\text{ㄱㅍ}}$의 값은 $\overline{\text{ㅇㅍ'}}+\overline{\text{ㅍㅍ'}}+\overline{\text{ㅍ'ㅅ}}$과 같다. 삼각부등식을 생각해보면 이 길이가 최소가 되는 것은 ㅇㅍㅍ'와 ㅍㅍ'ㅅ'가 곧은 직선을 이룰 때라는 것을 알 수 있다. 그래서 거리의 합이 최소가 되는 ㅍ의 위치는 ∠ㅇㅍㅅ, ∠ㅅㅍㄱ, ∠ㄱ

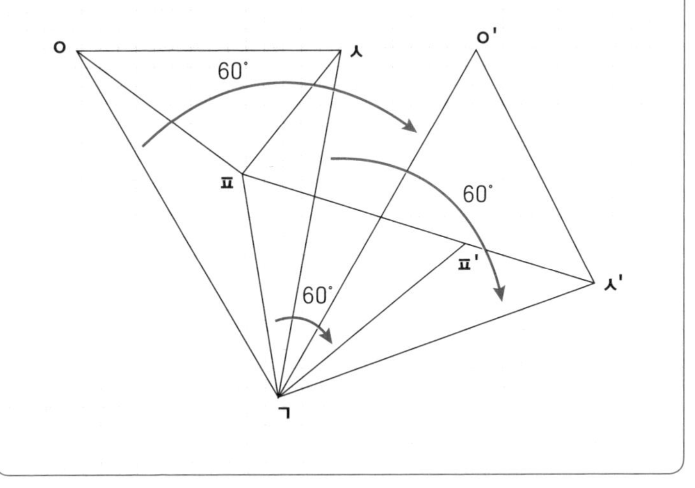

ㅍㅇ의 각도가 모두 120도가 될 때라는 것을 알 수 있다. 그래서 가장 적절한 물류창고의 위치는 각 도로가 120도로 만나는 지점이다(세 도시에 의해 만들어진 삼각형의 한 각이 120도보다 큰 경우는 답이 다르나 여기서는 넘어가도록 하자).

2

달걀 어디까지 구워봤니?

아침 식사는 거르기 쉬운데, 그래도 건강을 생각해 꼭 먹어야 한다면 간단한 요리일수록 좋다. 그래서 아침 대용으로 가장 인기 있는 재료는 단연 달걀이다. 그중에서도 가장 맛있는 건 뭐니 뭐니 해도 달걀 프라이가 아닐까 싶다. 특히 어렸을 적 아침마다 부모님이 구워주시던 달걀 프라이는 아주 일품이었다. 짭짤한 맛의 그 달걀 프라이는 언제나 그립다.

돌이켜보면 이런 질문이 떠오른다. 부모님은 어떻게 '동생과 내가 싸우지 않도록' 달걀 프라이를 똑같은 크기로 구워주셨을까? 달걀 프라이가 붙어버리면 떼어낼 때 '공평하게' 떼어낼 수 없기 때문에 동생과 나의 싸움이 일어날 가능성이 크다. 그러니 분명 달걀 프라이가 붙지 않게 구워서 싸움을 방지하셨을 것이다. 심지어 동생이랑 나뿐만 아니라 온 가족이 먹는 경우에는 세 개나 네 개를 서로 붙지 않게 구워야 하는데 어떻게 하신 걸까?

그 방법을 한번 알아보자!

달걀 굽기와 점 찍기

일단 프라이팬과 달걀의 크기(크기와 지름을 혼용해 쓰겠다)부터 알아보자. 시중에 나와 있는 프라이팬 크기는 20~30cm 정도로 다양하다. 나는 우리 집에 있는 적절한 크기(25cm)의 프라이팬을 이용해서 생각해볼 것이다. 다음으로 달걀 프라이의 크기는 (사실 아무도 재보진 않았겠지만) 작게 만든다면 지름 8cm 정도로 만들 수 있고, 좀 더 크게 만든다면 13cm 정도로 만들 수 있을 것 같다. 각각의 달걀 프라이 크기에 따라서 한 번에 몇 개의 달걀 프라이를 만들어 먹을 수 있을까? 먼저, 달걀 프라이의 크기가 13cm 정도 된다고 해보자.

몇 개의 달걀을 구울 수 있을까? 일단, 다음 오른쪽 그림처럼 13cm짜리 달걀 프라이 하나를 25cm짜리 프라이팬에 할 수 있는 것은 당연하다. 두 개는 어떨까? 다음 왼쪽 그림처럼 두 개가 프라이팬에 딱 맞을까? 그에 대한 답은 '아니다'이다. 이를 증명하기 위해서는 달걀의 넓이를 계산할 필요도 없고 어려운 기하학을 이용할 필요도 없다. 그 이유는 다음과 같다. 달걀 프라이의 지름(13cm)은 프라이팬 지름(25cm)의 반보다 크기 때문에 달걀은 항상 프라이팬의 정중앙(여기에 가상의 점이 있다고 생각하면 편하다)을 포함할 수밖에 없다. 만약, 달걀 프라이를 두 개 놓게 된다면 프라이팬의 정중앙을 두 개의 달걀이 모두 포함하게 되기 때문에 겹칠 수밖에 없다.

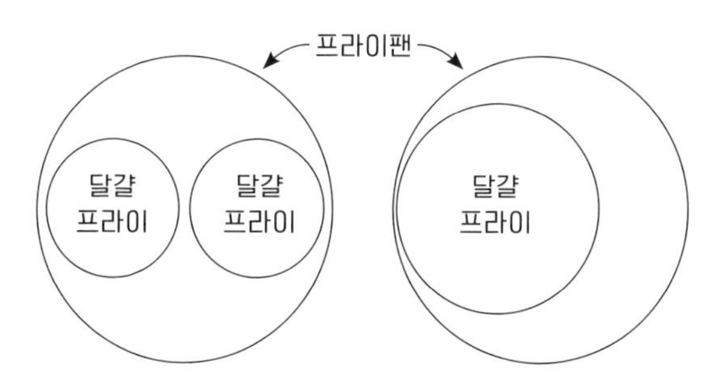

자, 이제 달걀 프라이의 크기를 조금씩 줄여보자. 12cm라면 어떨까? 앞의 왼쪽 그림처럼 두 개를 놓으면 그림처럼 빡빡하지만 두 달걀 프라이가 겹치지는 않는다. 그럼 세 개는?

다음의 논리를 생각해보자. (여기서부터는 약간의 집중이 필요하다!) 12cm짜리 원을 어디에 그릴지는 사실 원의 중심만 결정하면 된다. 다시 말해, 12cm짜리 달걀 프라이 세 개를 놓을 수 있는지 없는지는 원의 중심 세 개를 25cm 프라이팬에 '잘' 배치할 수 있는지 없는지와 같은 이야기이다. (여기서 말하는 '잘'의 의미는 조금 후에 더 분명해진다.) 다음 그림을 보면 무슨 이야기인지 더 이해하기 쉽다.

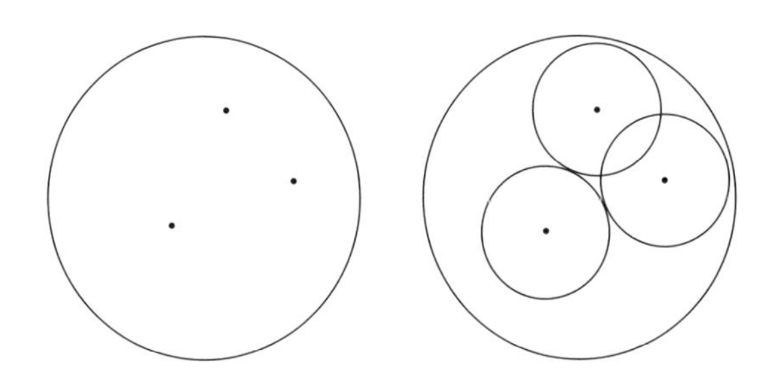

위의 왼쪽 그림과 같이 점을 세 개 찍으면 오른쪽의 달걀 프라이의 배치가 자연스럽게 나온다는 것이다. 그러면, 달걀 프라이가 오른쪽처럼 겹치지 않으려면 어떻게 중심점을 찍어야 할까? 우리가 그린 달걀 프라이는 반지름이 6cm이다. 달걀 프라이 두 개가 서로 겹치지 않는다는 것은 두 달걀 프라이의 중심

간의 거리가 12(=6+6)cm보다 길다는 뜻이 된다. 즉, 우리가 찍을 세 개의 점은 서로 거리가 12cm보다 크기만 하면 된다. 하지만 이걸로 끝이 아니다. 점을 프라이팬 경계에 가까이 찍으면 달걀 프라이가 프라이팬 밖으로 나갈 수 있다는 점도 생각해야 한다. 즉, 우리가 찍을 점들은 프라이팬의 경계로부터 적당한 거리를 유지해야 한다. 반지름이 6cm이므로 경계로부터 거리가 6cm 이상이 되는 지점에 점을 찍어야 할 것이다.

이제 앞서 언급한 '잘'이 무슨 뜻인지 설명할 수 있다. 세 개의 점을 '잘' 찍는다는 것은 서로 간의 거리가 12cm보다 멀고 각각의 점이 프라이팬 경계로부터 거리가 6cm 이상 떨어져 있도록 점을 찍어야 한다는 것이다. 이 '잘'이라는 표현을 이용하면 우리는 '25cm 안에 12cm 달걀 프라이 세 개를 놓는 문제=25cm 안에 세 개의 점을 '잘' 찍는 문제'로 이해할 수 있다.

이 문제를 한 번만 더 바꿔보자. 두 번째 조건인 '프라이팬 경계로부터 거리가 6cm 떨어져 있어야 한다는 것'은 사실 프라이팬 가운데의 지름 13(=25-6-6)cm의 가상의 원 부분만 사용할 수 있다는 뜻이다. 다시 말해, '프라이팬 바깥으로 넘치지 않게 하기'라는 조건을 조금 변형해서 다음과 같이 쓸 수 있다.

25cm 안에 세 개의 점을 '잘' 찍는 문제
= 13cm 안에 서로 거리가 12cm 이상인 세 개의 점을 찍는 문제

이제는 찍혀야 하는 점의 입장이 되어보자. 세 점이 있고, 각 점 사이의 거리는 12cm 이상이 되는 가장 작은 모양은 무엇일까? 직관적으로 변의 길이가 모두 12cm인 정삼각형의 꼭짓점이 떠오른다. 따라서 이 삼각형이 지름 13cm인 원 안에 들어갈 수 있는지 아닌지 알게 되면 우리의 프라이팬에 달걀 세 개를 구울 수 있는지를 알 수 있게 되는 것이다. 삼각형의 세 꼭짓점을 모두 지나는 원을 우리는 '외접원'이라고 한다. 이 개념을 이용해 문제를 바꿔 표현하면 다음과 같다. 변의 길이가 모두 12cm인 (정)삼각형의 외접원의 지름이 13cm보다 크면 달걀을 세 개 구울 수 없고, 그보다 작으면 구울 수 있다. 실제 계산하는 방법을 궁금해할 사람들을 위해 이제 외접원의 지름을 구하는 계산을 할 것이다. 그런데 계산에 들어가기에 앞서 한 가지 중요한 이야기를 하고 싶다.

책의 앞부분에서도 이야기했듯 이 책은 수학(아이디어)을 감상하는 것이 하나의 목적이다. 음악이나 미술 이론을 배우지 않고도 작품을 감상하고 평가할 수 있듯이 수학의 이론과 계산을 배우지 않고도 수학을 감상할 수 있다. 단지 차이가 있다면 수학은 음악 혹은 미술처럼 듣거나 보는 게 아니고 머리를 굴려서 아이디어를 이해한다는 것 정도일 것이다.

그런 의미에서 수학을 감상하는 것은 이미 앞부분에서 끝이 났다. 25cm 프라이팬에 12cm 달걀 세 개를 겹치지 않게 굽는 문제가 13cm 프라이팬에 (서로 거리가 12cm 이상인) 점 세 개를 찍는 문제와 같다는 것을 이해하기 위해서 우리가 이용한 몇 가지 아이디어가 있었다. 달걀 대신에 달걀의 중심을 생각하고, 겹치지 않거나 프라이팬 바깥으로 넘치지 않게 하기 위한 조건들을 판단하고, 점의 입장에서 생각해서 외접원이라는 개념을 사용하는 것들 말이다.

이런 사고방식들에 대해 몇 마디 덧붙이자면, 먼저 세 개의 달걀이든 네 개의 달걀이든 우리의 아이디어들은 항상 유효하다. 하나를 알면 열에 적용할 수 있는 아이디어인 것이다. 실제 수학에는 이런 것들이 많다. 비록 처음에는 떠올리기 쉽지 않더라도 사실은 간단해서 누군가 알려주면 모두가 아주 쉽게 똑똑해질 수 있는 것들 말이다. 참고로 계산 부분에서는 네 개인 경우도 간단하게 언급하고 넘어갈 것이다.

다음으로, 이 아이디어들은 프라이팬이 원 모양이기 때문에 필요한 아이디어다. 만약 바닥에 까는 타일 같이 정사각형이나 직사각형 모양으로 정사각형 모양의 프라이팬을 채우는 문제라고 한다면 또 다른 아이디어가 필요하다. 예를 들어, '달걀 대신 달걀 중심 생각하기'를 이용해서 문제를 풀기는 어려운데 그 이유는 정사각형은 중심점을 기준으로 모든 방향이 같은 거리만큼 떨어져 있는 것은 아니기 때문이다. 그래서 하나를 알면 열에 적용할 수 있을지 몰라도 온(지금은 사라진 숫자 백의 순우리말)에 적용하는 것은 또 다른 이야기다.

이제 계산으로 넘어갈 것이다. $\sqrt{\ }$(루트)나 sin(사인) 혹은 cos(코사인) 계산을 떠올리기 무서운 사람들은 계산 부분을 건너뛰어도 좋다. 그렇게 해도 이 책을 느끼는 데는 아무런 문제가 없다. 다시 돌아가 결론부터 이야기하자면 '변의 길이가 12cm인 정삼각형 외접원의 지름은 13cm보다 크다. 그래서 구울 수 없다.'

자명(?)한 경우들에 대하여

외접원의 지름을 찾는 문제는 중학교 때 배우는 피타고라스의 정리를 이용하거나 sin이나 cos 같은 어려워 보이는 함수를 이용하면 구할 수 있다. 예를 들어, sin 60도를 찾아보면 $\sqrt{3}/2$이라는 숫자가 나오는데 이는 한 각도가 60도인 삼각형에서는 항상 다음(왼쪽)의 비율이 2 : $\sqrt{3}$이 된다는 것을 의미한다.

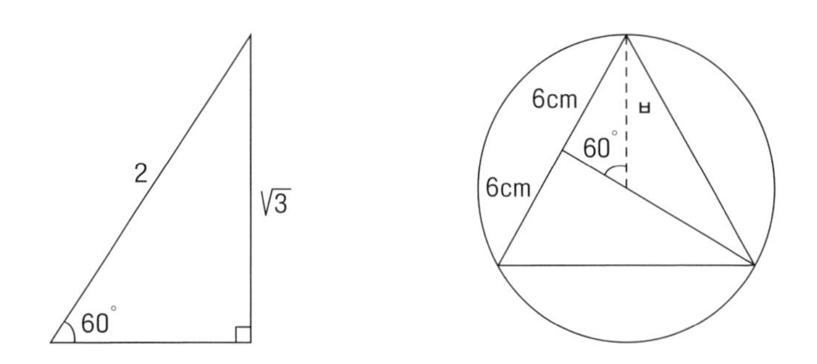

그러므로 앞의 오른쪽 그림에서 (외접원의 반지름=)ㅂ : 6cm의 비율이 2 : $\sqrt{3}$이 된다는 것이니 외접원의 반지름은 $4\sqrt{3}$cm가 된

다는 것을 알 수 있다. 대략적으로 6.93cm 정도가 되는데 따라서 외접원의 지름은 그 두 배인 13.9cm 정도가 되어 13cm보다 크다는 것을 알 수 있다. 즉, 25cm 프라이팬에는 12cm 정도 크기의 달걀을 세 개 이상 구울 수 없다.

실패는 성공의 어머니라는 말이 있다. 앞서 한 계산을 잊고 다시 생각해보자.

❶ 프라이팬에 달걀을 여러 개 굽는 문제는 원 안에 원을 넣는 문제와 같다.
❷ 원 안에 원을 넣는 문제는 조금 더 작은 원 안에 점들을 넣는 문제와 같다. 다만, 점들 간의 거리가 일정거리 이상이어야 한다.
❸ 세 개의 달걀을 굽는 문제는 적당한 크기의 원 안에 세 개의 (서로 적당한 거리의) 점들을 찍는 문제와 같다.
❹ 직관적으로 보면 적당한 크기의 원 안에 특정 크기의 정삼각형을 집어넣을 수 있는지 물어보는 것과 같다.

아래에서 위로 올라가면서 읽어보면, 결국 정삼각형의 외접원 크기를 구할 수 있으면, 달걀 세 개를 구울 수 있는 프라이팬의 크기 혹은 주어진 크기의 프라이팬에 세 개의 달걀 프라이를 구울 수 있는 그 크기를 알 수 있는 것이다.

그러면 역으로 문제를 생각해볼 수 있다. 정삼각형의 한 변의 길이를 $2\sqrt{3}$이라고 하자. 이상한 크기를 제시한 것 같지만 그 이유는 곧 밝혀진다. 그러면 다음 그림에서 알 수 있듯이 외접원의 반지름은 2가 된다는 것을 알 수 있다. (그렇다. 외접원의 반지름을 좀 더 간단하게 만들기 위해 정삼각형 한 변의 길이를 $2\sqrt{3}$로 잡은 것이다.)

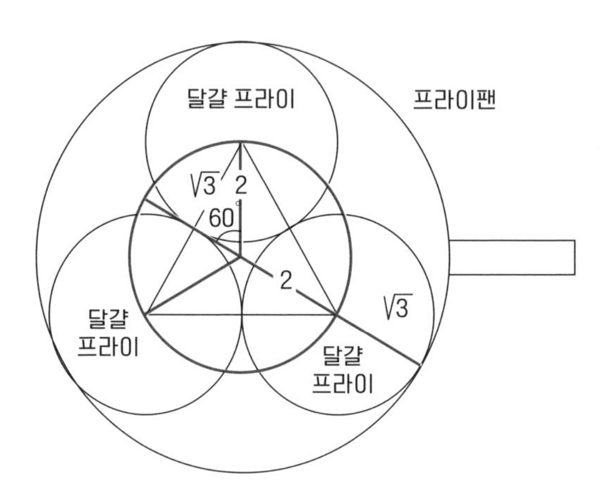

원 안에 원을 넣는 문제를 다시 생각해보면 프라이팬의 반지름은 $2+\sqrt{3}$이 된다는 것을 알 수 있다. 즉, $2+\sqrt{3}$의 반지름을 가지는 프라이팬 안에는 $\sqrt{3}$의 반지름을 가진 달걀 프라이를 세 개 구울 수 있다. 이 상황을 좀 더 확대해 보면 $x(2+\sqrt{3})$cm의 반지름을 가지는 프라이팬에는 $x\sqrt{3}$cm의 반지름을 가지는 달걀 프라이를 세 개 구울 수 있다는 것도 알 수 있다. 예를 들어서 x에 $25/(2+\sqrt{3})$를 넣으면 프라이팬의 반지름이 25cm인 경우가 되고 여기에는 $[25/(2+\sqrt{3})]\times\sqrt{3}$cm의 반지름을 가지는 달걀 프라이를 세 개 구울 수 있다. 이 값은 대략 11.6cm 정도가 된다(수학자들도 이런 계산은 계산기로 한다). 그래서 이 값보다 큰 12cm는 불가능하지만 이보다 작은 11cm 크기의 달걀 프라이를 굽는 것은 가능하다.

앞서 언급했듯 여기서는 같은 아이디어를 적용해서 네 개의 달걀을 굽는 문제를 빠르게 계산하고 넘어갈 것이다. 역시나 네 개의 달걀을 굽는 문제는 네 개의 점을 찍는 문제와 같다. 그리고 이번에도 역으로 문제를 생각해보자. 네 개의 점을 둘러싸는 가장 작은 원의 크기를 구해야 하는 문제다. 하지만 네 개는 조금 복잡하다. 외접원의 크기가 가장 작은, 네 개의 점 위치가 직관적으로 그려지지 않기 때문이다. 이럴 때는 마름모 모양으로 된 접이식 옷걸이를 떠올리면 도움이 될 것이다.

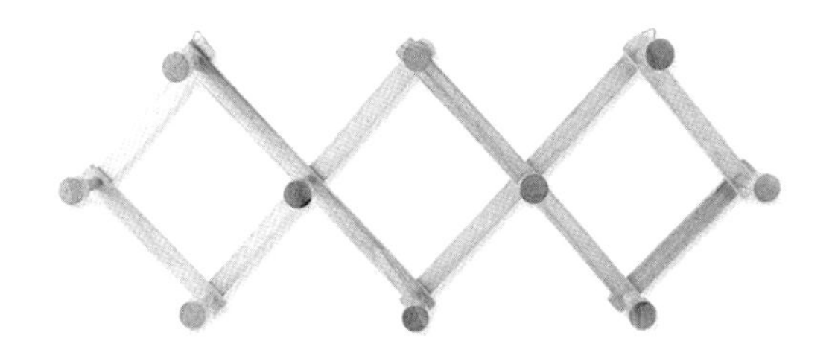

위아래 좌우로 늘리는 것을 생각해보면 마름모를 이루는 네 개의 점이 정사각형을 이루고 있을 때, 가장 작은 외접원을 가진다는 것을 알 수 있다. 여기서는 정사각형 한 변의 길이를 $2\sqrt{2}$라고 해보자. 그러면 또 다시 sin 45도가 $\sqrt{2}/2$라는 사실

을 이용해 외접원의 반지름이 2가 된다는 것을 알 수 있다. 이제 이 상황을 프라이팬에 달걀 네 개를 굽는 문제로 바꾸면, 프라이팬의 지름은 $2+\sqrt{2}$가 되고 달걀의 지름은 $\sqrt{2}$인 경우가 된다. 즉, $X(2+\sqrt{2})$cm가 25cm가 되도록 X의 값을 $25/(2+\sqrt{2})$로 놓으면 10.36cm 정도 크기의 달걀 네 개를 구울 수 있다는 것을 얻는다.

위키피디아에는 "원 안에 원 채우기"란 제목의 페이지가 있다. 여기에 가보면 몇몇 재미있는 것들을 확인할 수 있다. 가장 먼저, 우리가 지금껏 계산한 세 개와 네 개의 경우에 대한 답을 확인할 수 있다. 한 가지 특이한 점은 세 개와 네 개의 원을 넣는 문제에 아무 설명 없이 "자명하다"라고 쓰여있다는 것이다. 앞서 우리가 노력해서 만들어낸 결과에 자괴감이 들고 괴로울 수도 있겠지만 수학자들이 가장 쓰기 좋아하는 단어가 '자명'이라는 정도로 이해해주도록 하자. (여담으로 가장 듣기 싫어하는 말도 '자명'이다. 내가 아는 경우에는 '자명'이라고 말하는 것이 편하지만 내가 모를 때 누군가 '자명'이라고 말하면 그만큼 화나는 일도 없기 때문이다.)

또 다른 특이한 점은 다섯 개의 원을 채우는 문제부터는 수학자들이 쓴 논문들이 있다는 점이다. (수학자하면 이런 문제는 안 다룰 것 같지만 그렇지 않다.) 또한, 왠지 이상하게 생겨서 최적이 아닐 것 같은 배열들이 최적인 경우도 있고, 일곱 개 이상부터는 작은 원을 어떻게 배치하는 것이 가장 효과적인지 우리가 직관적으로 생각하는 것과 실제 가장 효율적인 방법이 다르게 느껴지는 경우도 있다. 마지막으로 열세 개의 원을 채우는 문제까지는 풀렸지만 그 이후의 문제들은 추측만 있을 뿐, 증명되지 않았다는 점도 특이하다. 첫 번째로는 어렵기 때문이고 두 번째로는 대략적인 답으로도 충분하다고 여겨지기 때문이다. 물론 그럼에도 불구하고 아직 증명되지 않은 그 문제를 정확히 풀어낸다면, 여러분도 위키피디아에 이름 한 줄을 남길 수 있을 것이다. (신기하게도 이 와중에 열아홉 개의 원을 채우는 문제는 풀려 있다.)

프라이팬과 휴대폰 화면의 공통점

하나의 프라이팬에 최대한 많은 달걀 프라이를 굽고자 이렇게 많은 생각을 하는 것이 시간 아까운 일이라고 생각할 수도 있다. 하지만 달걀 프라이는 한 가지 예시에 불과하다. 달걀 프라이 세 개 혹은 네 개를 동시에 굽는 것이 아니라, 세 개 혹은 네 개의 작은 원 안에서 달걀 프라이 말고 다른 요리를 할 수 있는 프라이팬을 만드는 문제는 어떤가? 누군가 이를 물어보기라도 한 듯 이런 프라이팬들은 실제로 판매되고 있다. (25:11 정도의 크기이거나 25:10 정도의 크기인 것이 분명하다!)

수학이 흥미로운 학문이라는 점은 여기서 나온다. 수학을 하는 사람들은 아주 오래전부터 '단지 궁금해서' 원 안에는 원을 몇 개 넣을 수 있는지 연구했다. 비록 메소포타미아 시대에도 구리로 만들어진 프라이팬이 있었다고는 하지만, 수학자들은 그것과는 별개로 원 안에 원을 넣는 문제를 생각했다. 한 번에 네 개의 요리를 할 수 있는 프라이팬을 만들기 위해서도 아니었다. 순수하게, 단지 궁금해서였다. 달걀 프라이가 궁금했다면 열아홉 개의 원을 원 안에 넣는 문제를 생각했을 리 없다!

수학의 여러 분야 중에서도 이렇게 순수한 궁금증에서 시작된 분야를 우리는 순수 수학이라고 부른다. (순수 수학의 구분은 사실 쉽지 않아서 이런 구분은 좀 순진한 측면이 있다.) 영국의 수학자 고드프리 하디Godfrey Harold Hardy는 자신이 쓴 《어느 수학자의 변명》이라는 책에서 "유용하지 않을수록 위대한 학문"이라는 자신의 생각과 함께 순수 수학은 유용하지 않기 때문에 위대한 학문이라고 이야기한다. 하디가 연구하던 정수론 또한 응용은 없고 순수하게 0, 1, 2, 3 등과 같은 정수에 관련된 궁금증만으로 이루어진 분야였다. 하지만 아이러니하게도 정수론은 이후에 우리의 삶에 영향을 주는 '암호'의 중요한 도구가 되었고 지금은 순수 수학과 응용 수학의 두 가지 면을 모두 가지고 있다.

우리가 앞서 본 달걀 프라이 문제 또한 비슷하다. 원 안에 원을 채우는 문제는 단순하게 '원'이라는 것을 매우 좋아하는 수학자들이 순수한 의도로 생각하기 시작한 문제이다. 반면 프라이팬을 만드는 회사에서는 새로운 종류의 프라이팬을 기획하면서 '원 안에 원을 채우는 문제'를 활용했다. 이러한 면에서 본다면 우리의 순수 수학 문제(원 안에 원 채우기)는 그들의 응용 수학 문제(세 개 프라이팬을 가진 프라이팬 기획하기)로서 의미가 생기는 것이다.

이처럼 순수 수학과 응용 수학은 그 접점이 언제 생길지 아무도 모른다. 더 정확히 이야기하면 두 가지 수학의 구분은 아주 애매하다. 예를 들어, 우리는 그 프라이팬을 기획한 사람이 실제로 '원 안에 원 채우기' 문제의 결과를 사용했는지 모른다. 그러면 아직 응용 수학은 아닌 것일까? 비슷한 예시는 또 있다.

우리는 휴대폰을 사용할 때 주로 오른쪽이나 왼쪽 엄지로 화면을 조작한다. 보통 엄지로 화면을 누르면 종종 원하는 버튼이나 원하는 대상이 아닌 그 근처 다른 곳을 누르게 될 때가 있다. 손가락의 면적이 넓을수록 휴대폰 화면을 누르는 정확도는 떨어질 수밖에 없다. 특히 애니팡과 같은 휴대폰 게임을 할 때, 손이 자꾸 엇나가면 기분이 매우 좋지 않다. (이 게임에서는 터치할 대상들이 정사각형 칸 안에 있고 이 정사각형 칸들은 휴대폰 화면을 가득 채우고 있다. 유사품으로는 비주얼드나 주주클럽이 있다.)

그래서 이 게임을 만들 때 가장 먼저 고려했을 사안은 아마도 휴대폰 화면을 터치할 때 발생할 수 있는 오류였을 것이다. 터치할 칸의 크기는 '손가락 두께에 의한 오류'를 덮어줄 정도의 크기가 되어야 한다. 아니면 원하는 것을 터치하지 못해서 아무도 게임을 하려 들지 않을 것이기 때문이다. 다음으로 고려해야 할 것은 이 정사각형 칸들을 화면이라는 직사각형 안에 얼마나 많이 집어넣을 수 있는지 생각해보는 것이다. 만약 휴대폰 화면이 너무 작다면 많은 칸을 넣지 못해 게임이 재미없을 것이고,

'터치 오류'를 줄이기 위해 각 칸을 너무 크게 잡으면 같은 이유로 칸이 많이 없어져 게임이 재미없을 것이다. 그래서 화면에 '적당히 많은 칸'을 집어넣기 위해서는 화면 크기와 손가락 두께가 어느 정도일 때 얼마만큼의 많은 칸을 넣을 수 있는지를 고려해야 할 것이다. 결국 이 문제는 직사각형 안에 정사각형을 얼마나 집어넣을 수 있는지에 관한 이야기이다.

아니면 약간 변형된 버전의 게임으로 터치할 대상들을 정사각형 칸이 아닌 원 모양의 칸에 집어넣는 것을 생각할 수도 있다. 사람들은 생각보다 복잡한 게임을 좋아하기도 하는데 원으로 만들면 정사각형일 때 위아래, 좌우로만 움직일 수 있던 것이 다양한 방향으로 움직일 수 있는 가능성이 생기기에 더 인기를 끌 수도 있다. 이런 게임을 만든다고 해도 위와 비슷하게 원의 크기는 '손가락 두께로 인해 생길 수 있는 오류'를 고려해 만들어야 한다. 그리고 화면의 크기가 어느 정도일 때 얼마나 많은 원을 어떻게 배치할 수 있는지에 관한 문제도 고민해야 한다. 즉, 직사각형 안에 원을 얼마나 많이 집어넣을 수 있는지에 대한 문제를 고려해야 하는 것이다.

하지만 또다시 이런 질문이 등장한다. '게임을 설계한 사람은 위의 문제를 신경 쓰지 않고 그냥 만들었을 수도 있잖아?' 그렇다. 그래서 응용 수학인지 아닌지를 결정하는 것은 어려운 일이다. 아무리 수학적인 내용이 담겨있더라도 만든 사람이 그렇지 않다고 하면 그만이다.

응용 수학이냐 아니냐 하는 이런 어려운 문제는 각자의 판단에 맡겨두고 하디의 관점을 따라서 순수한 마음을 가지고 다음 이야기로 넘어가자. 이번에는 휴대폰 화면이나 프라이팬 표면에 갇히지 않고 좀 더 높이 갈 것이다.

케플러와 우리의 공통점

요하네스 케플러는 16~17세기에 활동했던 수학자이자 과학자로 유명한 '케플러 법칙'을 남겼다. 케플러가 남긴 천문학에서의 업적도 상당하지만 그는 어린 시절부터 유독 수학을 잘했던 것으로 알려져 있다. 실제로 케플러는 20대 중반에 오스트리아 그라츠의 한 학교에서 수학 선생님으로 있기도 했다. 이후 서른 즈음에 당대 천문학에서 이름을 날리던 티코 브라헤의 조수로 들어가게 되면서 천문학에 큰 업적을 남기게 된다.

현대의 천문학은 어느 정도 수학 원리가 활용되겠지만, 사실 관측 장비의 성능과 기술에 더 많이 의존하는 듯하다. 단적인 예로, 우리가 가끔 과학 관련 뉴스에서 접하는 우주에서 일어나는 일들은 많은 경우 NASA나 허블우주망원경이 모두 관측해낸다. 그렇다면, 아주 정밀한 관측을 할 수 있는 장비도 없었던 케플러 시대의 천문학은 어떻게 연구 되었을까? 정밀한 기술 없이 하늘 위에 떠있는 별이나 행성들의 움직임을 어떻게 묘사할 수 있었을까? 쉽게 찾을 수 있는 답은 (당연하게도) 기하학에 있다.

케플러는 우주 자체에 대한 관심도 매우 컸지만, 그 관심을 실제로 서술하고 풀어내기 위해 필요한 기하학도 좋아했다.

그렇다면 케플러는 우리가 앞서 본 문제들처럼 천문학에 필요하지 않은 기하학 문제들에도 관심을 가졌을까? 내 예상은 '100% 그렇다'이다. 사실 케플러는 이 문제들과 아주 흡사해 보이는 문제에 관심을 가졌다. 그리고 영광스럽게도(?) 그 문제는 케플러의 이름이 붙어 '케플러의 추측'으로 알려져 있다. 이 문제를 이해하는 가장 쉬운 방법은 '과일가게 사과 쌓기'다.

동네에 있는 마트나 과일가게에 가면 사과나 오렌지 같은 '구' 모양을 한 과일들이 쌓여있는 것을 볼 수 있다. 왜 이렇게 쌓여 있을까? 일단 본능적으로 한 번 쌓으면 최대한 많이 쌓고 싶은 것이 사람 마음이다. 동전 쌓기처럼 말이다. 그뿐일까? 아니다. 과일을 최대한 많이 쌓아 놓으면 오랜 시간 동안 일하지 않아도 가만히 앉아서 과일을 팔 수 있으니 편하다.

'케플러의 추측' 또한 '과일 쌓기' 문제와 비슷하다. 케플러는 우리가 사는 공간에 구를 최대한 채워 넣는 가장 효율적인 방법에 대해 궁금해했다. 예를 들면, 아주 큰 트럭으로 과일을 운반할 때 이 트럭에 가장 많은 사과를 싣는 방법 말이다. 벌써부터 공간에 사과를 놓을 생각을 하니 머리가 아프다. 그 마음 이해한다. 우리는 3차원에 살고 있지만 공간을 모두 볼 수 있는 것이 아니기 때문에 상상하기가 힘들다. 예를 들어, 우리는 기둥 뒤의 공간을 보지 못하기 때문에 주차장에 주차를 할 때 어려움을 겪는다.

이럴 때 좋은 방법은 잠깐 아래로 내려오는 것이다. 공간에 사과를 놓을 생각을 1차원만 낮춰서 하면 문제를 상상하기는 좀 더 쉬워진다. 왜냐하면 이미 우리가 봤던 문제와 같기 때문이다. 공간을 1차원 낮추면 평면이 되고, 사과를 1차원 낮추면 평평한 달걀 프라이가 된다. 즉, 트럭에 사과를 채우는 문제를 1차원 낮추면 엄청 큰 (네모) 프라이팬에 달걀 프라이를 굽는 문제와 비슷해진다. 엄청 큰 평면에 조그만 원을 가장 효율적으로 채우는 방법은 무엇일까?

좋은 설명을 위해 달걀이 아닌 100원짜리 동전을 생각해보자. 500원짜리 동전도 좋다. 초등학교 다닐 때쯤 가장 많이 했던 놀이 중 하나는 딱지치기와 동전치기였다. 동전치기는 100원이나 500원 동전 여러 개를 책상이나 교과서 위에 올려놓고 손바닥으로 표면을 강하게 내리쳐서 동전을 다른 면으로 모두 넘기면 그 동전을 가져가는 놀이다. 이 놀이를 하다가 동전이 너무 많아지면 동전이 책상 밖으로 넘치지 않도록 잘 배치해야 한다. (이렇게까지 하지는 않았지만 설명을 위해 그렇게 가정해보자.) 케플러가 궁금해했던 것을 다시 표현하면 '이 상황에서 동전을 어떻게 놓아야 최대한 판돈(?)을 크게 할 수 있을까?'다. 다시 말해, 다음의 그림 중 어떤 방법으로 동전을 배열해야 정해진 공간(책상 표면) 안에 가장 많은 동전을 놓을 수 있는지를 궁금해했던 것이다.

책상의 표면은 2차원이고 동전을 원이라고 생각하면, 다음의 두 문장은 같은 문장이 된다.

❶ (큰) 책상의 표면에 동전을 가장 많이 배열하는 방법은?

❷ 2차원 평면에 원을 겹치지 않게 가장 많이 배열하는 방법은?

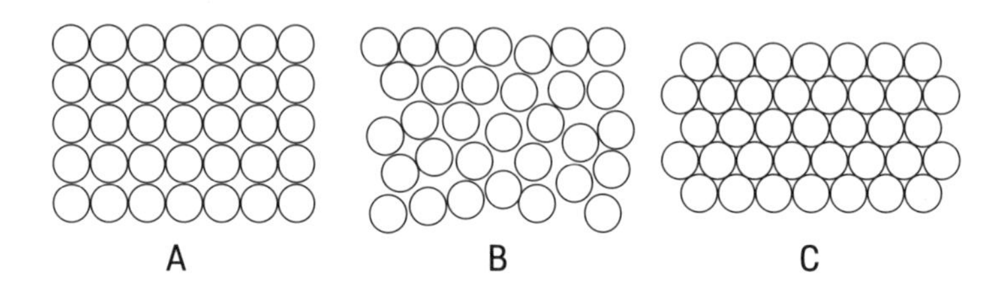

이 문제는 너무 유명해 자세한 설명이 필요 없는, 한 위대한 수학자에 의해 간단한 경우에 한해 해결되었다. 그의 이름은 가우스이고 간단한 경우라고 함은 원을 규칙적으로 배열하는 경우를 이야기한다. 그 이후 1940년대에 페예스 토트 라슬로Fejes Toth Laszlo라는 수학자가 규칙적이지 않은 경우도 포함해 가장 효율적인 배열 방법을 찾아냈다. 앞의 그림에서 A와 C는 가우스가 비교한 규칙적인 배열의 예시들이고, B는 불규칙적일 수도 있는 배열을 그려놓은 것이다. 가우스는 C가 A보다 좋다는 것을 이야기했고, 페예스 토트는 C가 B보다 좋다는 것을 이야기했다고 보면 된다.

'케플러의 추측'은 비슷하게 다음의 질문들에 대답하는 것이다. "큰 트럭 트렁크에 과일을 가장 많이 싣는 방법은? 3차원의 넓은 공간 안에 구를 겹치지 않게 가장 많이 집어넣는 방법은?"

이 질문들에 대해 케플러는 '쌓은 사과의 가장 아랫면을 봤을 때 그 모양이 다음 두 가지 모양 중 하나인 경우'이면서 '피라미드 모양으로 쌓여있는 경우'가 그 답이라고 추측했다. 다행히(?) 이 추측은 400년의 시간이 흐른 뒤에 컴퓨터의 도움으로 입증되었다.

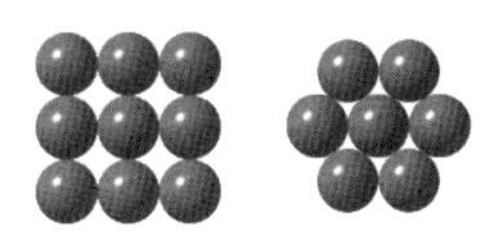

다음으로 넘어가기 전에 우리의 '수학으로 멍 때리기'의 여정을 정리해보자. 우리의 시작은 "프라이팬에 달걀을 세 개 혹은 그 이상 굽기 위해서는 프라이팬이 얼마나 커야 할까? 달걀을 어느 정도의 크기로 구워야 할까?"라는 질문이었다. 이 질문을 간단한 경우에 해결하면서 우리는 잠시 동안 수학적 아이디어를 감상했다. 그리고 막간을 이용해서 응용 가능성에 대해 생각해봤다. 다음으로 우리는 직접 해결하기는 힘들지만 케플러가 궁금해했던 복잡한 문제를 낮은 차원으로 옮겨서 이해하고 그 결과들을 살펴봤다.

여기서 나는 이 분야의 수학자들이 밟아왔을 길을 표현해보고 싶었다. 처음에는 멍 때리면서 생각한 쉬운 문제에서 시작해 수학의 아이디어를 맛보고 흥미를 느끼며 이후에는 더 어렵지만 중요한 문제로 나아가는 이런 흐름 말이다. 아무쪼록 지금까지의 여정이 괜찮은 여정이었기를 바란다. 앞으로는 이런 문제들이 현실에서 잘 활용되는 것들에 대해 이야기하려고 한다.

코딩의 진짜 의미

최근의 화두 중 하나는 '코딩Coding'이다. 코딩에 대해 간단히 설명하면 컴퓨터 프로그래밍 언어를 배우고 사용하는 것을 통칭하는 말이다. 인공지능과 빅데이터가 중요한 결과를 내고 있는 최근에는 이런 코딩교육이 매우 중요한 이슈가 되고 있다. 너도나도 코딩열풍에서 스트레스를 받으면서 살아간다.

'컴퓨터 프로그래밍을 한다는 의미'의 코딩은 컴퓨터와 개발자가 서로 대화를 하기 위한 일종의 언어를 의미한다. 개발자와 컴퓨터가 코드Code를 주고받으면서 대화를 하는 것이다. 하지만 개발자와 컴퓨터 사이가 아니더라도 코드를 주고받는 일은 일어난다. 예를 들어, 내가 휴대폰으로 친구와 문자를 주고받는 것은 사실상 전파를 이용해서 코드를 전송하고 받는 것이다. 그래서 코드는 넓은 의미에서 '(주로 컴퓨터들이) 의사소통하는 언어'라는 뜻이다. 그래서 수학에서는 (컴퓨터는 0과 1로 세상을 이해하니까) 0과 1로 이루어진 숫자를 코드라고 부르기도 한다. 우리의 이야기는 이런 수학 및 정보통신의 한 분야인 코딩이론에 관련된 것이다.

SOS

SOS는 모두 알다시피 국제조난신호이다. 막연하게 SOS가 약자라고 생각하는 나 같은 사람이 있을 수도 있기에 간단히 소개하고 넘어가자. SOS라는 조난신호의 시작은 1905년 4월 1일 당시 독일제국 정부 라디오 관련 법이라고 한다. 조난신호로서 '···---···'을 사용하기로 한 것인데, 이로부터 1년 반 정도가 지난 1906년 11월 3일 국제적으로도 이를 조난신호로 채택하게 된다.

처음에 이를 조난신호로 채택할 때에는 SOS 같이 알파벳으로 표시하지 않았다고 한다. 귀로 듣는 '뚜뚜뚜' 하는 전파 신호이기 때문이다. 하지만 이 신호에 대한 알파벳 이름이 필요해 당시 쓰이던 (미국) 모스부호의 S(···)를 가져오되 ---라는 신호는 O와 새롭게 대응시키기로 하고 SOS라는 이름을 붙이게 된 것이다. 국제 모스부호 이전에 있었던 미국 모스부호에서 ---는 숫자 5를 뜻하는 신호였다고 한다. 하지만 S5S라고 이름을 붙이기에는 이상했는지 ---을 O로 하고 SOS라는 신호의 이름을 만든 것이다.

'···---···'란 신호에 SOS라는 이름을 붙인 모스부호는 ·과 -를 사용해 알파벳을 표시하는 하나의 국제적으로 약속된 신호이다. 먼 거리에서 알파벳이 아닌 '신호'로 통신하기 위해 가장 널리 받아들여진 소통을 위한 '코드'인 것이다. 그래서 모스부호는 영어로 모스코드Morse code이다. 컴퓨터와의 통신에 사용되는 코드처럼 사람 간의 통신에서 사용되는 코드란 뜻이 담겨있는 것이다. 이와 비슷하게 우리 주변에서 볼 수 있는 코드가 또 있다. 브라유Braille라는 것이다.

루이 브라유Louis Braille라는 인물은 19세기 프랑스인으로, 어린 시절 아버지가 작업할 때 사용하는 도구를 가지고 놀다가 눈에 상처를 입고 양쪽 시력을 모두 잃게 되었다. 당시 프랑스에는 전 세계에서 가장 먼저 설립된 시각장애인 학교가 있었는데 브라유는 이 맹인학교를 다니게 된다. 기존의 맹인을 위한 글자 수업에 답답함을 느낀 그는 새로운 시스템을 만들었고, 이는 점자의 기초가 되었다. 이 업적을 기려 사람들은 점자라는 말 대신에 '브라유'라 부르기로 했다고 한다. (한글 점자는 '코리안 브라유'라고 쓴다.)

모스부호가 청각을 매개로 하는 코드라면, 브라유는 촉각을 매개로 하는 코드라고 이해할 수 있을 것이다. 그렇다면 이런 코드는 어떻게 만들 수 있을까?

모스부호

모스부호라는 이름의 주인공인 사무엘 모스Samuel Morse는 이 코드를 고안할 당시에 알파벳 사용 빈도에 대한 조사를 통해 자주 쓰는 알파벳에는 최대한 짧은 길이의 코드를 배정하려 했다. 예를 들어, 우리나라 문자(자음과 모음) 가운데 가장 많이 쓰이는 것은 단연 ㅇ(이응)인데 이를 표시할 때 가장 짧은 신호인 ·하나를 사용했다고 생각하면 된다. 한글은 초성인지 종성인지에 따라 쓰이는 빈도에 차이가 있고 모음은 중성에 밖에 쓰이지 않기 때문에 이렇게 단순한 논리로 부호를 만들기는 어렵다.

알파벳을 보면 e가 가장 많이 쓰이는데, 그래서 실제로 모스 부호에서 e는 ·하나로 표현된다. 가장 많이 사용하는 문자인 만큼 그 부호의 길이를 줄이면 더 효율적으로 부호를 사용할 수 있기 때문이다. 참고로 우리나라에서 ·에 해당하는 문자는 모음 ㅏ이다.

부호를 만드는 것은 사실 간단한 일이 아니다. 우리가 알고 있는 모스부호는 규칙적으로 만들어지지 않았다. 만약 그랬다면, 예를 들어 a는 ·, b는 ··, c는 – 등으로 규칙을 정해 만들었겠지만 그건 모스가 원했던 방법이 아니었다. 모스는 앞서 본 것처럼 '효율성'을 살리기 위해서 자주 쓰는 알파벳에 최대한 짧은 신호를 대응시키는 방식으로 모스부호를 만들었다. 그래서 겉으로 보기에는 규칙도 없고 복잡해 보이지만 실제로 사용하면 짧은 시간에 많은 내용을 전달할 수 있게 된 것이다.

이런 이야기를 듣다 보니 왠지 코드를 만드는 것은 수학을 필요로 할 것 같다. 그렇다. 수학이나 통신에서 코딩이론이라고 불리는 분야는 바로 '좋은 코드를 만드는 방법'에 대해서 연구하는 분야다(우리나라에서는 부호이론이라고 부른다). 여기서 말하는 좋은 코드는 어떤 게 있을까?

코드도 자정작용을 할까?

우리는 감기와 같이 가벼운 병에 걸렸을 때 병원에 가서 약을 처방 받는다. 그러고 나서 필요한 만큼의 약을 꾸준히 복용하면 보통 금방 낫는다. 하지만 감기보다도 가벼운 병은 우리 몸이 알아서 낫는 때도 있다. 비슷한 일이 자연에서도 일어나는데 '자연은 자정작용으로 다시금 깨끗해진다'는 말로 이 현상을 표현하기도 한다. 여기서 흥미로운 질문을 하나 던져보겠다. 인간이나 자연이 아닌 코드가 자정작용을 할 수 있을까?

풀어쓰면 다음과 같다. 전송 중 오류가 발생해도 스스로 오류 수정을 통해 원래의 코드를 복원할 수 있을까? 이 질문에 대한 답은 '가능하다'이다. 그리고 이런 생각에서 나온 코드를 오류정정코드라고 부른다. 휴대폰과 기지국 사이의 통신, 기지국과 인공위성의 통신, 컴퓨터와 컴퓨터 사이의 통신. 이 모든 것은 기본적으로 특정 코드를 전송하고 전송받는 것으로 이해할 수 있다. 하지만 이 전송 과정이 항상 완벽한 것은 아니다. 자연에 오염이 일어나는 것처럼 전송되는 코드에도 오류가 날 수 있다. 이때 전송받은 메시지만을 보고 통신 도중에 오류가 발생했는지 아닌지를 판단하고, 오류가 있었다면 원래의 메시지가 무엇이었는지를 알아낼 수 있도록 만든 것이 바로 오류정정코드다.

처음 들으면 '그런 게 가능하다고?'라는 생각이 드는 게 당연하다. 적어도 나는 그랬다. 하지만 다음과 같은 예시를 생각해보면 불가능할 것만 같지는 않다.

친구와 메시지를 주고받는데 친구가 다음과 같이 보냈다.

하던 일이 이제야 끝나서 겨우 집가은 중.
내일 여행가는 거 짐도 아딕 안 쌋어.

이 메시지만 보고도 '친구의 손에서 오염이 일어났다'는 사실을 알 수 있다. 게다가 우리는 친구가 어떤 메시지를 보내려고 했는지도 알 수 있다.

하던 일이 이제야 끝나서 겨우 집 가는 중.
내일 여행가는 거 짐도 아직 안 쌌어.

이런 예시를 생각해보면 자정작용을 하는 코드도 가능해 보인다는 생각이 든다. 물론 한 발 더 나아가서 이런 예시를 생각해볼 수도 있겠다. 다시 친구와의 메시지다.

이짜 샹느자아ㅠㅠ애사 나ㄴ나

도대체 무슨 말일까? 가끔 너무 졸릴 때 혹은 정신이 몽롱할 때 문자를 보내다 보면 이 정도로 오타가 많이 난 경험들이 다들 있을 것이다. 이 정도의 문자는 내용을 전혀 이해할 수도 짐작할 수도 없다. 자정작용이 안 되는 것이다. 이는 자연에서도 마찬가지인데 자연도 어느 정도의 오염에 대해서만 자정작용을 할 수 있을 뿐이다. 지나친 오염은 되돌릴 수 없다. 문자 오타와 자연 오염을 서로 비교해 생각해봤을 때, 당연히 코드 오류도 지나치면 자체 수정이 불가능하다. 그래서 오류정정코드는 오류가 어느 정도까지 심하게 발생하는지에 대한 기준을 두고 만들어진다.

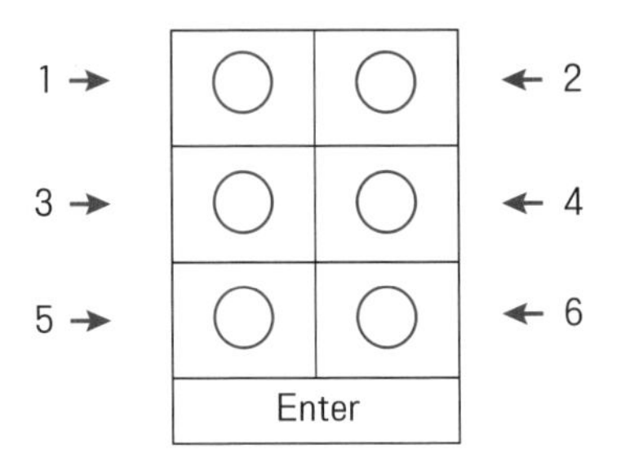

자음	ㄱ	ㄴ	ㄷ	ㄹ	ㅁ	ㅂ	ㅅ	ㅇ	ㅈ	ㅊ	ㅋ	ㅌ	ㅍ	ㅎ
초성	○● ○○ ○○	●● ○○ ○○	○● ●○ ○○	○○ ○● ○○	●○ ○● ○○	○● ○● ○○	○○ ○○ ○●	●● (●●) ○○	○● ○○ ○●	○○ ○● ○●	●● ●○ ○○	●○ ●● ○○	●● ○● ○○	○● ●● ○○
종성	●○ ○○ ○○	○○ ●● ○○	○○ ○● ●○	○○ ●○ ○○	○○ ●○ ○●	●○ ●○ ○○	○○ ○○ ●○	○○ ●● ●●	●○ ○○ ●○	○○ ●○ ●○	○○ ●● ●○	○○ ●○ ●●	○○ ●● ○●	○○ ○● ●●

모음	ㅏ	ㅑ	ㅓ	ㅕ	ㅗ	ㅛ	ㅜ	ㅠ	ㅡ	ㅣ	ㅐ	ㅔ
점자	●○ ●○ ○●	○● ○● ●○	○● ●○ ●○	●○ ○● ○●	●○ ○○ ●●	○● ○○ ●●	●● ○○ ●○	●● ○○ ○●	○● ●○ ○●	●○ ○● ●○	●○ ●● ●○	●● ○● ●○

수학적인 코드를 들여다보기 전에 앞에서 본 점자를 이용해 오류 자정작용이 어떻게 이루어지는지를 생각해보자. 휴대폰으로 문자를 치듯이 점자로 쓰인 글을 만들기 위해서 위와 같은

판을 이용해 입력한다고 해보자. 휴대폰 화면에 위와 같은 '자판'이 있다고 생각하는 것이다.

1과 2를 누르면 초성으로써 ㄴ을 입력하는 것이고, 엔터를 누르면 다음 점자를 칠 수 있다. 예를 들어, '수'라는 단어를 치려면 6을 누르고 엔터 그리고 1, 2, 5를 누르고 엔터를 치면 되는 것이다. 뒤에 '학'을 붙이려면 2, 3, 4를 누르고 엔터, 다음 1, 3, 6을 누르고 엔터, 그러고 나서 1을 누르고 엔터를 치면 된다.

휴대폰을 손가락으로 터치할 때 우리는 가끔씩 눌러야 하는 곳을 누르지 못하고 그 근처를 터치하는 때가 있다. 이건 흔한 일로, 사실 우리가 종종 괴이한 메시지를 보내는 이유이다. 이런 종류의 오류가 일어나면 어떤 일이 발생할까?

예를 들어, '수'를 치는 과정에서 초성 ㅅ을 치다가 손이 위로 미끄러져서 6이 아닌 4를 눌렀다고 해보자. 그러면 우리는 '루'를 치게 된다. 혹은 '나'를 치려고 초성 ㄴ에 해당하는 점자를 누르려다가 1을 누를 때 손이 아래로 미끄러져 3을 눌렀다면, 초성 ㄷ을 치게 되어서 '다'라고 오타를 낼 수 있다. 이런 점자를 받은 사람은 받은 코드가 오타인지 아닌지 판단하기 어렵다. 하지만 다음 경우는 어떨까? 친구가 초성 자리에 다음과 같은 점자를 보냈다.

일단, 이런 점자는 앞에 있던 점자 목록에서 찾을 수 없다. 그렇다면 앞서 본 '잠이 덜 깬 친구와의 메시지' 상황처럼 어딘가 실수를 한 것이다. 아마 한 군데 정도를 (상하좌우 최대 한 칸

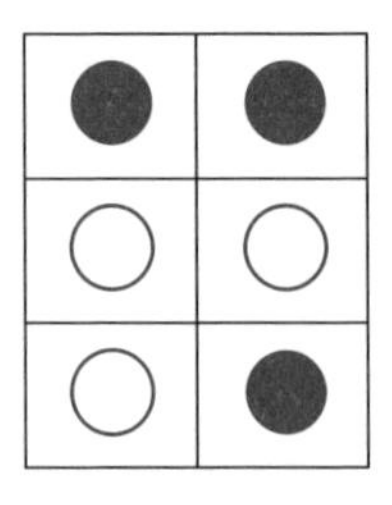

정도) 잘못 눌렀을 것이다. 그럼 원래 치려던 초성은 무엇이었을까? 하나씩 비교해보면 아마 초성 ㅍ을 치려다 (한 번 손이 아래로 미끄러져) 잘못 눌렀을 가능성이 크다. 이를 통해 우리는 친구가 원래 입력하려고 했던 문자를 알아낼 수 있다. 오류를 감지하고 수정할 수 있는 것이다.

하지만 이 점자의 경우 이런 것이 항상 가능한 것은 아니다. 바로 앞에서 본 것처럼 초성 ㄹ에 해당하는 점자가 왔다면 이는 초성 ㄹ일 수도 있고 초성 ㅅ을 치다가 손이 위로 미끄러져 실수로 보낸 것일 수도 있는 것이다. 이 경우에 우리는 전송받은 것만을 보고 '오류가 발생한 점자'인지 아닌지를 구분할 수 없는 것이다.

위의 논의에서 오류가 어느 정도까지 심하게 발생하는지에 대한 기준은 '한 칸'이었다. 손이 옆이나 위아래로 한 칸 밀릴 수 있다는 것이다. 이런 상황을 가정했을 때 일부 점자의 경우 자정작용이 가능했다! 그렇다면 언제나 자정작용이 가능한 코드에는 뭐가 있을까?

해밍의 코드

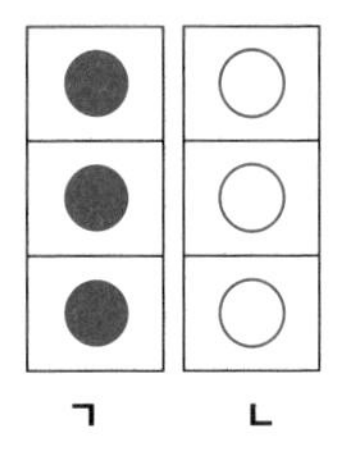

세 칸만 활용해서 이러한 코드를 만들었다고 하자. 앞서 했던 것처럼 화면을 터치해 ㄱ과 ㄴ을 입력하려고 한다. 이때 실수로 한 번 정도 '눌러야 하는데 누르지 않았거나 누르지 않아야 하는데 누르는 경우'가 생겼다고 하자.* 그렇다면 ㄱ에 오염이 일어났을 때 가능한 모양은 다음과 같다.

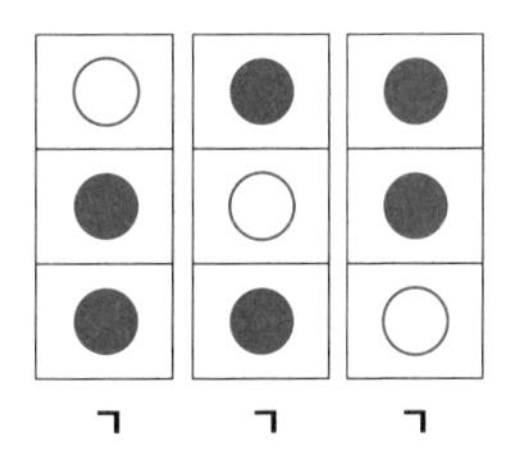

그럼 ㄴ에 오염이 발생한 때는 어떨까?

오염이 일어난 것들을 비교해보면 어떤 것이 ㄱ이었고 어떤

---

* 여기서 '한 번의 오류'의 의미는 바로 앞의 경우와는 약간 다르다. 정확히 말하면 '주변으로 한 칸 미끄러진 것'이 아니라 '누르지 말아야 할 곳을 한 번 눌렀거나 눌러야 할 곳을 한 번 누르지 않은 것'을 의미한다. 화면을 누르는 것으로 설명하려니 복잡하지만, 0과 1로 생각하면 '숫자가 0이어야 할 곳이 1이거나' 반대의 경우가 발생했다는 뜻으로 이해하면 된다.

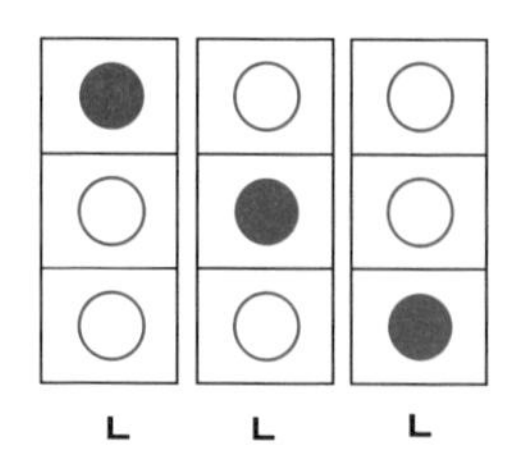

것이 ㄴ이었는지를 바로 알 수 있다. 다시 말해 다음과 같은 코드가 왔을 때 우리가 읽어낼 수 있다는 것이다.

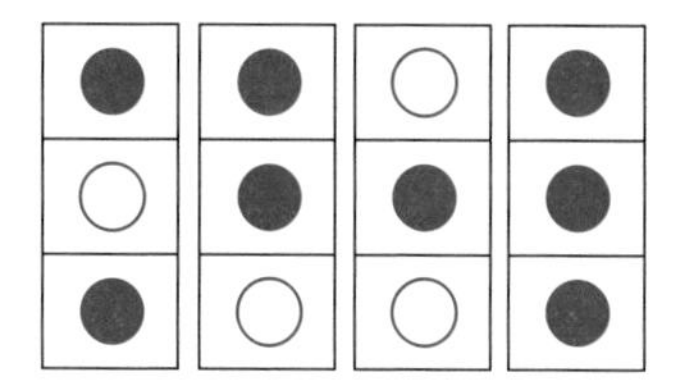

그렇다. 위의 메시지는 ㄱㄱㄴㄱ이다. 이것이 '자정작용이 가능한 코드'의 가장 간단한 예이다. 우리는 이를 해밍(3,1) 코드라고 부른다. 여기서 숫자 3의 의미는 세 개의 칸이 있다는 것이고, 1의 의미는 최대 2^1(2의 1제곱, 즉 2와 같다)개의 문자(ㄱ과 ㄴ)를 구분할 수 있다는 의미이다. 하지만 이는 사실 별로 효율적이지 않다. ㄱ과 ㄴ 단 두 문자를 위해 세 칸이나 사용해야 하니 말이다.

리처드 해밍Richard Hamming은 1950년에 이보다 더 효율적인 코드를 찾기 시작한다. 그리고 마침내 해밍(7,4) 코드를 발견하게 되었다. 해밍(7,4) 코드는 일곱 개의 칸을 이용해서 2^4(2의 4제곱, 즉 16과 같다)개의 문자를 구분할 수 있다. 이후 이 코드는 오류정정코드의 가장 중요한 시초 중 하나가 되었고, 해밍의 이러한 코드 연구는 이후 코딩이론에 대한 연구를 촉발시켰다. 해밍(7,4) 코드는 실제 네 개의 비트로 이루어진 메시지를 보내기 위해서 일곱 개의 비트만 사용하면 되는, 해밍(3,1) 코드에 비해 훨씬 효율적인 오류정정코드다. 그런데 이 오류정정코드는 왜 케플러와 관련 있을까?

고요속의 과녁

"몇 대 몇?" 하면 떠오르는 방송이 있다. 무려 25년 동안이나 시대를 풍미했던 '가족오락관'이다. 이 프로그램에는 여러 가지 게임이 있었는데 그중에 가장 기억에 남는 것은 '고요속의 외침'이다. 귀에 이어폰을 끼고 상대의 말이 들리지 않는 상황에서 상대의 입모양만 보고 무슨 단어를 말하는 것인지 맞춰야 하는 이 게임으로 여타 다양한 예능 프로그램에서 많이 하는 게임 중 하나이다.

이 게임에서 영감을 받아 다음과 같은 게임을 상상해보자. 서로에게 말을 해봐야 들리지 않는 귀마개를 쓴 상태에서 소리를 꽥꽥 지르는 것이 아니라 앞에 있는 과녁을 통해 대화를 하는 것이다. (고요속의 과녁이라고 불러도 좋겠다.) BB탄을 쏴서 과녁을 맞히면 점수에 따라 인형을 주는 사격장을 떠올리면 이해가 쉬울 것이다. 두 사람은 귀마개를 껴서 서로의 말을 들을 수는 없지만 BB탄으로 과녁을 맞혀 대화를 할 수 있다.

다음과 같이 과녁을 만든다고 생각해보자.

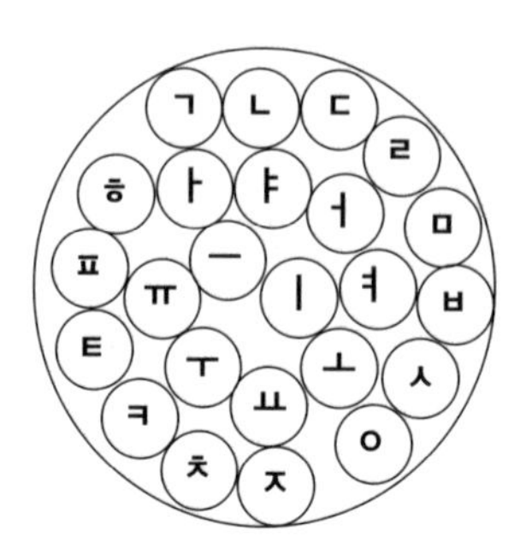

이때, 과녁을 만들면서 우리가 주의해야 할 것은 각 과녁의 크기이다. 과녁은 우리의 사격 실력을 기반으로 만들어야 한다. 우리가 정확히 조준하고 쐈을 때, 1cm 정도의 오차가 발생할 수 있다고 가정하면, 우리는 각 과녁을 반지름이 1cm인 과녁으로 만들 것이다. 중심을 조준하고 쐈을 때 발생할 오차가 최대 1cm라면 그 과녁 어딘가에는 맞을 것이기 때문이다. 그러고 나서는 자음(열네 개)과 모음(열 개)을 이용해 대화를 해야 하기 때문에 총 스물네 개의 (반지름 1cm인) 과녁을 배열하는 문제에 대해 고민하면 된다. 이 과녁들을 담고 있는 벽면의 크기는 사실 우리가 통신을 하기 위해 필요한 공간이기 때문에 줄이면 줄일수록 좋을 것이다.

앞서 본 프라이팬 문제에서 우리는 반지름이 10cm인 달걀 프라이를 겹치지 않게 굽는 것은 달걀 프라이의 각 중심이 서로

20cm보다 멀리 떨어져 있게 만드는 것과 같다는 것을 알아냈다. 이 문제도 같다. 우리는 사실 과녁을 만들 필요가 없다. 스물네 개의 점(중심)을 서로 거리가 2cm보다 멀도록 찍고, 그 점들에 자음과 모음을 새기면 고요속에서 사격을 통해 대화를 할 수 있게 되는 것이다.

오류정정코드를 기하학적으로 이해하는 방법은 앞의 과녁 그림에서 각각의 점이 코드 하나에 대응된다고 생각하는 것이다. 정보가 전송될 때 발생할 수 있는 오류의 최대치는 과녁의 반지름이고, 이 과녁들을 모두 놓기 위해 필요한 벽면의 넓이는 코드 전체가 차지하는 넓이가 되는 것이다. 다시 말해 해밍(3,1) 코드는 기하학적으로 생각하면 크기가 3인 공간에 서로 거리가 2(=1+1) 이상인 두 개의 점을 찍는 것과 같은 것이다. (여기서 각 1은 과녁의 반지름, 즉 오류의 최대치다. 해밍(3,1) 코드에서 실수가 최대 한 칸에서만 일어난다고 했던 것을 떠올리면 된다.) 비슷하게 해밍(7,4) 코드는 크기가 7인 공간에 서로 거리가 2 이상인 열여섯 개의 점을 찍는 것으로 이해할 수 있다.

오류정정코드를 '케플러 추측'을 통해서 기하학적으로 이해하는 방법은 그 자체로도 흥미롭지만 새로운 응용으로 이어지기도 한다. 예를 들어, 바로 뒤에서 볼 골레 코드(보이저호가 사용했던 오류정정코드)는 24차원(!) 케플러 추측과 관련 지어 이해할 수 있는데 이는 마이크와 카메라에서 아날로그 신호를 디지털 신호로 바꾸는 기술에서 중요하게 사용된다.

이제 복잡한 이야기는 끝이다! 케플러는 잠시 잊고 오류정정 코드가 우리에게 어떤 도움을 주고 있는지 알아보자.

코드의 쓰임

먼저 컴퓨터 데이터 저장기술에는 (변형된) 해밍 코드들이 지금도 사용되고 있다. 왠지 컴퓨터라고 하면 어딘가 모르게 사람보다 믿음직스럽다. 컴퓨터가 한 계산에는 오류가 없을 것 같고, 설사 오류가 났다면 사람이 입력을 잘못해서 그런 것이겠지란 생각이 먼저 든다. 하지만 컴퓨터 본체 내부에 생기는 전기장과 자기장의 방해로 컴퓨터 메모리에는 종종 오류가 발생한다. 비교적 최근의 이야기에 따르면 그 빈도가 낮기는 하지만 이런 오류에 대해 '자정작용'을 거치지 않으면 저장된 데이터의 손실과 변조의 우려가 있다고 한다.

또한 이런 메모리 오류는 큰 공장에서 종종 발생하는 기계 고장의 주요 원인 중 하나이며 컴퓨터 보안을 취약하게 만드는 원인이기도 하다. 우리 주변에 있는 컴퓨터도 문제지만 우주로 나가면 이런 오류가 일어날 가능성이 더 높아진다. 예를 들어, 인공위성에 장착된 컴퓨터들이다. 이런 이유로 컴퓨터 메모리에는 '자정작용이 가능한 코드'인 해밍 코드를 사용한다.

우리 눈에는 보이지 않지만 지구에는 우주의 위험을 막아주는 여러 방어막이 있다. 하지만 우주로 나가게 되면 이야기가 달라진다. 불과 몇 년 전에 소위 '태양 흑점 폭발'로 지구의 단파통신에 장애가 발생한 일이 있다. 보호막이 있는 지구에서도 이런 현상이 종종 일어나는데 인공위성에서 지구로 보내는 통신에는 오히려 오류가 발생하지 않는다고 하면 그게 더 이상할 것이다. 인공위성 컴퓨터 내부에 일어나는 메모리 오류뿐 아니라 우주를 통해 전송되는 전파 또한 오랜 시간 지구로 전송돼 오면서 오류가 발생할 가능성이 높다.

해밍 코드는 상대적으로 간단한 코드이다. 그래서인지 우주로 통신하는 전파는 조금 더 복잡한 수학적 방법을 이용한 코드를 사용한다. 예를 들어, 골레Golay 코드는 1980년 무렵 무인 탐사선인 보이저 1, 2호가 목성과 토성의 사진을 찍어 지구로 전송할 때 사용되었다. 사진 정보가 방해를 받아서 오류가 생기더라도 우리가 받아볼 때 어디에 어떤 오류가 생겼고 자정작용으로 원래는 어떤 사진이었는지 알 수 있게 만든 것이다. 터보Turbo 코드란 오류정정코드는 현재 뉴호라이즌스호가 지구로 정보를 전송할 때 사용한다고 한다. 뉴호라이즌스호는 지구로 목성과 명왕성 그리고 그 너머 우주의 사진들을 지구로 전송해주고 있는 우주선이다. [여담으로 명왕성 근처에서 지구로 자료를 보내는 전송 속도는 24시간에 10MB 정도(시간당 0.4MB)여서 명왕성의 정보가 모두 전달되는 데는 무려 1년이라는 시간이 걸렸다고 한다!]

컴퓨터나 정보 전송의 오류를 위해 쓰이는 코드 이외에도 몇 가지 종류가 더 있는데, 다항식을 이용한 리드-솔로몬Reed-Solomon

코드는 한 때 음악시장을 주름잡았던 CDCompact Disk 기술의 가장 중요한 부분이었다. CD는 우리 눈에는 보이지 않는 정도 크기로 홈을 파서 노래의 정보를 저장한 것이었는데, 여기에 오류가 발생해도 제대로 노래가 나올 수 있도록 오류정정코드를 이용해 노래의 정보를 저장한 것이다. 실제로 연속된 4,000개의 홈(약 2.5mm 길이)에 전부 오류가 나도 문제가 없도록 만들어졌다고 한다. 이런 코드의 도움에도 우리의 CD가 망가졌던 이유는 정화 수준을 넘어선 지나친 오염(CD 표면에 발생한 긁힘) 때문이었을 것이다. 현재는 DVD나 블루레이 디스크 같은 것 또한 오류정정코드를 사용해 정보를 저장하고 있다. 최근에 많은 광고에서 볼 수 있는 새로운 이동통신 기술인 5G 기술에서도 이와 비슷한 오류정정코드가 사용될 것이라고 한다.

사과 쌓기 현황

'사과 쌓기' 문제는 이런 응용들 덕분에 많은 관심을 받고 있지만 이 분야에는 아직도 미해결 문제들이 많다. 예를 들어, 8차원과 24차원 사과 쌓기는 2016년도에야 비로소 해결되었다. 주인공은 우크라이나 여성 수학자 마리나 비아조프스카Maryna Viazovska. 오랫동안 아무도 해결하지 못하고 있던 8차원 사과 쌓기 문제를 해결해낸 그녀는 논문을 아카이브에 올리자마자 단숨에 스타가 되었다. 얼마나 빠르게 스타가 되었는지, 이 논문에 관심을 가진 몇몇 사람과의 협업을 통해서 정확히 일주일 뒤에 24차원 사과 쌓기 문제를 해결했다. 이 사건은 한동안 수학계를 떠들썩하게 했다. 현재 그녀는 클레이연구상, 라마누잔상, 뉴호라이즌스 수학상 등 여러 상을 수상하고 스위스 로잔 연방공과대학의 정교수로 재직 중이다.

사과 쌓기 문제의 변형 중에도 미해결 문제가 있다. 가장 유명한 것은 공간을 구로 채우는 효율적인 방법을 묻는 것이 아니라 공간을 채우는 (구가 아니어도 상관없는) 모양을 만들되 그 표면적이 작은 3차원 모양을 만드는 문제다. 2차원으로 생각하면 '평면을 채우는 모양을 만들되 그 둘레가 가장 작은 모양을 만드는 문제'인데 이 경우에는 오래전부터 답이 알려져 있다. 바로 육각형이다. 2차원의 답은 이렇게 재미가 없지만 3차원에서는 아주 재미있는 일이 일어난다.

다음 왼쪽의 그림은 켈빈 경Lord Kelvin이 1887년 제안한 '깎은 정육면체 벌집Bitruncated Cubic Honeycomb' 모양들을 쌓은 것이다. (여기서 켈빈 경은 절대온도의 단위인 그 켈빈과 같은 사람이다.) 이 구조는 3차원에 대한 답으로 알려져 있었다. 그것도 무려 100년 동안이나 말이다. 하지만 1993년 웨이어-펠란 구조Weaire-Phelan structure라 불리는 것이 발견되었다. 다음 오른쪽 그림이 그 모양이다. 여러분뿐만 아니라 내가 보기에도 크게 차이가 없어 보이지만 이 구조는 100년의 믿음을 산산조각 내고 더 효율적인 구조로 밝혀졌다. (TED 강연 중 〈수학이여 영원하라〉에 자세한 이야기가

나온다.) 그리고 3차원의 경우에서 지금까지 알려진 가장 효율적인 구조이다. 아직까지 이 모양이 정말 가장 효율적인지 알 수는 없지만 어쩌면 또 다른 비아조프스카가 등장해 이 구조가 가장 좋은 구조가 맞다고 확인해줄지도 모르겠다.

사실 이 3차원 구조 문제는 멍 때리기를 위해 쓸데없이 만들어낸 것이 아니라 건축 관련 문제에서 등장하는 것이다. 재료를 효율적으로 이용해 공간을 채워야 할 때 말이다. 이는 우리가 앞에서 살펴본 비눗방울에서도 관찰할 수 있다. 비눗방울들이 서로 붙어 있는 경우 각각의 모양은 위의 그림과 같은 형태로 생겼을 가능성이 있다. 비눗방울의 표면장력은 면적을 최소화하려는 성질이 있기 때문이다. 웨이어-펠란 구조를 붙여서 설계된 '2008 베이징 올림픽' 공식 수영경기장이 물방울 모양처럼 보이는 것은 우연이 아니다.

사과 쌓기와 채우기는 이렇게 현재진행형이다. 오늘도 수학자들과 공학자들은 쌓기 문제를 열심히 해결하거나 이를 써먹을

방법을 고민하고 있다. 여러분도 오늘은 가방이나 장바구니를 채울 때 좋은 채우기 방법을 고민해보는 것은 어떨까?

수학으로 멍 때리기, 하나 더

해밍(7,4)코드

우리는 앞서 해밍(3,1) 코드라는 간단한 예시를 봤다. 단순히 세 개의 칸을 모두 칠하거나 세 개의 칸을 모두 칠하지 않는 경우를 각각 ㄱ과 ㄴ으로 이름을 붙이면 최대 한 개의 오류에 대해서 오류정정을 할 수 있는 코드였다. 하지만 해밍(3,1) 코드는 수학적 아이디어의 느낌을 별로 주지 않는다. 그냥 세 칸을 모두 같게 반복하는 것이니 말이다. 그래서 여기서는 조금 복잡해 보이지만 더 느낌이 오는 대표적인 예시인 해밍(7,4) 코드에 대해서 그림으로 설명해보려고 한다.

앞서도 이야기했듯이 7의 의미는 일곱 개의 칸이라는 뜻이고, 4의 의미는 $2^4=16$개의 코드를 만들어낼 수 있다는 뜻이다. 해밍(7,4) 코드를 이해하는 방법은 아래와 같은 그림이 제일 좋다. 점자판은 조금 특이하게 생겼지만 이를 점자로 생각하면 '해밍(7,4) 브

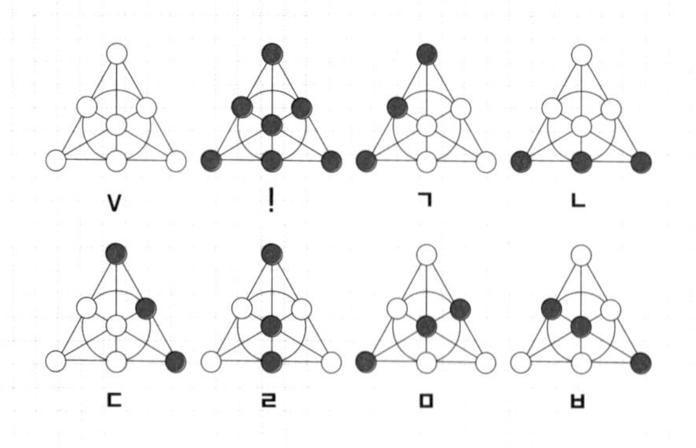

라유'라고 이름 붙일 수 있겠다. 한글 자음의 개수가 열네 개인 점에 착안해서 띄어쓰기(v)와 느낌표(!)를 추가해서 총 열여섯 개를 만들고 다음과 같이 점자를 대응시켜 봤다.

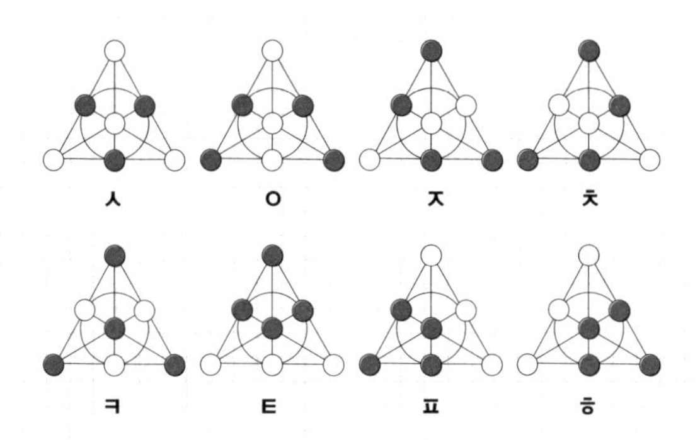

이렇게 되면 이제 일곱 개의 칸을 사용해서 열여섯 개의 코드를 만들어낼 수 있다. 몇 마디 덧붙이자면, 이런 삼각형 모양에 검은색을 칠하는 방법은 실제로 모든 해밍 코드를 만드는 방법이 된다. 예를 들어, 이 관점에서 생각해보면 해밍(3,1) 코드는 일직선으로 세 개의 칸이 있는 것이 아니라 삼각형의 세 꼭짓점에 칸이 있는 것으로 이해할 수 있다. 그리고 ㄱ은 모든 꼭짓점이 까만 경우에 대응되고 ㄴ은 모든 꼭짓점이 비어있는 경우에 해당된다고 볼 수 있다. 그러면 마지막으로 다음의 연습문제를 (답과 함께) 남겨둔다. 한 번 확인해보기를 바란다.

다음의 코드가 여러분에게 전송되었다(왼쪽 위에서부터 시작해서 오른쪽 아래까지 총 열두 개의 코드다). 전송 과정에서 오류가 한 번 정도 날 수 있다[해밍(3,1) 코드처럼 하나의 칸이 잘못되었을 수 있다는 뜻이다]. 원래의 코드는 무엇이었을까?

힌트: 3, 6, 9, 12번째 코드들은 오류가 발생한 코드들이다.

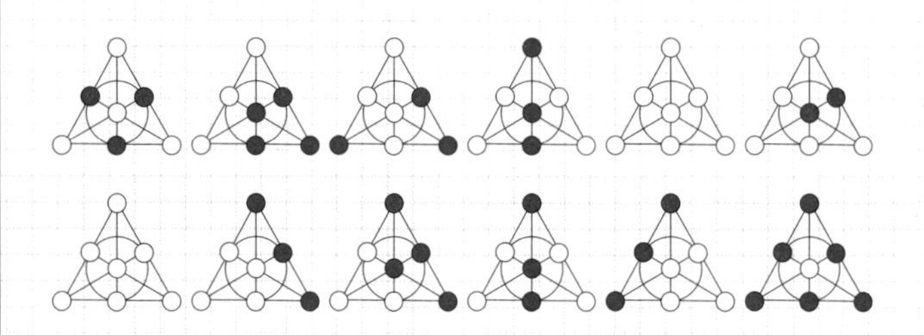

답: ㅅㅎㅇㄹᵛㅁᵛㄷㄷㄹㄱ!

3

마법의 정사각형으로 내 몸 탐색하기

숫자와 관련된 수학 퍼즐 중 가장 먼저 떠오르는 것은 단연 스도쿠이다. 스도쿠數獨란 일본에서 유래한 말로 한자를 그대로 읽으면 '수독'이 된다. 외로운 숫자를 뜻하는 그 의미가 의미심장하게 느껴진다. 뜻을 풀면, '숫자를 한 번만 사용해야 한다' 정도로 할 수 있는데 그래서 스도쿠의 규칙은 이렇다. 9×9 체스판 모양의 칸 안에 ❶ 각 가로줄에는 1부터 9가 한 번씩, ❷ 각 세로줄에는 1부터 9가 한 번씩, ❸ 각 3×3칸 아홉 개에 1부터 9가 한 번씩 들어가도록 숫자를 적어넣는다. 그러니까 특정 영역들(가로줄, 세로줄, 3×3칸)에 대해서 '수독'해야 한다는 것이다.

어딘가 모르겠지만 스도쿠와 비슷한 뉘앙스를 풍기는 문제 중에 우리가 어렸을 때 종종 보았던 문제가 있다. 바로 '쌓기나무 문제'이다. 다음의 왼쪽 그림을 보면 어렸을 적 기억들이 떠올라 쉽게 이해할 수 있을 것이다. (머리가 아플 까봐 답은 바로 옆에 공개해 두었다.)

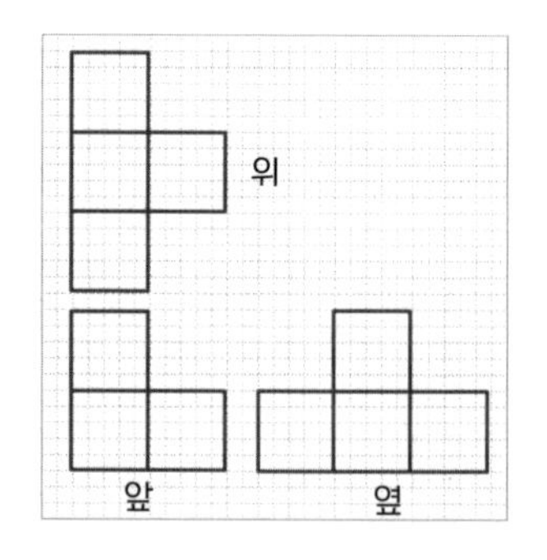

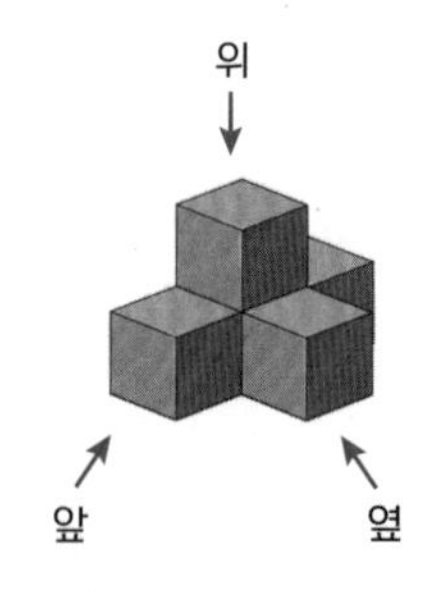

쌓기나무 문제의 조건과 결과를 말로 풀어쓰면 이렇다.

조건: 위아래, 좌우, 앞뒤 세 방향에서 봤을 때의 모양

결과: 각 쌓기나무 하나 하나의 위치

스도쿠와 쌓기나무 문제는 정확히 설명할 수는 없지만 비슷한 느낌을 주는 면이 있다. 이를 애매하게 표현하면 이렇다. 두 문제 모두 주어진 조건은 '밖에서 봤을 때' 알 수 있는 것이고, 풀어내야 할 결과는 '내부의 사정'이라는 점에서 비슷하다. 스도쿠에서는 각각의 칸에 쓰인 숫자를 모두 정확히 알지는 못하지만 한 가로줄 전체를 봤을 때 1에서 9까지의 숫자가 모두 나와야 한다는 정보를 가지고 있다. 쌓기나무 문제 또한, 각 쌓기나무가 어디에 위치하는지는 모르지만 앞에서 봤을 때 그것들이 어떤 모양을 이루는지는 우리에게 주어져 있다. 그리고 두 문제 모두 풀어야 하는 것은 '내부의 값 혹은 위치'이다.

일반적으로 '내부의 사정'이 주어졌을 때, 그것들이 '밖에서 봤을 때' 어떠한지 알기는 쉽다. 하지만 이 과정을 역으로 추론하는 문제는 어렵다. 마치 스도쿠와 쌓기나무 문제가 어려운 것처럼 말이다. 이렇듯 '외부'의 정보를 이용해 역으로 '내부'를 이해하는 문제들을 우리는 역문제라고 부른다.

역문제는 특정한 문제를 의미한다기보다는 조금 더 넓은 범위로서 문제의 유형을 의미한다고 보는 것이 정확하다. 이렇게

넓은 범위로서 역문제를 생각해보면 밖에서 봤을 때의 정보만을 가지고 내부의 사정을 아는 것은 얼마나 어려운지는 쉽게 이해할 수 있다. 숫자가 등장하지 않는 역문제를 생각해봐도 되기 때문이다. 예를 들어, 공장의 외관과 공장을 드나드는 사람만을 보고 어떤 제품을 생산하는 공장인지 맞추는 것은 어렵다. 좀 더 이해하기 쉬운 예로는 '셜록 홈즈'가 있다. 셜록 홈즈에게는 처음 본 사람의 겉모습과 행동만 관찰하고 그 사람이 어떤 사람인지 (정확히) 추리해내는 능력이 있다. 물론, 허구의 이야기와 허구의 인물이지만 셜록 홈즈의 추리를 따라가다 보면 너무 놀라워 입이 떡 벌어진다. 매우 어려운 일을 척척 해내기 때문일 것이다. 이렇듯 일반적인 의미로 봤을 때의 역문제는 대개 매우 어렵다. 그래서 이러한 역문제는 그만큼 가치가 있다. 다른 사람의 속을 들여다보지 않고도 속을 알 수 있으니 말이다.

그렇다면 수학적인 역문제는 어떤 느낌일까? 이를 알아보기 위해서 우리는 마법의 정사각형이 필요하다.

마법의 정사각형

마방진은 마법(마)의 정사각형(방) 안에 숫자들이 놓여있다(진)는 의미로, 예를 들어 3×3 크기의 마방진을 만드는 것은 각 가로줄과 세로줄의 합이 모두 같도록 1부터 9까지 숫자를 놓는 것이다. 마방진 역시 안과 밖의 사정이 스도쿠와 비슷하다. 주어진 조건은 '밖에서 봤을 때' 알 수 있는 것이고, 풀어야 하는 문제는 '내부의 사정'이란 점에서 말이다.

좀 더 자세히 들어가보자. (잠깐 동안의 집중이 필요하다!) 첫 번째 줄과 두 번째 줄과 세 번째 줄에 있는 숫자를 모두 합하면 전체 3×3 마방진에 써있는 숫자를 모두 합하게 된다. 1부터 9까지의 합은 45이다. 그런데 사실 첫 번째 줄에 있는 숫자의 합은 두 번째, 세 번째 각각의 합들과 같다. (그렇다. 잠시 잊었을 수도 있겠지만 이게 주어진 조건이었다.) 즉, 같은 숫자를 세 번 더한 것이 45가 되므로 각각은 15가 되어야 한다. 이로써 우리는 사실 마방진의 조건이 각 가로줄의 숫자의 합이 15, 각 세로줄의 숫자의 합도 15라는 사실을 깨달았다.

마방진과 같은 역문제에는 재미있는 특징이 하나 있는데, 주어진 조건이 충분하지 않으면 '내부의 사정'이 하나만 가능하지는 않다는 점이다. 다음의 마법 정사각형들을 살펴보자.

1	5	9
6	7	2
8	3	4

1	5	9
8	3	4
6	7	2

1	8	6
9	4	2
5	3	7

2	4	9
6	8	1
7	3	5

2	6	7
9	1	5
4	8	3

3	7	5
8	6	1
4	2	9

이 여섯 가지의 마방진은 모두 각 줄에 있는 숫자의 합이 15가 되는 성질을 가지고 있다. 이는 역문제의 관점에서 생각해보면 좀 황당하다. '밖에서 봤을 때'의 정보로 '내부의 사정'을 알 수 있어야 하는데 가능한 '내부의 사정'들이 너무 많기 때문이다. 셜록 홈즈가 겉모습을 보고 한 사람의 특징을 판단하는데 "이럴 수도 있고, 저럴 수도 있어"라고 한다면 누가 셜록 홈즈를 믿을까?

이럴 때 셜록 홈즈는 더 많은 단서를 필요로 한다. 마찬가지로 이 여섯 가지의 마방진 중에 어떤 것이 진짜 '내부의 사정'인지를 알기 위해서는 '밖에서 봤을 때'의 조건이 충분할 정도로 필요하다. 우리가 이미 가지고 있는 정보 외에 다음과 같은 정보를 추가해보자. 두 대각선 각각 숫자의 합이 15. 이제 어떤가? 그렇다. 오른쪽 위에 있는 마방진만이 이 조건을 만족한다. '내부의 사정'이 이제 하나로 정해지는 것이다.

이번에는 위의 정보 대신 다음과 같은 정보를 추가한다. 두 시 방향 대각선 숫자들의 합은 6, 열 시 방향 대각선 숫자들의 합은 18. 이 경우는? 앞의 그림에서 가운데 위쪽에 있는 마방진만 답이 된다. 여기서 볼 수 있듯이 추가될 수 있는 정보가 하나만 가능한 것은 아니다.

이번에는 상황을 더 바꿔보자. 보통 수학과 관련된 책에서 마방진이라고 하면 가로, 세로, 대각선의 합이 모두 같을 때, 그 안의 숫자배열을 찾는 문제를 의미한다. 하지만 꼭 그 합이 모두 같을 때의 문제만 역문제가 되는 것은 아니다. 예를 들어, 2×2 마방진 문제에서 다음과 같은 조건이 주어졌다고 하자. 첫째 줄 숫자의 합은 3이고 둘째 줄 숫자의 합은 7이다. 첫 번째 열의 합은 4이고 두 번째 열의 합은 6이다. 각 칸의 숫자는 서로 다를 필요는 없다. 이 2×2 마방진은 어떻게 생겼을까?

숫자들을 집어넣으면서 직접 풀어보면 어렵지 않다. 예를 들어, 상단 왼쪽 칸에 1이나 2가 있다고 놓고 조건들을 확인해보는 것이다. 이 정도의 조건만 가지고는 우리는 다음처럼 다양한 가능성을 가지게 된다.

1	2
3	4

2	1
2	5

여기에 다음의 조건이 붙는다면 어떨까? 대각선 숫자의 합은 5. 이 조건이라면 답은 왼쪽 그림이다. 이런 점에서 마방진 혹은 더 나아가 역문제라는 것은 풀기도 어렵지만 문제를 잘 만들어 내는 것도 어렵다.

이것으로 역문제와 마방진에 대한 느낌 파악이 끝났을 것이라 생각한다. 이제 마방진이 우리 몸에 행하는 기적을 목격할 시간이다.

눈 치우기와 벼 수확하기

하늘에서 내리는 눈은 아름답다. 상상만 해도 금세 기분이 좋아진다. 눈이 소복하게 쌓인 길을 걸으면 나는 뽀드득 소리도 좋다. 하지만 그 눈을 치워야 하는 입장에서 본다면 걱정이 이만저만이 아니다. 단적인 예로 그 눈을 제때 치우지 않으면 땅이 얼어 사고가 나기도 하도, 교통이 마비되기도 한다. 이런 지옥을 방지하기 위해서는 부지런히 눈을 치워주는 제설차가 꼭 필요하다.

제설차는 눈이 산더미처럼 쌓인 곳을 지나면서 눈덩이를 만들어낸다. 상상의 나래를 펼쳐 다섯 대의 제설차들이 나란히 가면서 눈을 모으는 장면을 상상해보자.

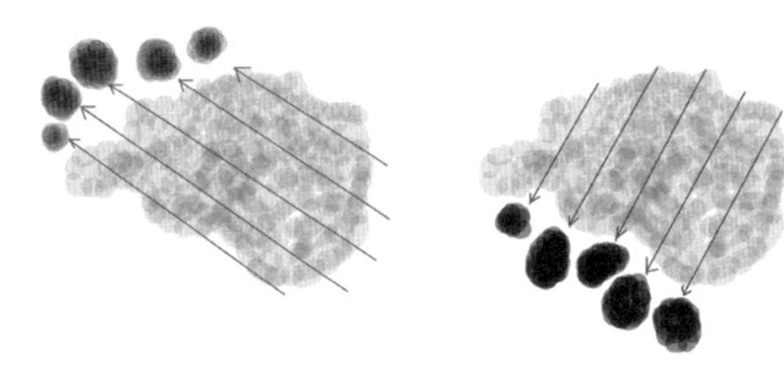

이제 제설작업이 모두 끝났다. 각 제설차가 모은 눈은 한곳에 모여있다. 생각해보니 각각의 제설차가 모은 눈의 양은 그 방향을 따라서 있는 눈의 양을 모두 더한 것이다. 잠깐! 더한 것? '더한 것'을 보니 떠오르는 게 하나 있다. 우리가 앞서 본 마방진이다. 이제 더 이상 우리 앞에 보이는 건 소복히 쌓여있는 눈이 아니다. 대신 '각 위치에 쌓여있는 눈의 양'이 각 위치에 적혀있는 아주 큰 마방진이 보인다.

수학으로 멍 때리기에 벌써 익숙해진 우리는 이런 질문을 해본다. 마방진을 풀어냈던 것처럼 눈 치우기도 비슷한 것을 할 수 있을까? 즉, 각 지점에 원래 쌓여있던 눈의 양을 역으로 알아낼 수 있을까?

현실적으로는 불가능하다. 그 이유는 간단하다. 눈을 한 방향으로 쓸어서 모아버리면 다른 방향으로는 더 이상 실험을 해볼 수 없다. 다시 말해 마치 마방진을 풀어야 하는데 각 가로줄의 합이 15라는 조건 외에는 조건이 없는 상황이다. 이런… 우리는 앞서 너무 적은 조건으로는 '내부의 사정'을 정확히 아는 것이 불가능하다는 것을 목격했다. 가로줄과 세로줄에 대한 조건을 모두 줬을 때도 가능성이 너무 많았다. 안 될 것 같다!

현실적으로 안 되니 이제 비현실적으로 생각해보자. 아주 만약에 눈 치우기를 여러 방향으로 반복하는 것이 가능하여 각 방향으로 모은 눈의 양들을 알아낼 수 있다면 어떨까? 그렇다. 그럴 수만 있다면 앞에서 푼 마방진처럼 똑같이 풀어서 원래의 눈이 어떤 모양으로 산더미처럼 쌓여있었는지를 알아낼 수 있다! 바로 전의 경우와는 다르게 조건이 충분히 많으니까 말이다.

이해를 돕기 위해 한 가지 상황을 더 생각해보자. 이번에는 제설차가 아니라 벼를 수확하는 기계다. 농사 짓는 곳에 가면 볼 수 있는 '탈탈'거리는 소리를 내는 이 기계는 긴 벼들을 가져다가 볍씨를 걸러내 모아주는 일을 한다. 앞에서 생각해본 제설차와 비슷한 느낌이다. (기본적으로는 같은 문제다.) 수확 기계가 지나가면서 모은 볍씨의 양을 모든 방향에 대해서 알 수 있다면 우리는 어느 위치에서 얼마만큼의 볍씨가 생산되었는지 알 수 있을까? (눈 치우기와 같은 문제이기 때문에) 가능하다. 그럼 혹시 이를 농사에 도움이 되게 이용할 수 있을까? 가능하다면 좋겠지만 우리의 가정이 비현실적이라는 점을 기억하자. 그래서 지금의 상상은 쓸모 없지만 곧 가정이 현실적인 경우를 만나서 기적을 낳게 될 것이다. 그 전에 짚고 넘어가야 할 점이 하나 있다.

이 문제들은 마방진을 푸는 문제와 아주 많이 닮아있다. 한 가지 중요한 다른 점이 있다면, 사실 눈이 산더미같이 쌓여있는 곳을 바둑판의 칸처럼 구분할 수는 없다는 것이다. 제설차가 쓸어 담아낸 눈의 총량은 눈의 양을 마치 마방진의 숫자들처럼 띄엄띄엄 더하는 것이 아니다. 마방진처럼 구역이 나누어져 있지 않기 때문에 연속적으로 더하는 것이 필요하다.

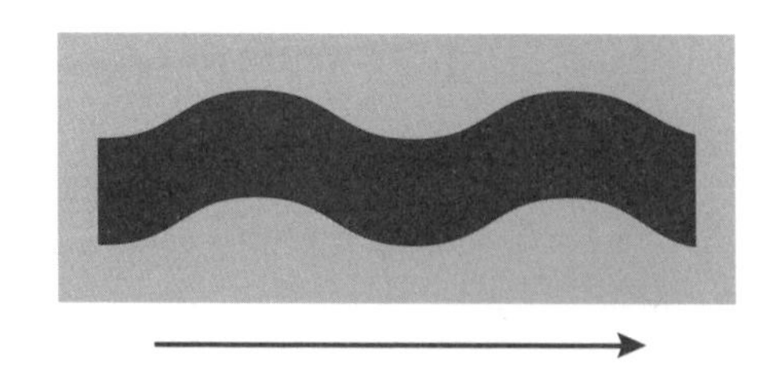

이렇게 더하는 것을 우리는 적분이라고 부른다. 즉, 칸으로 구

역이 나누어져 있지 않고 연속적으로 이어져 있다면, 우리는 한 방향을 따라서 적분한 값을 알고 있는 것이다. 그래서 눈 치우기나 벼 수확하기에 관련된 문제는 마방진과 비슷하면서도 약간 다르다. 더하기 대신에 적분이 주어졌으니 말이다.

마방진의 왕, 라돈

수학자 요한 라돈Johann Radon에 관해 언급하고 넘어가야 할 듯싶다. 라돈은 지금으로부터 약 100여 년 전에 오스트리아에서 태어난 수학자이다. 안타깝게도 우리가 흔히 들은 가우스나 페르마 같은 유명한 수학자는 아니지만, 대학교에서 수학이나 통계학을 전공했다면 한 번쯤 이름을 들어봄 직한 인물이다. 라돈은 측도론Measure Theory이란 분야에 큰 영향을 주었는데, 이 분야는 주로 길이나 넓이를 재는 것으로, 흥미롭게도 확률론이나 통계학에도 많이 응용된다. (그 이유는 '확률=사건들의 넓이'라고 이해할 수 있기 때문이다. 이 분야는 우리가 앞에서 봤던 연속적 더하기, 즉 적분과 많은 관련이 있다.)

라돈이 마방진을 잘 풀었다는 이야기는 어디에도 나와 있지 않지만 분명 마방진에 소질이 있었을 것이라 추측한다. 연속적 마방진을 푸는 방법을 이미 100여 년 전에 알아냈기 때문이다. 라돈이 1917년에 펴낸 논문 중에 "적분값으로부터 원래 함수 결정하기"가 있는데 (무시무시하게 들리겠지만) 우리가 앞에서 배운 마방진 문제로 생각하면 각 행과 열 그리고 대각선 방향의 합을 모두 알고 있을 때 각 칸에 들어갈 숫자가 무엇인지를 알아낼 수 있다는 것이다. (여기서 말하는 합이 사실은 더하기가 아닌 적분이라는 것에 주의하자.)

칸칸이 나누어져 있는 마방진(뒤의 것과의 구별을 위해 '이산 마방진'이라고 부르겠다. 다만, 이 용어는 널리 쓰이는 용어가 아니라는 점을 짚어둔다)과 눈 치우기, 벼 수확하기 마방진 문제(이는 '연속 마방진'이라고 부르겠다)는 단순히 더하기와 적분의 차이로 느껴지지만 그 해결방법에는 큰 차이가 있다. 적분이 등장해서 어려워 보이는 연속 마방진이 오히려 이산 마방진보다 쉬울 수도 있다!

라돈은 이 연속 마방진 문제를 풀기 위해 '역라돈변환'이라고 불리는 답을 찾아냈다. 이 역라돈변환을 이용하면 우리는 눈이 어떻게 쌓여있었는지를 (비현실적인 가정에서) 추적해낼 수 있다. 이 식은 당연하게도 적분 기호가 등장할 뿐만 아니라 복잡한 기호들도 많이 등장한다. 이 책에서 강조하고 있는 것이 수식이 아닌 아이디어인 만큼 말로 아이디어를 간추려보면 이렇다.*

원하는 지점의 정보(벼의 수확량)는 다음과 같이 얻어진다.

① 그 점을 지나는 직선들의 정보(그곳을 지나간 벼수확기계가 모은 벼의 양)를 모두 더한다.

---

* 실제로 이 식의 직관적인 의미에 대한 좋은 자료는 많지 않다. 여기에서는 내가 이해한 방식대로 설명해둔다.

② 그 점을 지나지 않는 직선들의 정보(그곳을 지나가지 않은 벼 수확기계가 모은 벼의 양)는 빼되 점으로부터 떨어진 거리의 제곱만큼 나누고 나서 뺀다.

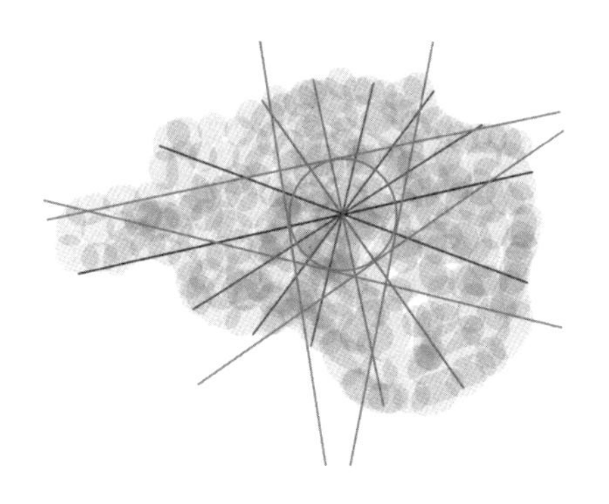

이 역라돈변환을 이용하면 앞에서 본 눈 치우기나 벼 수확하기 같은 역문제를 풀어서 원래의 모습을 추론해낼 수 있다. 이제 비현실적인 가정이 아닌 진짜 예시가 등장한다. 바로 우리의 몸이다.

우리 몸 사진 찍기

인간이 인간의 몸을 해부하지 않고 탐색할 수 있게 된 역사는 비교적 짧다. 현재 가장 널리 알려진 몸 탐색은 X-선을 이용한 것이다. X-선은 1895년에 물리학 실험을 하던 뢴트겐에 의해 발견되었다. 이 덕분에 사람들의 몸에 박힌 유리 파편이나 탄환 등을 찍어내 치료에 활용할 수 있었고, 이는 인류의 삶에 큰 영향을 주었다(뢴트겐은 이 발견으로 1901년 노벨 물리학상의 첫 번째 수상자가 되었다).

X-선 촬영은 병원뿐만 아니라 공항과 같은 보안이 엄격한 곳에서도 이루어진다. 어떤 곳에 기대거나 가만히 서서 두 팔을 들어 올린 상태로 가만히 있으면 삑 소리와 함께 촬영이 끝난다. X-선은 사람 몸은 투과하지만 소지하고 있는 물건은 통과하지 못한다는 사실을 이용해 마치 사진 촬영을 하듯 이루어진다. 일반 사진을 찍을 때는 빛이 우리 몸에서 반사된다는 성질을 이용하지만, X-선 사진은 투과를 이용하여 흑백 사진을 찍어내는 것이다.

하지만 X-선 촬영은 우리 몸 내부의 진짜 모습을 탐색하는 데는 충분하지 않다. X-선은 단면만을 보여주기 때문에 우리 몸의 내부를 3차원적으로 이해하는 데 적합하지 않다. 그래서 아픈 곳이 많아질수록 우리는 이것보다 조금 더 나은 촬영 방법이 필요하다. CT나 MRI 같은 것 말이다.

CT는 컴퓨터 단층촬영Computed Tomography의 약자이다. 이 촬영 방법도 X-선을 사용한다. 차이점은 단층촬영Tomography이라는 것이다. 무섭게 들릴지 모르겠지만 단층촬영은 여러 방향에서 촬영한 '밖에서 봤을 때'의 정보를 한데 모아 수학적으로 분석해 '내부의 사정'을 알아내는 방식의 촬영을 의미한다.

우리가 앞서 봤던 말로 풀어 쓰면, 연속 마방진을 푼다는 뜻이다. 눈 치우기 문제처럼 각 방향으로 X-선을 투과 시켜서 반대편에서 X-선이 얼마나 없어졌는지 잰 다음 연속 마방진을 푸는 것이다. 그리고 이는 몸의 각 지점에서 X-선이 얼마나 흡수되는지에 대한 정보를 주고 이를 통해 몸 내부의 구조를 알아내는 것이다. 똑같은 X-선이지만 수학적 방법을 이용하면 더 자세한 정보를 얻을 수 있다는 것을 보여주는 것이 바로 CT인 것이다.

1979년 노벨 생리의학상은 앨런 맥러드 코맥Allan McLeod Cormack과 고드프리 하운스필드Godfrey Hounsfield에게 수여되었다. 수상 이유는 '컴퓨터 단층촬영을 개발한 것'이었다. 흥미롭게도 두 사람이 CT 기술을 개발하거나 가능성을 점친 시점은 거의 비슷하지만 둘은 아주 다른 곳에서 아주 다른 일을 하던 사람들이었다.

앨런 맥러드 코맥은 1950년대에 남아프리카 공화국의 케이프타운대학교에서 강의를 하던 핵물리학자였다. 당시 남아프리카 공화국의 법 중에는 방사성 동위원소처럼 위험한 물질을 다루는 곳에 항상 물리학자가 있도록 하는 법이 있었고, 케이프타운에서는 코맥이 유일한 물리학자였기 때문에 일주일에 1.5일 정도는 병원에서 실험을 감독해야 했다. 이때 코맥은 앞에서 언급한 종류의 역문제에 관심을 가졌다. '이런 문제는 당연히 누군가 해놨겠지?'라고 생각하고 찾아봤지만 안타깝게도 라돈의 논문은 찾지 못했다고 한다. 그래도 다행히 이 문제를 풀어서 1964년에 관련 논문을 썼다. 재미있는 사실은 당시에 이 논문에 관심을 가진 사람이 거의 없었다는 것이다. 코맥의 말에 따르면 당시 관심을 가졌던 건 '스위스 눈사태 연구소'의 연구원들뿐이었는데 눈 퇴적물에 대한 연구를 할 수 있지 않을까 하는 생각에서였다고 한다(상상도 못했다!).

고드프리 하운스필드는 코맥보다는 조금 더 현실적인 사람이었다. 직업만 봐도 그렇다. 하운스필드는 1970년대에 EMI라는 기업에서 일하던 전기공학자였다. (EMI는 우리가 한 번쯤 들어본 그 음악 관련 회사가 맞다.) 하운스필드는 당시 레이더를 연구하던 공학자였는데 어느 날 이런 생각이 떠올랐다고 한다. "무엇이 들어 있는지 모르는 상자에 임의의 방향으로 레이더를 쏘아 그 내부에 무엇이 들어 있는지 3차원 모양을 얻어낼 수 있다면 좋지 않을까?" 더 나아가 상자를 투과할 수 있는 X-선 같은 것이 떠올랐다고 한다. 안타깝게도 하운스필드 또한 1964년의 코맥의 논문이나 혹은 1917년의 라돈의 논문을 모르고 있었다고 한다. 그 결과 1973년 이 문제에 대한 논문을 스스로 쓰기에 이른다. 그리고 하운스필드는 이를 바탕으로 인류 역사상 최초의 CT 기술을 만들어낸다.

하운스필드의 논문에서 발견한 재미있는 점이 있는데 그는 처음에 80×80 크기의 마방진 문제를 직접 푼 것으로 보인다. 80×80 격자 칸에 흡수율이라는 변수를 놓고 X-선이 촬영된 방향을 따라서 흡수율을 더하는 방식으로 '밖에서 봤을 때'의 정보를 얻었고, 이를 마방진 풀듯 푼 것이다. 실제 논문을 보면 당시 좋은 컴퓨터를 이용해 6,400(80×80)개의 변수를 가진 28,800개의 방정식을 연립해 풀었고 2시간 30분 정도가 걸렸다고 한다.

사실 80×80의 해상도라면 요즘에는 거의 찾아볼 수 없을 정도로 해상도가 낮은 것인데 2시간 30분이나 걸려 겨우 단층촬영을 성공했다고 하니 지금 보면 여러모로 아쉽다. 하운스필드가 당시보다 10년 전에 나온 코맥의 논문이나 60년 전에 나온 라돈의 논문을 알았더라면 좀 더 빨리 좋은 기술을 만들 수 있지 않았을까 싶어서다. 코맥이나 라돈이 풀어낸 문제는 80×80의 해상도를 가진 마방진이 아닌 연속적인 해상도를 가진 마방진 문제였으니 말이다.

1917년에는 수학자가, 1963년에는 물리학자가 충분한 이론을 만들었지만 이 이론들은 아무도 관심을 가지지 않았고 1970년대가 되어서야 좀 더 현실적인 전기공학자 하운스필드의 연구 덕분에 CT 기술이 우리에게 그 모습을 드러냈다. CT 덕분에 우리는 우리의 몸을 더 자세하게 들여다볼 수 있게 되었고, 병명에 대한 더 정확한 진단을 할 수 있게 되었다.

하운스필드에 의해 EMI에서 1세대가 제작된 이후 CT 기술은 나날이 발전해 2세대, 3세대를 거쳐 4세대까지 만들어졌다. 가장 처음에 80×80 정도의 해상도에 불과했던 기술이었지만 이후 X-선 발생장치와 검출기의 성능을 발전시켜 그 개수를 늘려왔고, X-선을 쏘는 방식도 더 세밀하고 다양하게 늘려가면서 CT를 만들어내고 있다. 뿐만 아니라 더 빠른 수학적 알고리즘과 컴퓨터의 성능도 현재의 CT 기술과 성능에 한몫하고 있다.

또 다른 역문제들

X-선 촬영이나 CT 외에 우리가 자주 접하는 의료적 목적을 위한 촬영에는 자기공명영상MRI도 있다. 이미 눈치 챘겠지만 이 역시 앞서 언급한 종류의 역문제를 푸는 기술과 연관되어 있다. 2003년에 수여된 노벨 생리의학상은 폴 크리스천 로터버Paul Christian Lauterbur와 피터 맨스필드Peter Mansfield에게 주어졌는데 그 이유는 'MRI의 발견'이었다. CT는 X-선을 이용하여 투과율을 재는 비교적 간단한(?) 아이디어이지만 MRI는 인체에 더 안전한 자기장을 이용하는 대신, 원자 세계의 물리적이고 화학적인 복잡 미묘한 성질을 이용하는 것이다. 좀 더 간단히 설명하자면 MRI는 자기장과 (라디오 주파수 정도의) 전자기파를 이용해 원자핵을 분석하고 이를 통해 우리 몸 각 부분을 살펴보는 기술이다.

MRI의 문제는 CT의 문제와 비슷하다. MRI는 기본적으로 우리 내부의 조직에 따라 그리고 정상 세포와 종양에 따라 전자기파에 반응하는 정도의 차이가 나는 것을 측정하는 방식이다. 즉, 투과하는 방식은 조금 복잡하지만 CT에서 X-선 투과를 각 방향에서 측정해 특정 위치에서의 흡수율을 재듯이, 전자기파 투과를 각 방향에서 측정해 특정 위치에서의 흡수율을 재는 것이다.

사실상 MRI 기술의 시작은 로터버가 1973년 〈네이처〉에 투고한 논문으로 알려져 있다. 이 논문에서 그는 MRI의 원리를 소개하고, 이를 수학적으로 계산해내는 방법을 위한 몇 가지 논문을 제시했다. 그중에는 전파 천문학에 지대한 영향을 끼친 로날드 브레이스웰Ronald Bracewell의 전파 천문학 논문이 있었다.

브레이스웰은 하늘에서 오는 전파들을 관측하는 문제를 풀다가 비슷한 역문제에 대해 관심을 가졌다. 실제 논문의 내용을 보면 브레이스웰이 푼 문제는 라돈이 푼 문제와 비슷한 점이 있다. 물론 이 경우도 브레이스웰은 비슷한 문제를 풀어낸 라돈의 결과를 알지 못했고 새롭게 문제를 풀어낸 것으로 보인다.

MRI나 CT의 경우처럼 학문이나 기술의 역사를 보면 서로의 연구결과를 모른 채, 각자 연구해 각자 발표하는 때가 많다. 실제로 수학에서 만들어진 이론이 산업으로 넘어오는데 (적게는) 수십 년이 걸렸다고 이야기하는 사람들도 있다. 다행히 지금은 인터넷의 발달로 수학에서 과학을 통해 산업으로 넘어가는 길고 긴 과정 없이 산업에서 수학을 바로 이용할 수 있다. 그래서 기술에 대한 아이디어만 있으면 이를 실제로 구현하는 것이 훨씬 간편해졌고 더 빠른 기술 발전이 일어나는 것이다.

현대 의료에서 영상 기술들이 차지하는 비중은 어마어마하다. 당연히 그럴 수밖에 없다. 몸이 아프다고 항상 수술을 통해 몸 안을 들여다볼 수는 없으니 말이다. 몸에 상처를 내지 않는 방식으로 몸 내부를 볼 수 있으니 엄청난 기술이라고 할 수 있다. 이제 다음 시대의 의료영상기술은 무엇일까?

CT와 MRI 기술은 1970년대에 큰 발전을 이루었다. 비슷한 시기에 두 가지 획기적인 기술이 발명된 것은 충분히 놀라운 사실이다. 더 놀라운 것은 이 시기에 또 다른 많은 의료영상기술이 태동했다는 것이다. 그중 하나는 양전자 방출 단층촬영이라고 불리는 PET Positron Emission Tomography이다. 이 단층촬영 방식도 우리가 앞에서 본 종류의 역문제로 알려져 있다. PET는 CT나 MRI와는 상호보완적인 관계로 최근에는 PET와 CT를 함께 활용하거나 PET와 MRI를 함께 활용해 더 나은 의료영상을 찍는 기술을 개발하는 데 도움을 주고 있다.

이제 어떤 수학이 우리 몸을 탐색하는 데 새로운 도움을 줄 수 있을까? 또 다른 변형된 마방진 문제일까 아니면 새로운 무언가일까?

4

근사한 근사

'근사하다'란 표현을 떠올리면 무슨 생각이 드는가? 나는 '멋있다, 아름답다' 등의 표현이 연상되기도 하고 귀를 호강시켜 주는 음악이 떠오르기도 한다. 그렇다면 '근사'라는 단어만 떠올리면 어떤가? 조금 다른 생각이 떠오르지 않는가?

'근사'라는 단어는 우리가 수학을 배울 때 듣는 근사값 혹은 근사치라는 단어 속에 등장한다. 여기서 '근사'란 멋있고 아름답다는 의미가 아니라 '실제와 비슷한 무언가'를 뜻한다. 흥미로운 사실은 아름답다는 것을 의미하는 '근사'와 비슷하다는 것을 의미하는 '근사' 모두 같은 한자(가까울 근近 그리고 닮을 사似)를 사용한다는 것이다.

한자를 그대로 읽으면 '가깝거나 닮은'이라는 의미인 이 단어는 어떻게 해서 아름답다는 의미도 있는 걸까? 나의 조심스런 추측은 이렇다. '멋있고 아름다움'의 기준이 있다고 했을 때, 그에 근사한(가깝거나 닮은) 것을 근사하다(멋있고 아름답다)고 이야기할 수 있으니까. 여러분의 생각은 어떤가?

이번 이야기의 주제는 이런 근사한 이야깃거리를 던져주는 '근사한 근사'다.

〈히든 피겨스〉와 오일러에 대한 오해들

수학을 주제로 한 영화의 스토리는 대개 이런 식이다. 일단 천재가 주인공으로 등장한다. 그냥 천재가 아닌 천재 중의 천재여야 한다. 제대로 된 직업도 없는 이 주인공은 매일 아무 생각없이 놀면서 지내지만 노는 시간 외에는 수학에 빠져 산다. 어느 날 주인공은 진정한 스승을 만나면서 자신의 (수학의) 꿈을 펼쳐 나간다.

수학자에 대한 편견을 강조해서 보여주는 영화들도 있다. 예를 들어, 주인공이 정신적으로 아픈 천재인 영화들 말이다. 그래서 나는 영화 〈히든 피겨스〉를 좋아한다. 일단 주인공이 그런 스테레오타입의 사람이 아니고, 그들이 살아온 삶이 극적이기보다는 평범에 가까웠기 때문이다. 이외에도 칭찬할 거리는 많지만 '내 기억 속에 깊이 남았다'라는 말로 대신하겠다.

〈히든 피겨스〉를 보면 수학용어가 종종 등장한다. 무슨 뜻인지 알 것 같고 아는 척하고 싶은 타원 궤도, 포물선 궤도라는 단어들도 기억나지만 사실 그중 가장 기억에 남는 것은 오일러 방법Euler Method이다. 사실 나뿐만 아니라 일반 관람객들 사이에서도 가장 화제였던 용어다. 내가 오일러 방법에 대해서 처음 들어본 것은 대학교 2학년 때로 기억한다. 그래서 영화에서 오일러 방법이라는 대사가 나올 때 '오! 그럴듯하군?'이라는 생각을 했던 것으로 기억한다. 우리는 바로 이 오일러 방법에 대해 곧 이야기할 것이다. 그 전에 여기서 잠깐 오해를 풀고 넘어가야 할 것이 있다.

인터넷에 이 단어를 검색하면 크게 두 가지 종류의 기사가 있다. 첫 번째는 자세한 내용을 싣지 않고 '오일러 공식'이라는 단어만 언급한 경우다. 두 번째는 '오일러 공식'이 무엇인지를 함께 설명해놓은 경우다. 특히 후자와 관련된 글 중에는 수학을 가르치는 선생님들의 말이 인용되어서 꽤나 믿음이 가기도 한다.

그러나 사실 두 가지 모두는 잘못된 글이다. 전자의 글에서 문제점은 오일러 '공식'이 아닌 오일러 '방법'이라고 해야 한다는 점이다. 이는 단순히 번역이 맞는지를 따지는 것이 아니다. 오일러 공식이라고 해도 정확한 내용을 모두 이해하고 있거나 적어도 오해를 불러일으키지 않는다면 그렇게 불러도 상관없다. 오해를 부르지 않는다면 심지어 '오일러가 한 것' 혹은 '오일러의 무언가'라고 불러도 무방하다. 마치 '피타고라스 그거'라고 하면 모두가 '피타고라스의 정리'를 떠올리는 것처럼 말이다. 하지만 안타깝게도 '오일러 공식'은 오해를 불러일으킨다.

그 오해가 불러일으킨 문제점은 후자의 글에서 등장한다. '오일러 공식'이 무엇인지를 설명한 글이나 기사 말이다. 신뢰가 가는 기사인 것처럼 보이는 글에서조차 실제 영화에서 등장하는 '오일러 방법'이 아닌 '오일러 공식'을 설명하고 있다. 몇 가지 오해를 풀기 위해 '오일러 공식'에 대해 이야기하고 넘어가자.

우리에게 가장 잘 알려진 것은 크게 두 가지다. 첫 번째는 한동안 중학교 교과서에서 볼 수 있었던 공식이다. 시작은 1973년 시작된 3차 수학교육과정의 중학교 3학년 수학이라고 한다. 이후 1997년에 끝난 6차 수학교육과정의 중학교 수학 교과서에도 실린 공식이다. 내가 초등학교에 입학하기도 전에 내용이 없어져 교과서에서 이 공식을 보지 못했던 것 같다. 간단히 소개하면 이 공식은 '다면체는 항상 점−선+면=2를 만족한다'이다.

두 번째 '오일러 공식'은 흔히 '수학자들이 뽑은 인류 역사상 가장 아름다운 수학공식'이라고 불리는 것이다. 하지만 역시나 수학자들에게 어필하는 공식인 만큼 초등학교나 중학교에서 쉽게 배울 수 있는 공식은 아니다. 상상 속에 있는 숫자인 허수를 배워야만 쓸 수 있기 때문이다. 흔히 이야기하는 '오일러 공식'은 0, 1, 허수i, 파이π, 자연상수e를 한 번씩 가지고 있는 $e^{i\pi}+1=0$이라는 식을 이야기한다. 상상 속에 있는 숫자를 가져와 만든 공식이지만 놀랍게도 이 공식의 일반화는 (세상에 나온 지 100년이 지난 후에) 물리나 전기전자공학 등의 발전에 없어서는 안 될 중요한 공식이 되었다.

'오일러 공식'이란 설명이 붙은 글이나 기사들은 대부분 두 번째 공식을 언급한다. 영화에 등장하는 진짜 '오일러 방법'은 어느 곳에서도 찾기 힘들다. "오일러가 남긴 수학 유산이 많아서 헷갈릴 수도 있다"고 말하고 싶지만 영어로 찾아보면 제대로 된 글들이 꽤 나온다는 점은 씁쓸하기만 하다. 아무튼 우리가 원하는 '오일러 방법'은 검색해서 나오는 결과들과는 다른 경우가 많을 것이라는 점을 밝혀둔다.

우선 '오일러 방법'의 내용을 이해하기 위해서는 직선과 곡선의 이야기가 필요하다.

인간의 직선으로 본 자연의 곡선

스페인 바르셀로나에 방문하게 된다면 꼭 보고 싶은 건축물이 있다. 사그라다 파밀리아 대성당이다. 스페인 출신의 세계적인 건축가 안토니 가우디Antoni Gaudi가 설계한 이 건축물은 예수 그리스도와 가족 그리고 12사도를 표현한 첨탑과 그리스도의 삶에서 일어난 사건들을 표현한 문들로 이루어져 있다. 특이한 점은 아직도 (140여 년 가까이) 공사가 진행 중이라는 것이다.

거장 가우디의 건축물 중에는 울퉁불퉁한 것이 많다. 카사 밀라가 그렇고, 구엘 공원도 그렇다. 사그라다 파밀리아 또한 그런 특징이 곳곳에 숨어 있다. 우리가 흔히 보는 건축물은 높이가 일직선으로 올라가는 데 비해 사그라다 파밀리아는 그렇지 않다. 생전에 가우디는 "직선은 인간의 선이고, 곡선은 신의 선이다"라는 말을 남겼다고 하는데, 사그라다 파밀리아뿐만 아니라 유네스코 세계 문화유산으로 등록된 다른 건축물 중 몇몇에도 이런 정신이 반영되어 있는 듯하다.

직선은 곧게 뻗은 선이고, 곡선은 휘어져 있는 선이다. 대부분의 건물에서 우리는 직선을 쉽게 찾아낼 수 있다. 건물이 땅바닥과 만나는 부분도 직선이고, 위로 뻗어나가는 부분도 직선이다. 건물뿐만 아니라 인간이 만들어낸 많은 것 중에서 쉽게 직선을 찾아낼 수 있다. 역설적으로 이야기하면 직선은 자연스럽지 않은 것이라고 말할 수 있겠다. (가우디의 말처럼 말이다.) 실제로 자연에서는 직선을 쉽게 찾아볼 수 없다. 가까이는 화단에 있는 꽃이나 나무가 그렇고, 굽이치는 강줄기나 울퉁불퉁한 산맥이 그렇다.

인간은 왜 자연스럽지 않은 직선을 좋아할까? 수학적으로 생각해본다면 내 생각은 이렇다. 직선은 이해하기 쉽고 곡선은 이해하기 어렵기 때문이고, 직선은 예측하기 쉽고 곡선은 예측하기 어렵기 때문이다.

예를 들어, 두 점을 지나는 직선은 하나밖에 없다. 하지만 두 점을 지나는 곡선은 사람마다 다르게 그릴 수 있다. 곡선을 그리는 방식은 자유로운 만큼 예측하기도 어려운 것이다. 두 점이 아니라 그냥 직선이나 곡선이 주어져 있을 때도 마찬가지다. 직선이 주어지면 이어서 그릴 수 있는 직선은 하나뿐이지만, 곡선이 주어지면 연장할 수 있는 방법은 수도 없다. 직선이 수학과 같이 답이 정해져 있는 것이라면, 곡선은 예술처럼 무한히 많은 답이 가능하다고 할 수 있는 것이다.

인간의 행동도 비슷하다. 인간의 행동은 곡선에 가깝다. 자유롭게 사고해 나의 길을 정하고 다른 이들이 간 길을 그대로 따르고 싶어하지 않기 때문이다. 한편 우리는 (본능적으로) 다른 인간의 행동이나 생각을 이해하고 싶어한다. 그런데 이럴 때 우리는 직선적으로 다른 인간을 이해한다. 다시 말해 우리 모두는 곡선처럼 살고 싶지만 우리 모두는 다른 사람들이 직선처럼 살고 있다고 이해하는 것이다.

그래서 우리가 남을 이해한다고 할 때는 늘 오해가 생기기 마련이다. 그런데도 인간은 타인을 끊임없이 이해하려고 한다. 그리고 그건 수학에서도 마찬가지다. 수학에서는 직선을 이용해 곡선을 끊임없이 분석한다. 어떻게 할까?

다음의 그림을 살펴보자.

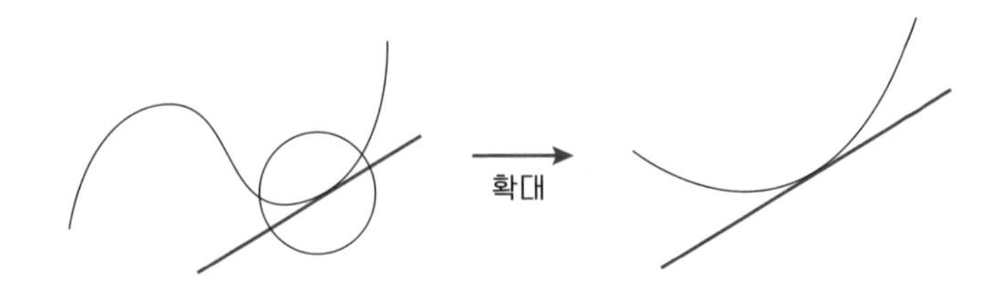

그림 속 직선은 곡선과 만난다. 그런데 이는 단순히 만나는 것을 넘어서 곡선과 접하고 있다. 그래서 곡선에 접하는 이 직선을 우리는 접선이라고 부른다. 수학에서 곡선을 이해하는 방법은 바로 이 접선을 이용하는 것이다. 만나는 점 멀리서는 직선으로 곡선을 이해하는 것이 불가능하지만 만나는 점 근처에서는 접선을 이용하면 곡선이 어떻게 이어질지를 꽤 비슷하게 예측할 수 있다는 것이다.

곡선에 접하는 접선을 찾는 일은 쉽다. 그냥 '접하게' 직선을 그리면 된다. 하지만 그건 우리가 곡선을 이미 알고 있을 때의 이야기다. 마치 범인을 찾고 싶으면 일단 범인 얼굴을 그리면 된다는 이야기나 다름없다. 우리는 범인에 관한 그 어떤 정보도 없는데 말이다. 마찬가지다. 우리는 곡선이 어떻게 생겼는지 거의 모르는 상황이다. 그렇기 때문에 어떤 종류의 목격자가 필요하다. 목격자가 그려주거나 설명해준 범인의 몽타주라도 있어야 범인에 대한 추정이 가능한 것처럼 접선이라도 있어야 곡선이 어떻게 생겼는지 추정할 수 있는 것이다. 접선이라는 몽타주를 그리기 위해서는 17세기 말에 발견된 수학 이론이 필요하다.

뉴턴과 라이프니츠 중 누가 먼저 미분을 만들었지는 의견이 분분하다. 두 학자에게 죄송스러운 일이지만 사실 우리에게는 누가 만들었는지가 그리 중요하지 않다. 중요한 건 미분은 접선을 알려주고 접선을 알려면 미분이 필요하다는 것이다. 뉴턴과 라이프니츠의 발견은 곡선의 몽타주를 그리는 방법 그 자체라고 볼 수 있다. 다른 말로, 곡선을 직선으로 근사하는 방법이라고 이야기할 수도 있겠다. 여기서 우리는 직선보다 더 좋은 곡선의 근사 방법을 이야기할 수 있다. 흥미로운 내용이지만 오일러 방법을 위해서 필요한 내용은 아니기 때문에 이 장 마지막 부분에 남겨둔다. 이제 우리는 오일러 방법을 맞이할 준비가 됐다.

인간이 탄 우주 캡슐

〈히든 피겨스〉에서 칠판에 수식을 잔뜩 써놓고 사람들이 머리를 맞대 고민하는 명장면 속으로 들어가보자.

> 칠판을 보면서 캐서린 존슨은 이렇게 이야기한다. "문제는 우주 캡슐이 타원 궤도에서 포물선 궤도로 바뀔 때야. 여기에는

적당한 수학 이론이 없어. 발사와 착륙에 대한 계산은 할 수 있지만, 궤도 변화를 계산해내지 못하면 캡슐은 타원 궤도에 머물 거고 그러면 다시 돌아올 수 없어."

그러자 알 해리슨은 잠깐의 고민 후에 이렇게 이야기한다. "우리가 다 잘못 생각하고 있는지 몰라. 새로운 수학이 필요한 게 아닐 수도 있어." 캐서린 존슨은 무언가를 깨달은 듯 이렇게 말한다. "이미 있던 수학으로 가능할 수도 있어. 문제를 이론적이 아니라 수치적으로 보는 거지." 곧 이어 캐서린은 이렇게 중얼거린다. "오일러의 방법."

그리고 이후 장면에서 캐서린은 '수정된 오일러 방법Modified Euler Method'을 찾는다.

오일러 방법을 간단히 설명하면 이렇다.

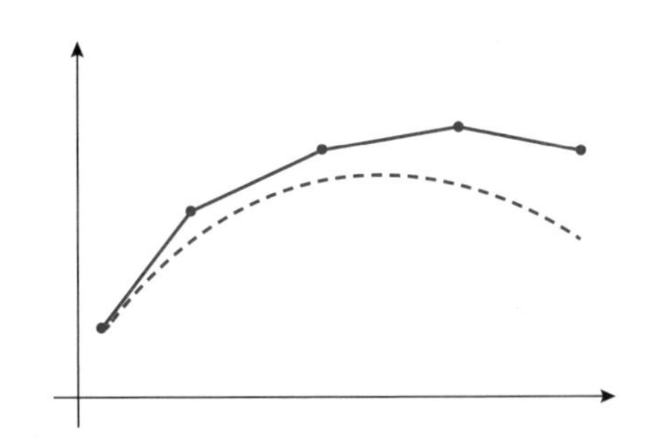

점선으로 된 곡선은 우리가 알아내고 싶은 범인이다. 앞서 설

명한 것처럼 이는 이해를 돕기 위한 그림으로, 우리는 범인(점선)이 정확히 어떻게 생겼는지 모른다는 것을 기억하자. 그래서 접선을 이용해 몽타주(실선)를 그리는 것이다. 이게 오일러 방법의 아이디어다. 뉴턴과 라이프니츠가 만들어 놓은 접선을 그리는 방법을 가져다가 일종의 이어붙이기를 한 것이다. 이렇게 끊어서 접선들을 이어붙이는 방법을 오일러 방법이라고 부른다(미분이 발견되고 100년이나 지나 만든 방법이 이렇게 그냥 이어붙이는 방법이라니…).

그림에서 보는 것처럼 시간이 갈수록 저 멀리서는 점선과 실선의 오차가 커질 수도 있다. 그리고 이런 오차들이 어느 정도일지 예측하고 이 오차를 줄이기 위해서 수정되거나 향상된 방법이 나오는 것이다. 그래서 내가 이해한 〈히든 피겨스〉의 오일러 방법 장면은 이러하다.

인간이 탄 우주 캡슐이 지구로 돌아오는 궤도는 점선이다. 하지만 이는 정확히 그려내는 것이 불가능하다. 새로운 이론을 만들어 정확히 그릴 바에는 차라리 실선으로 근사해서 계산하는 것이 좋다. 오차가 있더라도 실선을 찾는 게 새로운 이론을 찾아내는 것보다는 훨씬 빠르다. 그리고 실선을 찾는 방법은 이미 17세기 뉴턴과 라이프니츠 그리고 18세기 오일러가 만들어 놓은 근사가 있으니 가져다 쓰기만 하면 된다.

오일러 방법이라는 (근사한) 근사방법 덕분에 NASA의 계산원computer들은 캡슐이 돌아올 위치를 작은 오차 범위 내에서 계산할 수 있었고 캡슐에 탑승했던 우주비행사는 땅에 충돌하지 않고 안전하게 대서양의 특정 구역에 떨어져 무사히 집으로 돌아올 수 있었던 것이다.

우리는 모두 근사의 천재

〈히든 피겨스〉에서 볼 수 있듯이 근사를 잘 사용하는 것은 아주 중요한 일이다. 우주비행사를 안전하게 집으로 귀환시키려면 말이다. 그런데 이렇게 먼 나라 이야기 말고 바로 우리 주변에서 실제로 근사가 사용되는 예시나 근사가 필요한 예시는 없을까? 있다. 그것도 아주 가까이에.

사실 그렇게 복잡한 발사와 궤도 변화 그리고 착륙의 이야기를 굳이 하지 않아도 우리 모두는 이미 어릴 때부터 근사가 얼마나 중요한지 잘 알고 있다. 심지어 우리는 근사를 아주 잘 활용하는 똑똑한 (가끔은 영악하기도 한) 사람들이다. 우리의 근사 습관은 심지어 수학에서의 근사와 많이 닮았다. 무슨 소리일까?

다음과 같은 상황을 생각해보자. 여러분은 돈이 없는 학생이다. 근데 요즘 들어 새 신발을 사고 싶다. 가진 것이라고는 낡은 신발뿐이어서 더는 신고 싶지 않기 때문이다. 그런데 돈이 없다. 이럴 땐 엄(마아)빠라는 은행을 잘 이용해야 한다. 그래서 일단 엄빠를 모시고 신발을 파는 '가나다 마트'로 향했다. 마음에 드는 신발을 발견했는데 가격이 59,900원이라고 되어 있다. 엄빠에게 해야 할 가장 알맞은 말은 다음 중 무엇인가?

❶ 이거 신발 59,900원인데 사주세요.

❷ 이거 신발 한 5만 원 정도밖에 안 하는데 사주세요.

여러분이라면 어떤 선택을 하겠는가? 당연히 ❷번으로 이야기할 것이다. 어떻게든 머리를 굴려 엄빠에게 '신발이 별로 비싸지 않다'는 것을 어필하고 싶은 여러분에게 가장 적절한 근사다. 9,900원은 엄빠에게는 큰 돈이 아니다. 우리 입장에서 저 신발을 꼭 사기 위해 그 정도 근사는 할 수 있다. 우리는 아무도 가르쳐주지 않았지만 어려서부터 이 방법을 스스로 터득해버렸다.

스케일을 키워보자. 여러분이 결혼을 했다고 가정해보자. 경제권이 상대에게 있는데, 하필 집에 있는 컴퓨터가 말썽이다. 인터넷으로 살만한 것을 찾아보니 할인가로 1,299,000원에 나온 컴퓨터를 발견했다. 그럼 다음 중 여러분이 할 수 있는 알맞은 말은 무엇일까?

❶ 스펙 좋은 컴퓨터가 129만 원밖에 안 한다는데 하나 살까?

❷ 사양이 아주 뛰어난 고스펙 컴퓨터가 100만 원 초반 정도면 말 다했지.

우리는 ❷의 전략을 택해야 한다. 통장에서 더 빠져나갈 29만 원은 나중에 걱정해도 늦지 않다.

근사한 속임수, 근사

이제 우리 모두가 근사의 천재라는 점에는 이견이 없을 거라고 생각한다. 우리는 이미 근사를 아주 잘 활용하고 있고 (우리가 사고 싶은 것을 사기 위해서) 얼마나 중요한지도 알고 있다. 하지만 앞의 예시들은 어딘가 모르게 정치적이기도 하다. 엄마 아빠를 속여 신발을 사고, 내 평생의 동반자를 속여 컴퓨터를 사는 행동은 사기에 가까울 정도다. 근사는 항상 이렇게 사기여야 할까? 근사를 나쁜 놈이 아닌 근사한 놈으로 만드는 방법은 없을까?

예를 들어 컴퓨터가 100만 원 정도라고 주장하는 말을 들었다고 하자. 하지만 한 소식통을 통해 그 주장에는 오차가 최대 30만 원까지 날 수 있다는 것을 알아냈다. 그러면 우리는 최악의 경우에 컴퓨터가 130만 원 정도 한다는 것을 미리 알 수 있다. 그렇게 되면 비록 컴퓨터를 사더라도 '30만 원 정도는 더 나갈 수 있구나'라는 마음의 준비를 할 수 있고, 다른 곳에 쓰이는 지출을 좀 줄일 수 있다. 물론 실제 가격과의 차이가 작을수록 좋겠지만 비록 오차가 크더라도 오차가 어느 정도 될지를 아는 것은 아주 중요하다. 수학에서의 근사는 어떨까?

우리는 '오일러 방법'을 이용해 우주 캡슐의 경로를 근사적으로 계산해냈다. 하지만 경로를 너무 대충 계산해 지구 표면에 착륙할 때쯤 실제 경로와의 오차가 최대 50km 정도 된다고 해보자. 보통 우주 캡슐은 지구로 돌아올 때 바다에 떨어진다. 그다음에는 배가 움직여 그 위치에서 사람을 꺼내 온다. '반경

50km 어딘가에 떨어진다'는 정보는 '경기도 어딘가에 떨어진다'는 정보와 흡사하다. 이 정도면 우주비행사는 춥고 아무도 없는 바다 어딘가에서 누군가 자신을 찾아낼 때까지 기다려야 할지도 모른다. 빠른 시간 내에 우주비행사를 바다에서 구조하기 위해서는 당연히 더 작은 오차가 필요하다. 그래서 수학에서는 우리가 사용하는 근사 방법(예를 들어, 오일러 방법)을 사용했을 때 오차가 최대 얼마나 될지를 계산하고 그 오차를 줄여 개선하려면 어떻게 해야 하는지 등을 연구한다. 일상에서도 수학에서도 근사를 할 때는 오차를 줄일 수 있는 만큼 줄이고 오차가 최대 어느 정도인지를 아는 것이 중요하다.

그렇다면 근사는 왜 필요할까? 우리가 남을 속여서 물건을 사는 경우 말고도 근사가 필요한 경우가 있을까? 있다. 그것도 아주 가까이에.

근사가 꼭 필요해?

우리 집은 TV를 좋아한다. TV 보는 것을 좋아하는 것이 아니라 TV를 구매하는 것을 좋아한다. 그래서 인터넷 검색을 통해서 TV의 가격을 확인해야 할 때가 있다. 이번에도 어김없이 부모님이 나에게 75인치 TV 최저가를 여쭤보셨다. 나는 마침 한 쇼핑몰에서 1,719,490원에 팔리고 있는 TV를 발견했다. 다음 중 알맞은 대답은?

❶ 1,719,490원이에요.

❷ 172만 원 정도이에요.

❸ 170만 원 정도이에요.

우리는 대개 ❷나 ❸을 선택한다. 왜? 실제 가격과 거의 비슷한데다 ❶의 가격을 그대로 말하기에는 귀찮기 때문이다. 이제 인터넷 검색을 통해 찾은 TV가 실제로 어떤지 확인하고 비교하러 마트에 갈 차례다. 비슷하지만 더 괜찮아 보이는 TV가 있어서 가격을 살펴보려는데 점원이 다가와서 말을 건다. "얼마 정도까지 보고 오셨어요?" 여러분의 머릿속에 떠오르는 가격은 얼마인가? 아마도 ❷나 ❸일 것이다.

두 상황 모두에서 우리는 간단하게 기억하고 대답하려는 경향이 있다. 뇌에 과부하가 걸리지 않게 하기 위해서다. '1,719,490원'을 기억하기 위해서는 각 숫자(1, 7, 1, 9, 4, 9)를 모두 기억해야 한다. 하지만 '172만 원'이나 '170만 원'에는 두세 개 숫자만 기억하면 된다. 근사가 필요한 진짜 이유는 바로 이것이다. 요약해 이야기하면 간단함, 간편함 혹은 저용량이라고도 표현할 수 있다. 즉, 기억하기 쉽게 만들기 위해 근사하는 것이다.

111, 222, 333…

우리는 방금 근사에 관한 가장 중요한 두 가지를 배웠다. 첫 번째는 오차 그리고 두 번째는 용량이다. 그래서 근사를 잘하는 것을 말로 표현하면 다음과 같다.

필요한 것 몇 개만 외워서 실제와 거의 비슷하게 만든다.

이는 학생시절 벼락치기를 할 때 마음속으로 외치는 말과 비슷하다. '꼭 필요한 몇 개만 외워서 거의 모두 맞춰버리자.' 근사를 하는 데에 있어 이 말은 진리다. 하지만 우리가 벼락치기에 항상 실패하듯 좋은 근사를 하는 것이 늘 쉬운 것만은 아니다. TV 가격에 대한 근사를 예시로 생각해보자.

예를 들어, 다음과 같은 극단적인 상황을 생각해볼 수 있다. 뇌에 과부하가 걸려서 숫자 1만 외워두었다고 해보자. 그러면 우리는 170만 원이나 하는 물건을 100만 원이라고 근사하게 된다. 남은 70만 원은 누가 메꿔줄 것인가? 보통 적게 외울수록 실제값과 차이가 많이 난다. 당연한 결과다. 따라서 근사를 잘하기 위해서는 최대한 적게 외우되 그래도 필요한 곳은 꼭 외워 차이가 작게 나도록 만들어야 한다.

근사를 잘하기 위해서 마지막으로 필요한 것이 하나 더 있다. 일상생활에서의 근사에서는 덜 중요할 수 있지만 수학에서는 아주 중요한 것이니 만큼 소개하고 넘어가야겠다. 그건 바로 근사의 다양한 방법이다.

지금까지 우리는 무의식적으로 1, 2, 3 등의 숫자를 이용해서 근사를 했다. 하지만 꼭 그럴 필요는 없다. 예를 들어, 나는 1, 2, 3, 4 같은 숫자보다는 111, 222, 333, 444 같이 연속적으로 세 번 쓰인 숫자들을 좋아한다. (말이 그렇다는 얘기다.) 그래서 가격을 외울 때나 가격을 이야기할 때 이 숫자들을 기본으로 이야기한다. 예를 들면 이런 식이다. 2331이라는 숫자는 2000+300+30+1이 아니라 2220+111로 이해하는 것이다. 이 경우 나는 2, 1을 외운다.

다시 TV 가격으로 돌아가보자. 우리의 뇌가 기억할 수 있는 숫자(용량)가 최대 네 개라고 해보자. 일반적으로 1,719,490원을 근사할 때는 1, 7, 1, 9만을 기억할 것이다. 좀 더 정확히 말하면 1백만, 7십만, 1만, 9천을 기억하는 것이다. 하지만 나처럼 nnn 식으로 생긴 숫자만을 이용한다면 어떨까? (다시 한 번 강조하지만, 우리는 이 일을 직접하지 않고 컴퓨터에게 시킨다.) 111만, 555천, 444백, 999십을 더해보면 우리의 TV 가격에 가까운 값(1,110,000+555,000+44,400+9,990=1,719,390)이 나온다.

이 두 개의 근사 방법을 비교해보자. 먼저, 첫 번째 경우는 171만 9천 원이 나온다. 두 번째 경우는 171만 9390원이 나온다. 다시 말해 첫 번째 경우는 오차가 490원인 반면, 두 번째 경우는 오차가 100원이다. 두 경우 모두 외우는 숫자의 개수는 같지만 오차는 두 번째 경우가 더 작은 것이다. 물론 항상 이런 것은 아니다. 예를 들어 숫자를 두 개만 기억할 수 있다고 하면 첫 번째 경우는 1,000,000원+700,000원=1,700,000원(오차 19,490원)이고 두 번째 경우는 1,110,000원+555,000원=1,665,000원(오차

54,490원)이다. 이 상황에서는 두 번째 오차가 더 크다. 따라서 nnn을 쓰는 방법이 좋을 때도 있지만 늘 그런 것은 아니다.

내가 앞서 이야기한 '다양한 근사 방법'이라는 것은 이런 것을 뜻한다. 1, 2, 3 대신에 111, 222, 333 꼴의 숫자를 쓸 수도 있고, 11, 22, 33 꼴의 숫자를 쓸 수도 있다. 101, 202, 303 꼴의 숫자를 써도 상관없다. 근사를 할 때 있어서 중요한 한 가지는 이런 '기본 단위'이다. 우리 실생활에서는 1, 2, 3이라는 기본 단위로 문제없이 살고 있지만 숫자가 아닌 함수를 근사하거나 (앞으로 볼) 데이터를 근사하는 수학에서는 다양한 기본 단위가 필요하다. [예를 들어, 곡선을 직선으로 근사(미분)하는 상황에서의 기본 단위는, 일차함수 ax+b의 x와 1이다. 다른 종류의 기본 단위들은 이 장의 끝에 잠깐 등장한다.]

수학에서의 근사 관련 문제들이 복잡하고 다양한 이유는 이것이다. 앞서 봤듯 간단한 숫자 혹은 돈 문제에서도 특정 방법을 쓰는 것이 항상 좋다고 말할 수 없는데 수학에서의 근사가 한 가지 방법으로 해결될 가능성은 없다. 방법에 따라서 오차를 작게 만들 수도 있고 아니면 용량을 작게 만들 수도 있고 (운이 좋다면) 둘 다 작게 만들 수도 있기 때문에 우리는 상황에 맞춰 더 좋은 방법을 찾아나가는 것이다.

마지막으로 수학에서 유명한 근사 방법을 잠깐 소개하고 넘어가려고 한다. 이 근사는 다음 장에서도 잠깐 언급될 내용이다. 이 부분은 짧지만 (신기하고) 중요한 부분이기 때문에 특별히

4장과 5장 사이에 있다는 이유로 4.5장(4와 2분의 1 장)이라 이름 붙이려고 한다.

4½장

관람차의 관람차의 관람차

놀이공원에 가면 다양한 놀이기구가 있다. 그중 서로 극단에 위치한 두 놀이기구가 있는데 하나는 자이로드롭이라는 자유낙하 놀이기구이고 또 다른 하나는 대표적으로 런던아이 같은 관람차다. 아늑한 관람차와 불안하지만 스릴 넘치는 자이로드롭은 서로 극단에 있지만 사실 밀접하게 연결되어 있다. 그것은 바로 다음과 같은 재미있는 결과다.

관람차의 관람차의 관람차를 이용하면 자이로드롭 같은 걸 만들 수 있다(관람차의 관람차를 기술적으로 만드는 일이 가능한지는 논외로 하자).

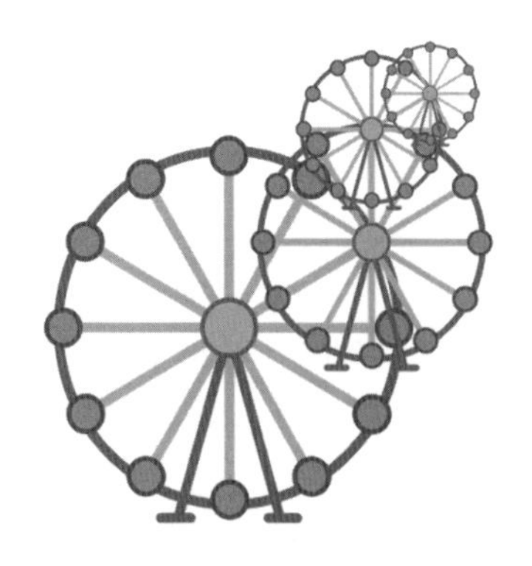

이게 무슨 소리일까? 이를 이해하기 위해 좀 더 안전한 듯 보이지만 더 무서울 수도 있는 놀이기구를 이용해 생각해보자. '회전컵'이다. (유사품으로는 릴리 댄스, 회전바구니 등이 있다.) 이 기구의 특징은 일단 회전하는 큰 원판 위에 또 다른 작은 원판들이 있고 그 원판들 안에 회전하는 작은 컵 모양의 탈 것이 있다는 것이다. 이 기구를 평면적으로 그려본다면 다음과 같다.

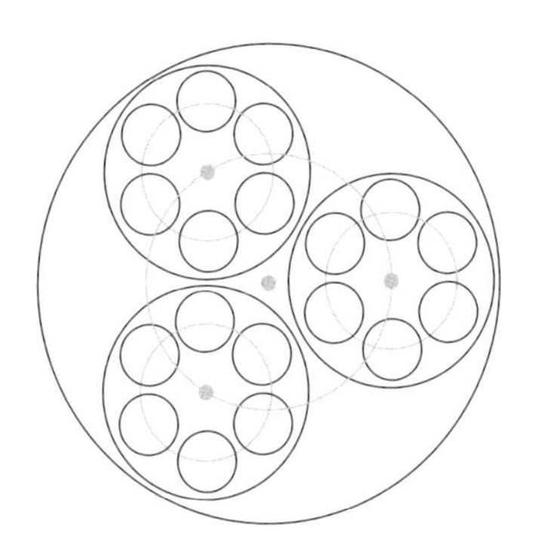

위 그림에서 가장 큰 원은 원판을 나타낸다. 중간 크기의 원은 컵이 모여 있는 또 다른 크기의 원판이고, 그다음 가장 작은 원은 우리가 탑승하는 컵이다. 원판을 잠깐 무시하고 실제로 필요한 부분만 보면 이 놀이기구는 먼저 원이 돌아가는 곳 위에 중간 크기의 원판이 있다고 볼 수 있다. 그리고 그 중간 크기의 원판의 원 위에 우리가 탄 작은 컵이 있다고 생각할 수 있다(아직 프라이팬과 달걀 프라이를 기억하고 있다면 좀 더 잘 이해할 수 있을 것이다).

우리는 여기에 탄 사람의 흔적을 관찰하려고 한다. 과연 빙글빙글 도는 놀이기구 컵이 지나간 흔적은 어떻게 남을까? 우선 여러분이 속도를 어떻게 조절하는지에 따라 여러 가지 모양이 나올 수 있다. 실제 놀이기구는 실시간으로 내가 컵의 회전속도를 조절할 수 있지만 그건 너무 복잡하기 때문에 여기서는 회전속도를 처음에 딱 정해놓는 것으로 생각하자. 참고로 여기서는 우리가 앞서 달걀 프라이 문제에서 생각해봤던 원 안에 원 채우기 문제의 결과를 이용해 실제 크기를 반영했다.

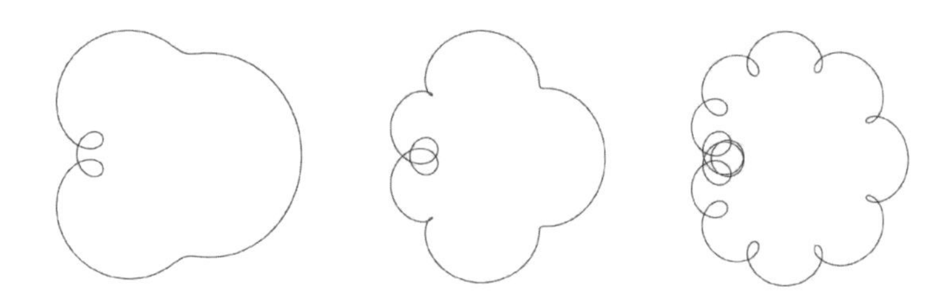

위의 그림에서 볼 수 있듯이 컵이 지나간 흔적은 우리가 처음에 속도를 어떻게 두느냐에 따라 달라진다. 즉, 도는 원판 위에서 돌고 있는 원판 위에 있는 (우리가 타고 있는) 컵의 회전속도만 바꿔도 남기는 흔적은 천차만별이다. 따라서 맨 왼쪽의 그림처럼 편안하게 탈 수도 있을 것이고, 맨 오른쪽처럼 패기 넘치게 탈 수도 있을 것이다. 하지만 이 흔적들에는 공통점이 있다. 바로 원의 느낌이 난다는 것이다.

정말 놀라운 사실은 이제부터다. 우리가 탄 작은 컵 말고도 다른 원판들의 회전속도를 다른 값으로 정하면 어떻게 될까? 다음의 왼쪽 그림은 똑같은 크기의 원을 세 개 사용해서 흔적을 그렸지만 모양이 원의 느낌과는 다르다. 그래도 아직도 둥글다고 생각한다면 오른쪽은 어떤가?

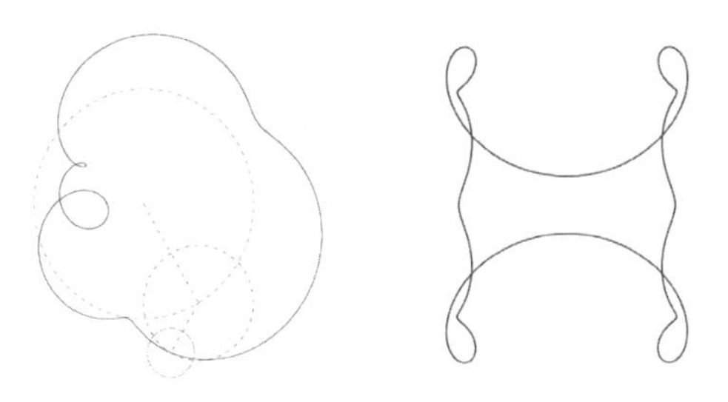

여기서 컵이나 원판이 아닌 관람차를 가지고 오른쪽 그림을 상상해보면 우리가 원하던 결과가 등장하기 시작한다. 관람차를 자이로드롭처럼 만들 수도 있겠다는 생각이 들지 않는가? 오른쪽 부분을 따라서 올라가다가 왼쪽 부분을 따라서 내려오는 것이다. 물론 아직은 가운데 부분이 남아있어서 조금 이상하기는 하다. 하지만, 여기서 (필요하다면) 관람차의 개수를 충분히 늘리면 더 자이로드롭에 가까워지도록 만들 수 있다. 즉, (근사의 언어를 빌려서 표현하면) 우리는 관람차를 이용해서 자이로드롭을 근사할 수 있는 것이다!

하지만 아직 놀라기는 이르다. 자이로드롭 말고도 더 많은 것을 만들어낼 수 있기 때문에….

관람차가 기본 단위인 근사, 푸리에

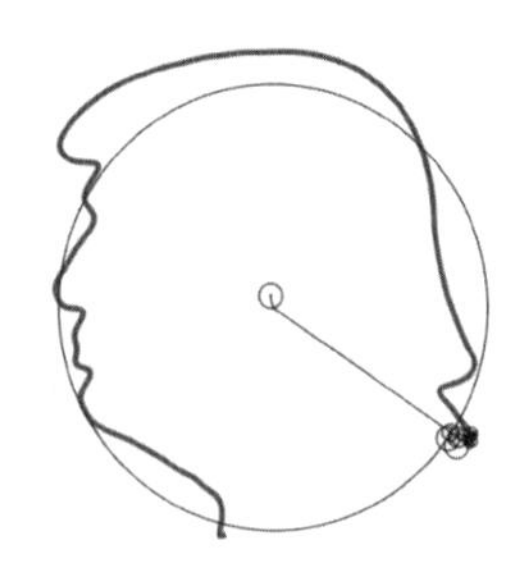

다음의 왼쪽 그림은 애니메이션 〈심슨 가족〉의 가장 호머 심슨이다. 가운데 마구 그려진 듯한 그림들은 자세히 보면 원이다. 관람차로 만든다면 기술적으로 불가능하겠지만 "수학의 본질은 그 자유로움에 있다"는 말을 떠올리며 한번 상상해보자. 그러면 이 특이한 관람차에 탄 사람의 흔적은 호머 심슨의 모습을 그려낼 것이다! 오른쪽 그림도 비슷하다. 이 그림에서도 (작지만) 마구 그려진 듯한 원들이 있다. 이 수많은 관람차들은 도널드 트럼프 미국 대통령의 옆모습을 흔적으로 남긴다.

왼쪽 그림은 산티아고 지노빌리Santiago Ginnobili라는 유튜버가 2008년에 올린 영상(Ptolemy and Homer: Simpson)을 캡처한 그림이다. (참고로 오른쪽 그림은 수학자 버카드 폴스터가 올린 영상 "Epicycles, complex Fourier series and Homer Simpson's orbit"에 나온다.) 이 영상의 댓글을 보면 우리는 이 신기한 관람차를 만들어낸 장본인을 찾을 수 있다. "도대체 250년 전에 장-밥티스트 푸리에는 어떤 뇌를 가지고 있었던 걸까? 정말 놀랍다."

둥글기만 할 줄 알았는데 아무 그림이나 만들어내는, 상식적으로 납득되지 않는 이런 일을 가능하게 해준 것은 바로 이 푸리에라는 인물이다.

장 밥티스트 조제프 푸리에Jean Baptiste Joseph Fourier는 1768년 프랑스에서 태어났다. 푸리에는 우리 모두가 아는 나폴레옹과 동시대 인물이다. 사실 동시대의 사람일 뿐만 아니라 나폴레옹의 신임을 얻은 학자였다. 실제로 1798년 나폴레옹의 이집트 원정에서도 과학 자문가로 동행하였다는 기록이 있고, 특정 직책을 맡길 때도 푸리에에 대한 믿음을 드러냈다고 한다.

푸리에 근사는 푸리에가 '열 전달'에 관한 연구를 하다가 발견했는데 자세히 설명하기 위해서는 삼각함수에 대한 이야기를 해야 하기 때문에 생략하도록 하겠다. 다만 삼각함수가 원에서 나왔다는 사실에서 '어느 정도 연관성이 있겠구나'라는 것을 알아두면 좋을 것 같다. 그래도 아쉽다면 우리가 "근사한 근사"에서 본 용어들을 이용해 이렇게 말할 수 있을 것 같다. 푸리에 근사는 그 기본 단위가 '(다양한 속도로) 회전하는 (다양한 크기의) 원'인 근사다.

이 푸리에(푸리에 근사 혹은 푸리에 변환이라고 불리는 이 근사를 여기서는 간단히 '푸리에'라고 부르도록 하겠다)는 지금 세상에 없어서는 안 될 아주 중요한 기술이다. 여러분이 어떤 것을 상상하든 그곳에는 푸리에가 있다고 봐도 된다. 우리가 앞서 본 CT나

MRI 기술조차도 사실 푸리에로 이해할 수 있다. 이외에도 다음 장에서 살펴볼 사진 기술에서도 푸리에는 없어서는 안 될 존재다. 또한 푸리에는 물리, 금융, 통계, 전기공학(신호처리)을 비롯한 수없이 많은 곳에서 가장 기본적으로 알아야 할 내용이다. 심지어 대학에서 한 학기 동안 푸리에만 배우는 과목이 있을 정도다.

푸리에는 하나의 근사 방법으로도 의미가 있지만 다른 질문을 낳는 하나의 근사한 철학으로서도 의미가 있다. 예를 들면 이런 질문이다. 원을 잘 조합해서 어떤 모양이든 만들 수 있다면 다른 모양을 기본 단위로 해서도 만들 수 있지 않을까? 그리고 이 질문은 실제로 웨이블렛wavelet 근사라는 것과 밀접하게 연관되어 있다. 웨이블렛은 지문 인식 기술에서 활용되는데 특이하게 미술품 위작 감정에도 쓰인 전례가 있다고 한다. 그래서 사실상 '푸리에와 아이들'은 하나의 수학적 근사 방법이 아닌 근사한 철학이라고 표현해도 좋을 듯하다.

수학으로 멍 때리기, 하나 더

접선보다 나은 곡선의 근사

이 이야기는 범인(곡선)의 몽타주를 그리는 좋은 방법인 접선에 대한 이야기의 연장선상에 있다. 상황을 다시 정리해보면 이렇다. 곡선을 이해하기 위해서 우리는 곡선에 접하는 직선인 접선을 찾는다.

중학교 때 배운 수학 지식을 활용해보자. 우리는 직선이 일차함수의 그래프라는 것을 안다. $y=2x+3$ 같은 것 말이다. 여기서 2는 직선의 기울기를 이야기하고 3은 y절편을 이야기한다고 배우지만, 여기서는 중요하지 않다. 오로지 2와 3이라는 숫자에 대해서만 집중해보자. 우리는 2와 3말고 다른 숫자를 집어넣어 일차함수를 만들 수 있다. 예를 들어, $y=3x-1$도 일차함수다. 여기서는 3과 -1을 고른 것이다. 이렇게 생각해보면 우리가 일차함수를 만드는 방법은 숫자 두 개를 고르는 방법과 같다. 다시 말해 직선을 고르는 방법도 숫자 두 개를 고르는 방법과 같다.

이런 사고방식을 가지고 이제 이차함수에 대해 생각해보자. 이차함수를 만드는 방법에는 어떤 것들이 있을까? 앞에서 설명한 사고방식을 가지고 생각해보면 $y=x^2+2x+3$은 우리가 1, 2, 3을 골랐을 때 만들어지는 이차함수이다. 그러면 5, 2, 1을 고른다면 어떨까? $y=5x^2+2x+1$이 만들어진다. 따라서 이차함수를 만드는 방법은 숫자 세 개를 고르는 방법과 같다. 물론, 이 문제가 시험문제였다면 첫 번째 숫자는 0이 아니어야 한다는 조건을 붙겠지만 여기서는 과감히 무시한다. 결론은 이차함수를 만드는 방법은 숫자 세 개를 고르는 방법과 같다는 것이다.

여기서 질문을 해보자. 이차함수가 더 자유로울까, 일차함수가 더 자유로울까? 당연히 이차함수다. 숫자를 세 개나 자유롭게 고를 수 있으니까 말이다. 숫자를 두 개밖에 못 고르는 것보다는 더 다양한 그래프를 만들어낼 것이다.

비록 삼차함수, 사차함수라는 것을 배우지 않았더라도 위의 사고방식대로 생각하면 삼차함수는 숫자 네 개를 고르면 만들어지고, 사차함수는 숫자 다섯 개를 고르면 만들어진다는 사실을 알 수 있다. 자유롭게 고를 수 있는 숫자의 개수가 점점 더 많아지는 이런 성질 덕분에 3차, 4차, 5차 등 숫자가 커지면 커질수록 우리는 '직선보다 자유로운 것, 그것보다 더 자유로운 것, 그것보다 훨씬 자유로운 것'들을 많이 찾을 수 있다.

그래서 우리는 곡선을 고차함수로 근사하면 직선으로 근사했던 것보다 오차를 줄일 수 있다. 이를 기본 단위의 관점에서 표현하면 '1과 x를 기본 단위로 해서 접선을 찾는 것이 아니라 1, x, x^2, x^3 등을 기본 단위로 해서 접(하는 고차함수 곡)선을 찾는 것이 더 좋은 근사 방법이다'라고 할 수 있다. 우리는 이 근사를 테일러 근사라고 부른다. (테일러 근사는 대학에서 미적분학을 배우면 처음 배우는 주제 중 하나다.)

5

더 나은 셀프카메라를 위한 설명서

"사진은 거짓말을 하지 않는다"라는 말을 들어본 적이 있을 것이다. 현실을 그대로 찍어서 기록하기 때문이다. 특히 옛날 사진기들의 경우에는 빛의 반사를 이용해서 필름에 그대로 새겨 인쇄했기 때문에 사진은 거짓말을 하지 않았다. 하지만 요즘 시대를 살아가는 사람들이라면 과연 몇 퍼센트의 사람들이 이 말에 공감할 수 있을지 의문이다.

요즘에는 사진보정기술을 이용하여 얼마든지 사진을 찍은 후에 보정을 할 수 있다. 사실 대부분의 휴대폰 카메라에는 실시간으로 보정을 해주는 기능도 들어가 있다. 얼굴이 하얗게 나오거나 색감이 쿨하게 나오는 등의 보정기술들 말이다. 심지어 나 같은 사실주의자(?)라 할지라도 이런 보정기술들은 피해가기 어렵다. 아무런 버튼을 누르지 않아도 대부분 알아서 보정해주기 때문이다. 그래서 사진은 거짓말을 한다.

우리의 눈이 세상을 보는 방식은 아주 복잡하다. 이를 이해하기 위해서는 각막, 홍채, 수정체 그리고 망막과 시신경 정도의 위치와 기능을 이해해야 한다. 이런 눈 구조는 제외하더라도 정보들이 전달되어서 뇌에서 이해하는 방식 또한 이해해야 한다. 과연 우리도 이것들을 잘 이해하고 눈 근육을 잘 움직이면 앞에 보이는 것들을 보정해서 볼 수 있을까? 그렇다. 선명하게 보거나 흐릿하게 보는 건 우리도 쉽게 할 수 있다. 그렇다면 쿨한 색감으로 세상을 보는 건? 그냥은 힘들지만 셀로판지를 이용하면 가능할 수도 있다. 그럼 우리의 눈은 정말 카메라의 보정기술을 다 흉내낼 수 있을까?

아니다. 간단한 예시가 있다. 선이 몇 개 없는 웹툰 스타일로 세상을 보는 것이다. 휴대폰 카메라나 사진에서 이런 일을 할 수 있는 이유는 뭘까? 카메라는 앞에 펼쳐진 세상을 어떻게 이해하기에 이런 일을 해낼 수 있는 걸까?

좋은 사진을 찾는 법

다음의 상황을 생각해보자. 친구와 메시지를 주고받다가 문득 예전에 본 재미있는 이미지가 생각났다. 친구에게 보내주려고 검색 사이트에 생각나는 키워드를 집어넣어 이미지를 검색한다. 원하는 사진이 여러 장 검색되었는데 어떤 것이 화질이 좋은지 쉽사리 구분되지 않는다. 기왕이면 화질이 좋은 사진을 보내는 것이 좋겠다고 생각한다. 화질 좋은 사진은 어떻게 찾을 수 있을까?

우리가 검색창에 키워드를 치면 관련 이미지가 뜬다. 자세히 살펴보면 그 위에 '원본이미지크기'라는 탭이 있다. '화질'이 아니고 '크기'다. 왜 화질은 없고 크기만 써있을까? 사실 우리가 일상적으로 이야기하는 화질은 특정 기준이 있는 것이라기보다는 느낌에 가깝다. 예를 들어, 같은 카메라로 찍더라도 밤에 찍거나 셔터를 누를 때 손이 흔들렸다면, 그때의 사진을 보고 "화질이 좋지 않다"고 이야기한다. 하지만 그건 카메라 자체의 성능과 관련있는 것은 아니다. 또 다른 예로, 여러분의 집에 있는 TV가 정말 성능이 좋다고 하자. 그런데 갑자기 노이즈 화면이 나타났다. 그러면 이 경우만큼은 "화질이 나쁘다"고 이야기하는 것이 맞을 것이다.

이런 이유로 화질은 수치적으로 표현하기 어렵다. 그래서 우리는 '크기'가 필요하다. 컴퓨터나 노트북 모니터의 성능을 살펴보면 1024×768 혹은 1920×1080 같은 숫자가 적혀 있는데 이것이 '크기'의 좋은 예다. 이는 카메라로 찍은 사진에서도 찾아볼 수 있는데 500×500나 4800×3200 같은 것을 말한다(앞서 말한 '원본이미지크기' 탭에서도 이러한 일련의 숫자를 확인할 수 있다). 이 숫자들의 의미를 더 정확히 알고자 한다면 우리는 바둑판을 살펴봐야 한다.

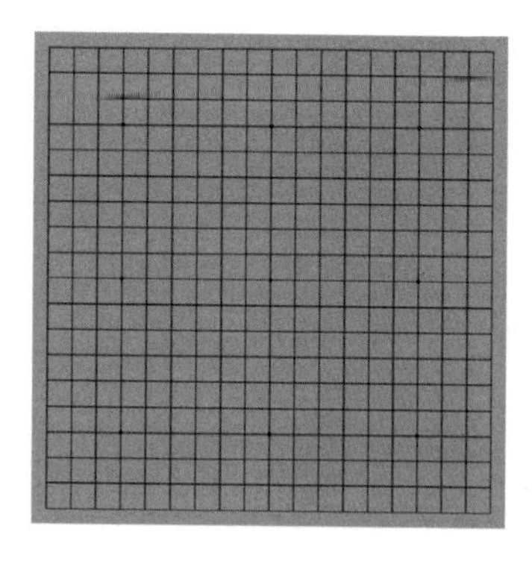

여기 바둑판이 있다. 시작하기 전에 한 가지 주의할 점은 우리는 바둑판을 원래의 용도로 사용하지 않을 것이라는 점이다.

그러니 헷갈리지 말자. 바둑돌은 사각형 안에 두는 게 아니라 줄 위에 두는 것이지만 우리는 줄과 줄이 만나는 점들이 아닌 각 사각형을 관찰할 것이다. 먼저 바둑판에 있는 조그만 사각형들이 몇 개 있는지 세어보자.

다음과 같이 생각하면 빠르게 할 수 있다. 가로 두 줄과 세로 두 줄을 그으면 그 가운데에는 칸이 하나 생긴다. 가로 세로 세 줄씩을 그으면 가로 두 칸, 세로 두 칸이 생긴다. 각각 네 줄씩 그으면? 가로 세로 세 칸씩이 생긴다. 우리의 바둑판은 가로와 세로 각각 열아홉 개의 줄이 그어져 있다. 그러니까 가로 열여덟 칸, 세로 열여덟 칸이 생길 것이다! 우리는 이를 18×18이라고 쓸 것이다. ×는 곱하기가 아니고, ×를 기준으로 왼쪽은 가로의, 오른쪽은 세로의 칸 수를 나타내기 위해서 사용하는 기호이다. 예를 들어, 3×2는 6이 아닌 가로 세 칸, 세로 두 칸의 네모들을 의미한다.

이제 바둑판의 각 사각형 안을 색칠할 차례다. 색칠하는 방법은 다음과 같다. 일단 왼쪽 18×18 바둑판의 각 사각형에 쓰여 있는 숫자를 보고 1부터 6에 해당하는 색을 다음에서 찾아 맞게 색칠하는 것이다. 어렸을 때 하던 색칠공부와 같다. 그러면 우리는 오른쪽에 있는 답을 얻는다. 우리가 18×18 사진이라고 얘기하는 것은 바로 이 오른쪽의 것을 의미한다.

하지만 여섯 가지의 색만 있으면 모든 그림이 이처럼 만화같은 그림이 되어버릴 것이다. 그래서 우리가 컴퓨터나 카메라에

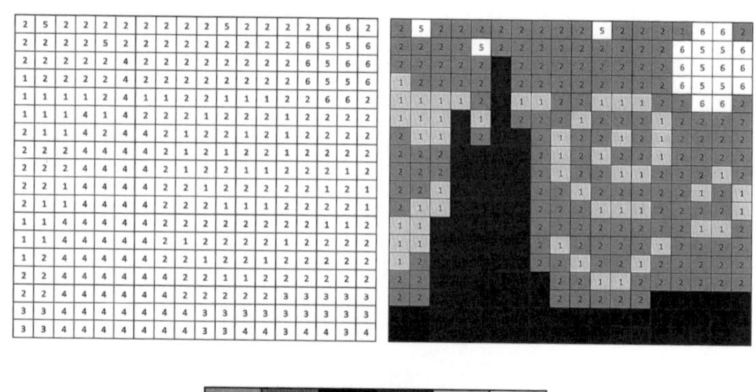

서 저장하는 사진은 색의 종류가 1677만 7216가지나 된다. (이 숫자는 256을 세 번 곱한 숫자이다.) 즉, 우리가 검색을 통해 찾아내는 사진들의 크기가 500×500이라는 것은 500×500 바둑판의 각 칸에 이 수많은 색 중에 하나가 칠해져 있는 것을 의미한다. 그리고 컴퓨터나 카메라가 앞에 펼쳐진 세상을 이해하는 방식은 바로 왼쪽과 같다. 우리가 카메라로 예를 들어 4800×3200 크기의 사진을 찍으면 카메라는 그 사이즈의 바둑판 각각의 칸에 왼쪽처럼 숫자를 저장하게 된다.

마지막으로 다시 화질에 대한 이야기를 마무리해보자. 우리는 '화질이 좋다'의 의미가 기계의 성능에만 달려있지 않다는 것을 TV 노이즈 화면을 통해서 봤다. 하지만 일반적으로 사진의 크기(여기서 말하는 사진의 크기가 크다는 건 우리가 실제로 인쇄하는 크기가 크다는 뜻이 아니라 칸의 숫자가 많다는 뜻이다)가 크다는 건

화질이 더 좋을 가능성이 있다는 것을 의미한다. 이건 다음의 두 그림을 보면 비교해볼 수 있다. 우리가 실제로 카메라로 찍은 15×15 크기의 사진과 45×45 크기의 사진을 똑같은 인화용지에 인쇄한다고 생각해보면 다음 두 개의 그림 같은 것을 얻을 수 있다. 이 둘을 비교해보면 왼쪽은 모자이크 처리된 것 같은 느낌이 들고 오른쪽이 왼쪽보다 좀 더 화질이 나아보인다. 즉, 같은 인화용지에 좀 더 세밀하게 색들을 배치시킬 수 있기 때문에 예를 들어 1000×1000의 사진이 500×500의 사진보다 화질이 더 좋을 가능성이 있는 것이다. 그림을 그리는 것으로 생각하면 오른쪽은 1mm 펜으로 점을 찍어서 점묘화를 만드는 것이고 왼쪽은 3mm 보드마카로 점을 찍어서 점묘화를 만드는 것이다. 당연히 오른쪽 점묘화가 더 세밀하고 '화질이 좋게' 그림을 그릴 수 있을 것이다.

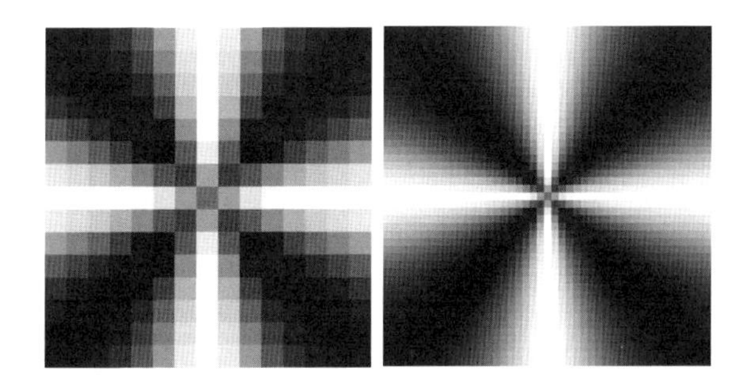

사진=산

사진이라는 것은 카메라가 기록한 방식이다. 그래서 우리가 사진을 잘 다루기 위해서는 카메라가 보는 방식을 잘 이해해야 한다. 하지만 앞서 봤듯 카메라가 세상을 보는 방식(숫자들이 써진 칸)은 우리가 세상을 보는 방식(있는 그대로)과는 매우 다르다. 그러면 우리는 카메라가 보는 방식을 어떻게 이해해야 할까?

이야기에 들어가기 전에 여기서도 간단한 설명을 위해 몇 가지 가정을 하고 넘어가려 한다. 앞서 카메라는 총 1677만 7216가지의 색을 구분해 저장한다고 했다. 하지만 우리는 이 많은 숫자를 다룰 여백이 부족하기 때문에 여기서는 열한 개 정도의 색만 생각할 것이다. 또한 이 많은 색은 아주 미묘한 차이인 경우도 많아서 크게 의미가 없고, 사실 색의 개수는 앞으로의 논의에서 중요하지 않다. 그리고 한 가지 가정이 더 필요한데 그건 바로 세상을 흑백으로 본다는 가정이다. 그래서 우리는 과감하게 열한 개(0~10)의 숫자를 택하고 고장 나서 흑백사진 밖에 못 찍는 카메라를 가지고 카메라를 이해해볼 것이다. 0에서 10까지의 숫자가 우리 눈에는 다음과 같은 색으로 보인다는 것을 기억해두자.

숫자	0	1	2	3	4	5	6	7	8	9	10
종류	검은 색	아주 짙은 회색	짙은 회색	강한 회색	적당히 강한 회색	회색	적당히 연한 회색	연한 회색	옅은 회색	아주 옅은 회색	흰색

이 색들을 가지고 색칠공부를 해보자. 일단 앞서 한 것처럼 각 칸에는 숫자가 쓰여있고 그 숫자에 맞게끔 색칠할 것이다. 앞서 봤듯 다음의 예시에서 왼쪽에 있는 숫자들은 컴퓨터가 사진을 기억하는 방식이고, 오른쪽에 있는 11×1 크기의 그림은 컴퓨터가 이를 우리에게 보여주는 방식이다.

0	1	1	2	5	8	9	7	3	2	0

여기서 할 일이 한 가지 더 있는데 그건 바로 칸에 쓰인 숫자만큼 건물을 올리는 것이다. 5가 쓰인 곳 위에는 5층짜리 건물이 있다고 생각하거나 레고 조각을 다섯 개 쌓았다고 생각하는 것이다. 그럼 아래와 같은 모양이 하나 나온다.

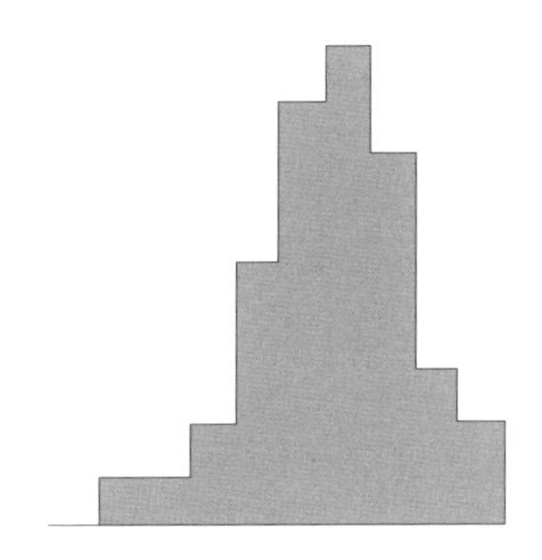

제대로 된 이해를 돕기 위해 한 가지 예시를 더 추가한다. 앞선 경우와 똑같이 가운데는 컴퓨터의 기억 방법이고, 아래는 우

리가 보는 결과이며, 위에 있는 들쑥날쑥한 모양은 우리가 수학적으로 이해하는 방식이 될 것이다.

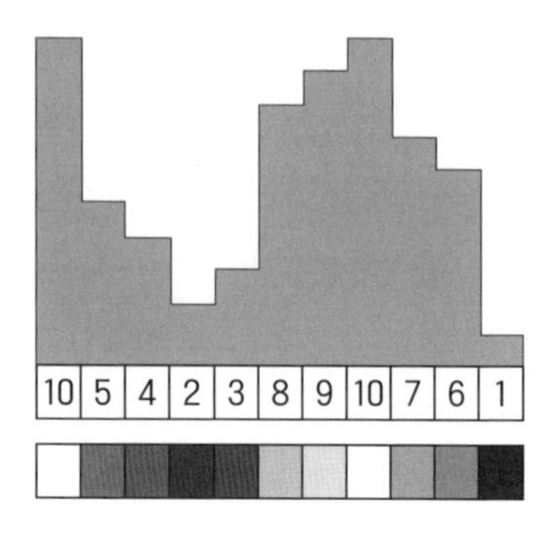

이렇게 보면 우리가 쌓아 올린 레고는 마치 한 도시의 스카이라인처럼 보인다. 컴퓨터가 저장한 각 칸의 숫자들을 우리는 이렇게 스카이라인으로 생각할 수 있는 것이다. 숫자를 알지만 스카이라인은 모르는 컴퓨터와 반대로 우리는 스카이라인은 직관적으로 한눈에 볼 수 있지만 숫자는 한눈에 이해하지 못한다. 그래서 보정기술을 만들고 싶은 우리에게는 이 스카이라인이 필요하다. (사람들이 하는 많은 오해는 '수학하는 사람들은 숫자를 보면 뭔가 똑똑한 일을 할 수 있다'고 생각하는 것이다. 안타깝게도 전혀 그렇지 않다.)

이제 가로만 있던 11×1 크기의 사진에서 벗어나서 실제에 가까운 20×30 크기의 사진을 생각해보자. 여기서도 칸에 4가 쓰여있으면 4층 건물을, 9가 쓰여있으면 9층 건물을 떠올리면 된다. 그러면 우리는 20×30의 바둑판 위에 올려진 빌딩들을 생각할 수 있다. 마치 대도시의 빌딩숲처럼 말이다. 여기서 한 발 더 나아가 보통의 사진처럼 1000×1000 크기의 사진을 생각해본다면 마치 다음의 오른쪽 그림처럼 산맥이 이어진 모습을 상상할 수도 있겠다. 즉, 흑백사진은 하나의 산맥, 좀 더 수학적으로 표현한다면 3차원 공간 안에 있는 하나의 그래프라고 볼 수 있는 것이다.

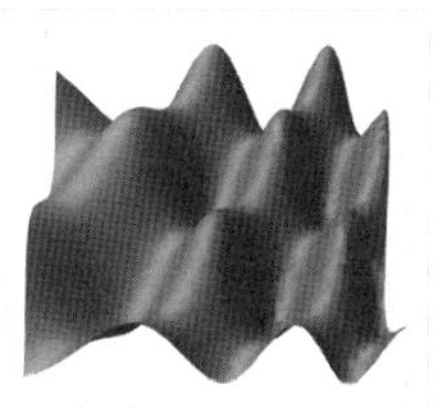

많은 사람들이 오해를 하는 것이 있어서 짚고 넘어가야 할 것 같다. 우리는 사진 속에 있는 물체의 굴곡을 표현해서 단순히 산으로 이해하려는 게 아니다! 사회나 지리 시간에 배우는 것과는 다르다. 등고선과 그에 따른 색의 변화로 어디가 능선인지 혹은 산이 어떻게 생겼는지 구분하는 것이 아니다. 예를 들어, TV의 노이즈 화면은 '굴곡이 있는 어떤 물체'의 사진이 아니다. 하지만 우리는 여전히 이를 산으로써 이해할 수 있다. 좀 더 설명하자면 노이즈 화면은 각 픽셀에 검정색(0)과 흰색(10) 사이의 색이 무작위로 써 있는 화면인데 이를 우리의 방식대로 상상해보면 마치 바위산들이 들쭉날쭉 솟아난 중국의 장가계처럼 보일 것이다.

이제 사진이라는 산을 공부하는 방법을 생각해보자.

도대체 어디부터가 산이야?

산의 정확한 뜻은 무엇일까? 산의 사전적 의미를 찾아보기 전, 나는 '해수면을 기준으로 몇 미터 높은 지형' 같은 구체적인 수치가 있을 것이라고 생각했다. 하지만 사전에 나와 있는 의미는 생각보다 애매했다. 대부분 '평지보다 높이 솟아 있는 땅의 부분'이라고 정의되어 있다. 우리 집 뒤에는 청명산이 있는데 등산하는 데 왕복 1시간 정도밖에 걸리지 않는 낮은 산이다. 과연 이것도 산이라고 부를 수 있는 것인가? 그렇다면 산하고 언덕은 어떻게 다른가? 또 제주도에는 산도 아니고 언덕도 아닌 제주어로 오름이라고 부르는 지형이 있는데 이는 무슨 차이일까? 좀 더 정확한 산의 뜻을 위해서 다음 그림을 보자.

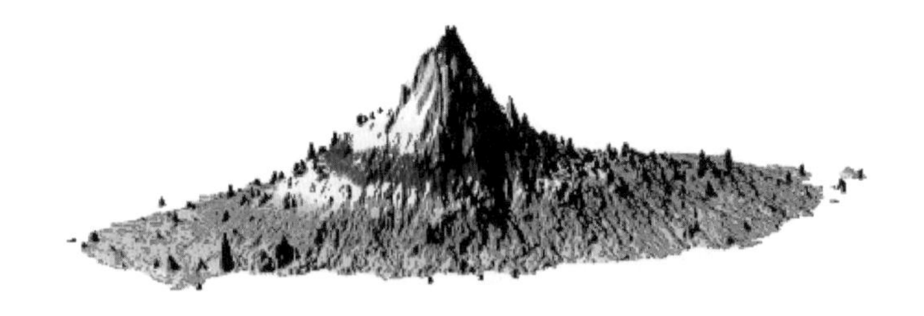

산의 시작은 어디부터일까? 산의 경계가 시작되는 곳은 어디일까? 어디서부터 산이라고 하는 것이 좋을까? 그림에서 산의 경계로 그럴듯한 시작점은 '급격하게 솟아오르기 시작하는 지점'이다. 산의 특징 중 하나는 이런 경사다. 그리고 경사의 정도가 '사람이 걷기 불편한 정도'가 되면 산이 시작되었다는 느낌을 받는다.

그렇다면 사람이 걷는 데 불편함을 느끼기 시작하는 건 경사가 어느 정도일 때일까? 찾아보니 대략 6~7도 사이의 경사각 즈음인 것 같다. 러닝머신에 나오는 경사(%)를 기준으로 한다면 약 11% 즈음이다. (나의) 이 기준을 이용하면 우리는 이제 좀 더 명확히 어디서부터가 산인지 구분할 수 있다. 산의 각 부분에서 경사가 11%(약 6.5도)보다 큰 곳을 찾아서 그으면 그 안쪽이 산이 되는 것이다.

요즘 나오는 카메라나 휴대폰은 얼굴 인식을 한다. 몇 년 전만 해도 신기술이었지만 지금은 이 기능이 없으면 '이게 휴대폰 맞나?' 싶을 정도다. 이렇게 사물을 구별해내는 기술의 시작은 우리가 바로 위에서 살펴본 '산을 구분하는 것'과 정확히 같은 기술이었다. 이 기술은 이미지 그래디언트Image Gradient(수식을 약간 이용한 설명을 이 장 마지막에 실어 두었다)라고 불리는데 여기서 그래디언트라는 것은 '기울기 측정'의 또 다른 이름이다. 그래서 의역하면 '사진 경사 측정' 정도로 이해할 수 있겠다.

그럼 한번 해보자. 다음의 흑백사진은 여행지에서 찍은 내 사진을 흑백으로 바꿔놓은 것이다. 크기는 600×400로 조절했다. 즉, 가로방향으로 600칸, 세로방향으로 400칸이 되도록 나눠어져 있는 것이고, 240,000개의 각 칸에 흰색인지 회색인지 검은색인지 정보가 들어 있는 것이다. 검은색은 0이었고 흰색은 10이었던 것을 아직 기억하고 있는가?

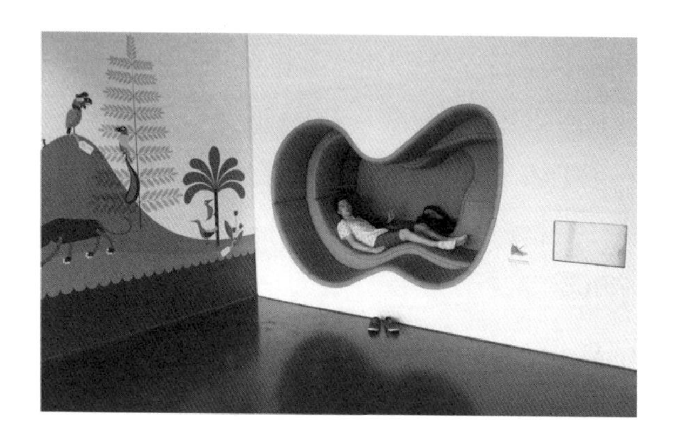

사진에서 바닥 부분은 검은색이기 때문에 빌딩이 없는 부분이다. 반면, 오른쪽 흰 벽면 쪽은 아주 높은 빌딩들이 있을 것이다. 내가 누워있는 부분을 보면 티셔츠 부분은 10층, 바지부분은 약간 높은 빌딩(3~7층) 그리고 검은색 가방은 0층짜리 건물들이 있다고 상상할 수 있다.

여기서 물체들의 경계를 재는 것은 이제 쉽다. '각 부분에서 옆 빌딩들과의 높이 차(경사)를 잰다. 경사가 급격한 곳이 경계다.' 이렇게 하면 벽면-바닥, 티셔츠-바지, 다리-가방 등의 경계를 인식할 수 있게 된다. 다음은 실제로 앞의 사진에서 내가 누워있는 부분만을 잘라서 산으로 표현한 것이다. 이 중 위의 그림은 3차원 그래프를 앞에서 약간 사선으로 본 것인데 내가 누워있는 모습이 쉽게 연상된다. 여기서 주목해야 할 점은 티셔츠-바지 부분을 보면 바지에 해당하는 부분이 움푹 들어가 있다는 것이다. 바지가 티셔츠보다 어두운 색이었기 때문이다. 그리고 발 부분에 어둡고 깊게 들어가 있는 부분은 원래 사진 속에서 (어두운) 가방에 해당한다. 이렇게 그래프로 이해하면 이제 경계를 구분 짓는 일은 어렵지 않다. 깎아지르는 절벽이 있는 곳이 경계이기 때문이다.

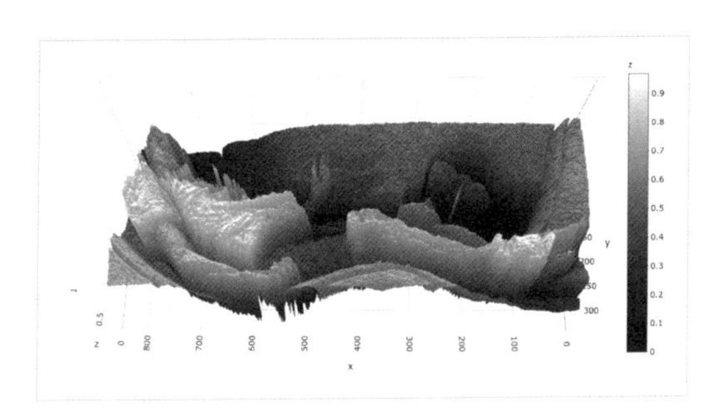

둘 중 아래쪽 그림은 사진의 위쪽 방향에서 아래 방향으로 산맥을 쳐다보는 시야다. 여기서 왼쪽에 아래로 깊숙이 들어간 부분은 바로 가방 부분이다. 가운데를 보면 티셔츠 부분과 다리 부분 사이에 깎아지르는 계곡처럼 바지 부분의 그래프가 들어간 것을 확인할 수 있다.

숫자에만 집착했다면 이렇게 간단히 티셔츠와 바지의 경계를 찾는 일은 불가능했을 것이다. 하지만 스카이라인과 빌딩숲, 산을 그리고 나니 '옆 건물과의 층수의 차이(경사)가 큰 곳을 확인하면 된다'는 당연한 생각을 떠올릴 수 있게 된 것이다! '사진=산'이라는 관점으로 할 수 있는 간단한 것들에 대해서 더 알아보자.

은밀하게 더 선명하게!

일단 우리는 '물체 구별하기(경계 찾기)'가 '어디서부터 산인지? 경사가 심한지?'와 사실상 같은 문제라는 것을 확인했다. 이를 이용하면 사진을 마치 선이 몇 개 없는 웹툰으로 바꿔주는 필터를 만들 수 있다. 원리는 간단하다. 산의 경계 부분들을 다 찾은 다음, 급격한 경사를 가진 부분 몇 개를 고른다. (이 부분이 웹툰의 선이 될 것이다.) 그다음 경사가 급격하지 않은 부분들의 색은 비슷하게 맞춘다. (이 '색을 비슷하게 맞추는 방법'에 대해서는 바로 뒤에서 이야기한다.) 그러면 우리는 다음과 같은 웹툰의 한 컷을 얻을 수 있다.

다음으로 우리가 아는 사진보정 중에는 사진을 선명하게 만드는 것이 있다. 사진을 선명하게 만든다는 것의 의미는 뭘까? 바로 경계를 좀 더 뚜렷하게 만드는 것이다. 앞서 본 그림으로 생각하면 티셔츠-바지 사이의 경계를 뚜렷하게 만들면 사진은 더 선명하게 보이는 것이다. 이에 대한 수학적 아이디어는 간단하다. 경사가 큰 부분의 경사를 더 크게 만드는 것이다. 볼록하면 더 볼록하게 오목하면 더 오목하게 말이다. 그럼 반대로 사진을 좀 더 흐릿하게 만드는 것은 어떨까? 이는 산의 각 부분을 주변과 높이가 비슷하게끔 평균을 내는 것이다. 이 두 가지를 종합하면 다음 사진과 같이 아웃포커싱하는 기술을 새로운 관점으로 바라볼 수 있다. 왼쪽과 오른쪽의 산은 '뾰족한 부분을 (평균을 통해) 뭉개버리고', 가운데 부분의 산은 '경사가 큰 부분을 더 크게 만들어서 뾰족하게' 만들었군!

그렇다. 사진을 보정하는 작업은 우리가 생각하는 것보다 훨씬 더 직관적이다. 앞으로는 사진관에 가면 이런 멍 때리기를

해보자. 내 증명사진을 포토샵할 때 '얼굴의 점을 지우고 얼굴색을 일정하게 만드는 작업'은 사실 '들쑥날쑥한 산을 깎아서 고원을 만드는 작업'이군.

그럼 '사진=산'의 관점은 보정기술 말고 다른 것에도 도움이 될까?

근사한 푸리에와 그 친구들

'근사한 사진 기술' 이야기를 하기 위해서는 먼저 근사의 이야기가 다시 필요하다. 우리가 돈(가격)에 대해서만큼은 근사의 천재였던 것을 기억하는가? 이때 근사에서 중요한 점은 두 가지였다. 용량과 오차. 좋은 근사란 적게 외우고 적게 틀리는 것이었다. TV 가격이 1,719,490원일 때 1과 7, 단 두 개의 숫자만 외워서(작은 용량) 19,490원 정도만 틀릴(작은 오차) 수 있었다. 사진에서도 비슷한 것을 할 수 있을까?

생각해보면 돈이나 가격이 아닌 사진의 경우에는 훨씬 복잡할 것이다. 가격이라는 숫자 하나만 있는 것이 아니라 앞서 본 것처럼 숫자들의 산맥이 있으니 말이다. 하지만 이 산맥은 수학에서 이야기하는 '그래프'다. 스카이라인을 그렸을 때 마치 함수의 그래프처럼 생긴 모양이 나오는 것처럼 말이다. 그럼 산맥이나 스카이라인(=그래프)도 근사할 수 있을까?

우리는 이미 이를 본 적이 있다. 바로 〈히든 피겨스〉의 '오일러 방법'은 그래프를 근사하는 방법이었다. 하지만 아쉽게도 '오일러 방법'이 사진 기술에 직접 활용되는 것은 아니다. 대신 우리가 $4\frac{1}{2}$장에서 이야기한 푸리에가 사진 기술에 활용된다.

사진 파일 중, 자주 접하는 파일 확장자는 JPG 혹은 JPEG이다. 사실 JPG는 JPEG와 같은 종류의 파일 형식이다. 아주 예전에 컴퓨터가 지금과 같지 않던 시절, 파일 확장자를 세 글자로밖에 사용할 수 없었던 제약이 있어서 그 당시에 JPG라는 확장자가 쓰인 것이다. (현재는 JPEG와 JPG를 혼용해 쓰고 있다.) 이 기술에 쓰인 근사 방법이 바로 푸리에다. 더 깊이 설명할 수는 없으니 그럴듯한 단서를 하나 제공한다. 다음 그림은 JPEG의 영문 위키피디아 페이지에 나와 있는 그림으로 우리가 앞서 이야기한 것들과 많이 닮아있다.* 예를 들어, 숫자 154가 써있는 부

---

* 정확한 방법이 궁금하다면 이산 코사인 변환을 찾아보거나 JPEG라는 파일 확장자가 어떤 것인지 찾아보면 된다. 아쉬운 건 한글로 잘 설명되어 있는 자료를 찾기 힘들다는 점이다.

분이 제일 밝고 52가 써있는 곳이 제일 어둡다.

52	55	61	66	70	61	64	73
63	59	55	90	109	85	69	72
62	59	68	113	144	104	66	73
63	58	71	122	154	106	70	69
67	61	68	104	126	88	68	70
79	65	60	70	77	68	58	75
85	71	64	59	55	61	65	83
87	79	69	68	65	76	78	94

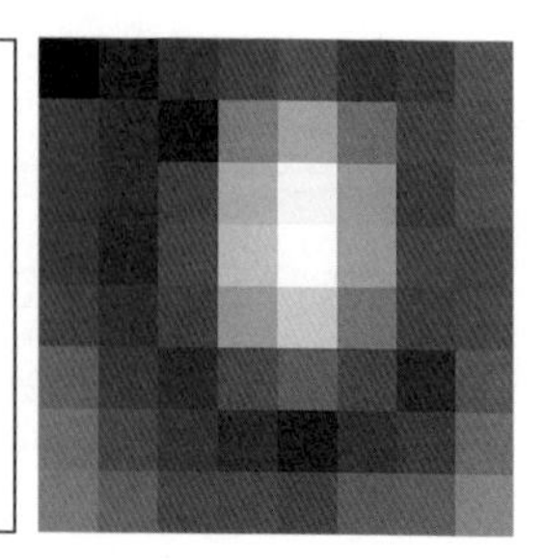

사실 이는 사진에만 쓰이는 기술이 아니다. 이제는 그 사용빈도가 줄어가고 새로운 종류의 파일 확장자로 대체될 가능성도 있지만 우리의 귀를 책임지는 mp3파일 확장자 또한 푸리에 근사로 파일을 저용량으로 저장하는 기술이다. 사실 새로운 종류의 파일 확장자로 대체되더라도 거기에는 비슷한 종류의 푸리에가 활용될 가능성이 높다. 음악 스트리밍 사이트에서 mp3보다 좋은 음질이라고 광고하는 다른 파일 확장자 중에는 AAC라는 것도 있는데, 이 또한 수정된 이산 코사인 변환Modified Discrete Cosine Transform이라는 비슷한 기술에 기반하고 있다. 이외에도 ogg와 wma같은 파일 확장자 역시 이 기술에 기반하고 있다. 푸리에가 사진이나 음악을 전자기기로 저장할 수 있다는 사실을 알았을 리 없지만 푸리에의 생각은 하나의 큰 기술의 줄기를 아직까지도 만들고 있다.

이외에도 나는 자주 보지 못했지만 사진 파일 확장자 중에는

JPEG2000(JP2)의 이름을 가진 확장자가 있는데 이는 앞서 푸리에 부분에서 아주 잠깐 언급했던 (푸리에의 또 다른 친구인) 웨이블렛 기술을 이용해 사진(산)을 근사하는 기술이다.

이외에 푸리에를 이용하지 않고 또 다른 방법으로 접근하는 종류의 근사도 있다. 로고를 만들 때 많이 쓰는 파일 확장자 중에는 SVG라는 확장자가 있는데 이는 방정식을 이용하는 방법을 사용한다. 또한 인공지능이나 빅데이터에서 분석하는 사진의 경우에는 SVD(특이값분해)로 알려진 선형대수학의 방법으로 사진기술을 연구한다. 그리고 이런 근사 방법들 간의 비교를 통해 더 나은 기술을 만들려는 노력들도 진행되고 있다.

새로운 예술의 시대를 만들어냈던 것은 새로운 관점이었다. 이 풍경은 빛의 변화에 따라 어떻게 보일까?(인상주의) 이 대상을 서로 다른 각도에서 바라보면 어떻게 보일까?(입체주의) 여기서 우리가 본 새로운 관점이 여러분의 세상을 더 새롭게 볼 수 있게 만들어주기를 바란다. '이 사진은 어떤 모양의 산 혹은 그래프로 보일까?'

수학으로 멍 때리기, 하나 더

더 디테일한 몇 가지

본문에서 잠깐 언급하고 넘어간 수학적인 부분에 대해서 간단하게 정리해보려고 한다. 앞에서 봤듯 경계를 구분할 때 '옆 건물과의 높이 차이를 구하는 것'을 이미지 그래디언트라고 부른다. 여기서 그래디언트는 미분의 또 다른 말로, 이 방법은 '사진을 미분한다'는 뜻으로 이해할 수 있다. 예를 들어, 10×1 크기의 사진처럼 가로방향만 있는 경우를 보면, 미분은 $f(x+1)-f(x)$ 와 비슷한 식을 이용해서 구할 수 있다. 이 미분값들이 순간적으로 달라지는 위치를 이용해서 우리는 경계를 구할 수 있다. 미분값의 차이는 $f(x+1)-f(x)-[f(x)-f(x-1)]$로 나타낼 수 있다.

사진을 선명하게, 즉 경계를 분명하게 만드는 것은 산이 볼록하면 더 볼록하게, 오목하면 더 오목하게 만드는 것이라고 했다. 이것은 미분을 두 번하면 나오는 정보들이다. 이 값이 0보다 크면 아래로 볼록하고(∪자 모양), 0보다 작으면 위로 볼록하게(∩자 모양) 된다.* 이는 $f''(x)=f(x+1)-2f(x)+f(x-1)$ 같은 식으로 구할 수 있다. 이런 이유로 사진을 선명하게 만드는 것을 단순하게 표현하면 $f(x)-f''(x)$의 느낌이다.

마지막으로 사진을 흐릿하게 만드는 기술은 평균을 내는 비교적 간단한 방법이다. 식으로 쓰자면 대략 $\frac{1}{3}[f(x-1)+f(x)+f(x+1)]$을 하는 것이다. 하지만 실제로는 이를 여러 번 적용해서 (중심극한 정리로 가우스 분포와 비슷해져서[••]) 얻어지는 $\frac{1}{4}[f(x-1)+2f(x)+f(x+1)]$을 실제로는 더 많이 사용하는 것 같다. 즉, '약간 흐릿하게 만드는 것'은 평균을 쓰는데 실제로는 완전히 흐릿하게 만드는 것을 더 자주 사용하고 이는 여러 번 평균을 이용할 필요 없이 가우스 분포를 한 번만 이용하면 된다는 것이다. 이는 실제로 포토샵 같은 프로그램에서 사진을 블러링(흐릿하게 만들기)할 때 사용한다고 생각하면 된다.

Operation	Kernel ω	Image result g(x,y)
Edge detection	$\begin{bmatrix} 0 & 1 & 0 \\ 1 & -4 & 1 \\ 0 & 1 & 0 \end{bmatrix}$	
Sharpen	$\begin{bmatrix} 0 & -1 & 0 \\ -1 & 5 & -1 \\ 0 & -1 & 0 \end{bmatrix}$	
Box blur (normalized)	$\frac{1}{9}\begin{bmatrix} 1 & 1 & 1 \\ 1 & 1 & 1 \\ 1 & 1 & 1 \end{bmatrix}$	
Gaussian blur 3 × 3 (approximation)	$\frac{1}{16}\begin{bmatrix} 1 & 2 & 1 \\ 2 & 4 & 2 \\ 1 & 2 & 1 \end{bmatrix}$	

• 여담으로, 우리가 잘못 사용하고 있는 '변곡점'이라는 단어는 최대 혹은 최소를 의미하는 것이 아니라 이 값이 0이 되는 점을 이야기한다. 굳이 이야기하자면 '성장세가 둔화되지도, 침체 경기가 나아지지도' 않는 것을 의미한다고 볼 수 있다.

•• 이 부분은 고등학교에서 확률과 통계를 배울 때 등장한다.

지금까지는 가로방향이 있는 경우에 대해서만 이야기했지만 우리의 진짜 사진처럼 가로 세로가 모두 두꺼운 사진들의 경우에는 앞의 그림[위키피디아 'Kernel(Image Processing)' 페이지 사진]과 같이 행렬을 이용해서 이것들을 계산한다. Edge detection이 '경계 구하기', Sharpen이 '선명하게 하기', Box blur가 '흐릿하게 하기', Gaussian blur 3×3이 '완전 흐릿하게 하기'에 해당한다.

몇 가지 덧붙이자면, 사실 숫자는 0부터 10까지 사용하는 것이 아닌 0부터 255까지 아주 세밀하게 단계를 나누어 사용한다. 0이 검은색이고 255가 흰색이다. 그리고 정확히 이야기하면 우리가 본 것은 흑백사진의 경우에만 해당한다. 실제로 사진은 빨강(R)에 해당하는 0에서 255의 숫자와 초록(G)에 해당하는 0에서 255의 숫자 그리고 파랑(B)에 해당하는 0에서 255의 숫자 정보를 각 칸에 담고 있고 빨강색 산, 초록색 산, 파랑색 산을 조절해 사진을 보정할 수 있다. 예를 들어 특정 색을 가진 산을 줄이면 남은 두 가지 색의 느낌만 살아있는 사진으로 보정할 수 있다. 그리고 각각의 색 산의 모양이 모두 같아질 때 우리는 흑백사진을 얻어낼 수 있다!

마지막으로, 원래의 RGB는 빛의 삼원색을 이루는 빨강, 초록, 파랑으로 만든 색상 시스템이다. 세 가지를 모두 비추면 하얗게 되고 아무것도 비추지 않으면 검게 되는 빛의 삼원색을 활용한 것이다. 하지만 이것이 인간의 눈에서 보면 덜 직관적이라고 생각하기에 다루기 힘들다고 보는 사람들도 있다. 그래서 다른 색상 시스템으로 사진을 분석하기도 한다. 그런 시스템 중에는 HSV, LMS 같은 것이 있다. 예를 들어 HSV는 색상Hue, 채도Saturation, 명도Value를 기준으로 색을 나누는 것이고, LMS는 사람의 눈에 있는 원추세포 세 개가 강하게 반응하는 색을 기준으로 긴 파장Long, 중간 파장Medium, 짧은 파장Short으로 색상을 나눈 것이다. 이런 시스템들은 RGB를 기준으로 한 사진보정기술과는 다른 종류의 사진보정기술을 제공한다.

6

차원이 다른 별의별 이야기

늦은 밤, 누구나 한 번쯤은 밤하늘을 멍하니 바라본 적이 있을 것이다. 밤하늘을 쳐다보면 처음에는 까맣지만 기다리다 보면 우리 눈앞에는 별이 한 개 두 개씩 나타나기 시작한다. 그래봐야 겨우 열 개 정도나 보일까 하지만 그 몇 안 되는 별들을 보고 있으면 생각보다 시간이 빠르게 지나가곤 한다. 가끔 빛이 없는 시골 지역을 가면 더 많이 볼 수 있는데 이럴 때면 밤하늘의 별바다에 빠진 느낌이 들기도 한다.

항상 추운 날이었던 것으로 기억한다. 왜인지 모르겠지만 추운 날 중에는 유난히 하늘이 맑은 날이 많았다. 그렇게 춥고 하늘이 맑은 날이면 나는 꼭 밤하늘을 올려다봤다. 학원이 끝나고 집으로 가는 추운 길에 올려다보면 항상 그곳에는 오리온자리가 있었다. 이 기억 때문인지 지금도 추운 날에는 무심코 고개를 들고 밤하늘을 본다. 그리고 그곳에는 항상 오리온자리가 있다.

나의 오리온자리처럼 여러분도 여러분의 별자리가 있는가?

네 별은 어디 있니?

사람마다 좋아하는 별이나 별자리가 있다. 그리고 밤하늘에서 그 별들이 보일 때면 옆에 있는 가족을 부르거나 친한 친구들에게 전화해 그 별들을 보라고 이야기하곤 한다. 정말로 별을 좋아하는 사람 중에서는 별이 오늘은 언제 어디쯤에 있을지를 찾아보는 사람들도 있다. 우리는 이럴 때 별의 위치를 어떻게 이해할까? 다음의 대화를 생각해보자.

"어디냐?"
"앞에 ○○빌딩이 보이고 왼쪽에는 주유소가 보여."
"그럼 거기서 오른쪽으로 100m쯤 온 다음에 왼쪽으로 200m 쯤 오면 돼."

내가 있는 곳의 위치를 알려주기 위해서는 친구가 바라보고 있는 방향을 기준으로 좌우로 몇 미터인지 앞뒤로 몇 미터인지를 설명해주면 된다. 별의 위치도 비슷하다. 하늘을 바라보고 있는 방향을 기준으로 왼쪽 혹은 오른쪽으로 얼마만큼 시야를 움직여야 하는지 그리고 위아래로는 얼마만큼 움직여야 하는지 알려주면 누구나 별의 위치를 쉽게 찾을 수 있다. 다시 말하면 '좌우방향 각도' 그리고 '상하방향 각도' 이렇게 두 가지면 충분하다. 비록 별은 표면에 사는 것이 아니라 3차원 공간에 떠있지만, '별까지의 거리'라는 축을 우리는 인지하지 못하기 때문에 2차원이면 충분한 것이다. 기본적으로 두 가지의 방향이 있는 곳을 우리는 2차원이라고 부른다.

주의할 점은 여기서 '기본적으로 두 가지의 방향'이라는 말은 방향이 두 개만 있다는 뜻이 아니라는 것이다. 밤하늘을 쳐다보고 이야기할 수 있는 방향은 좌우나 상하 말고도 두 시 방향, 열 시 방향 등 수없이 많이 있지만 별의 위치를 설명하기 위해서는 두 가지 방향을 기준으로 하면 충분하다는 뜻이다.

항상 두 개면 돼?

우리나라의 수도꼭지는 대부분 다음 사진의 A와 같은 형태로 되어 있는데, 간혹 공중화장실에 가면 B와 같은 수도꼭지도 볼 수 있다(B의 경우에는 사진처럼 레버 모양이 아닌 둥근 모양으로 되어 있어서 뚜껑을 돌리듯이 돌리는 경우도 있다).

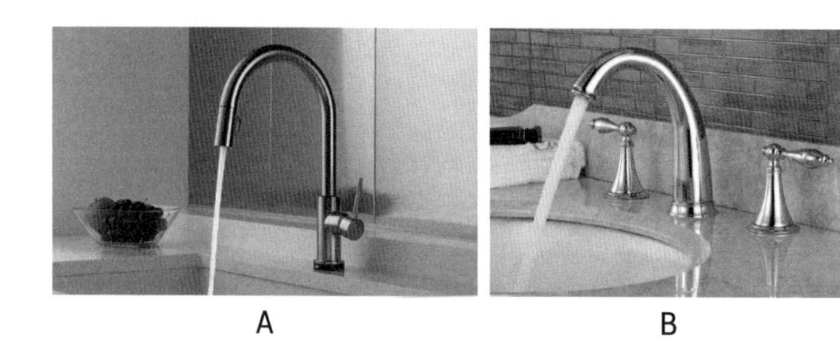

A　　　　B

A의 수도꼭지는 한 손으로 조이스틱을 움직이듯이 조작하면 원하는 물의 온도와 세기를 조절할 수 있다. B의 수도꼭지는 조이스틱의 현란한 움직임을 필요로 하지 않는다는 장점은 있지만 한 번에 하나씩 틀면 처음엔 너무 차갑거나 너무 뜨거운 물이 나온다는 단점이 있다. 물론 B의 수도꼭지처럼 물을 저장해 두는 것이 더 위생적이라는 이야기도 있다.

어떤 수도꼭지가 더 나은지와는 상관없이 이 두 가지 수도꼭지에는 공통점이 하나 있다. 바로 방향이 두 개라는 것이다. A의 수도꼭지는 좌우로 돌리는 방향과 위아래로 돌리는 방향이 있다. 이를 기준으로 우리는 다음 왼쪽과 같은 그림을 그릴 수 있다. 여기서 1번은 수도꼭지를 적당히 왼쪽으로 그다음 완전히 위로 올린 상태에서 나오는 물을 의미한다. 2번은 오른쪽으로 완전히 돌리고 위로도 완전히 올린 상태에서 나오는 물을 뜻한다. 이런 방법으로 우리는 항상 원하는 온도와 세기의 물을 항상 틀 수 있다.

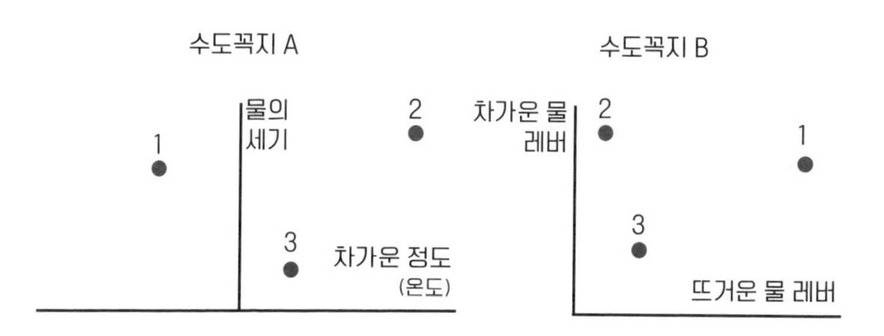

그렇다면 B의 경우는 어떨까? 오른쪽 그림을 보자. B를 이용해서 1번에 해당하는 물을 틀기 위해서는 뜨거운 물의 레버는 끝까지 돌리고 차가운 물의 레버도 충분히 돌리되 적당히 따뜻한 물이 나오는 정도에서 멈추면 된다. 2번의 물은 차가운 물의 레버만 끝까지 돌리고 뜨거운 물의 레버는 돌리지 않는 경우에 해당한다. 비슷한 방법으로 우리는 A 수도꼭지를 기준으로 3번에 해당하는 물을, B 수도꼭지를 기준으로 3번에 해당하는 물과도 대응시킬 수 있다.

다시 말해, 우리가 원하는 온도와 세기의 물은 A 수도꼭지에서도 2차원 평면의 점들에 대응시킬 수도 있고 B 수도꼭지에서도 2차원 평면의 점들에 대응시킬 수 있다. 비록 그 점들의 위치는 다르더라도 말이다.

이렇듯 수도꼭지의 종류가 다르더라도 '기본적인 방향'이 항상 두 개만 필요하다는 것은 신기한 일이다. 심지어 새로운 종류의 수도꼭지가 나오더라도 방향은 언제나 두 가지가 필요하고 그것으로 충분하다. 덕분에 우리는 어떤 방향들을 고를지 신경 쓰지 않고, 이런 경우 2차원이라고 말할 수 있다.

그렇다며 별과 수도꼭지를 수학적으로 분석하는 것 말고 '2차원'을 우리 삶에서 유용하게 쓸 수 있는 방법은 없을까?

2차원 먹거리 좌표계

이는 미국 뉴욕에 위치한 첼시 마켓의 한 음식점에 있는 굴 메뉴판이다. x축은 단맛이 강한지 짠맛이 강한지를 나타내고, y축은 굴이 큰지 작은지에 따라 분류해놓은 것이다. 굴을 좋아하는 사람이라면 누구나 이 메뉴판을 통해 자기가 맛보고 싶은 종류의 굴을 고르기 편할 것이다. 굴에 대한 정보를 이렇게 2차원으로 표현하는 것은 다양한 종류의 굴을 단 두 가지의 기준으로 구별하는 간편함을 제공한다. 개인적으로는 이와 같은 '2차원 굴 좌표계'는 정말 좋은 아이디어라고 생각한다. 이제 다음의 사진과 비교해보자.

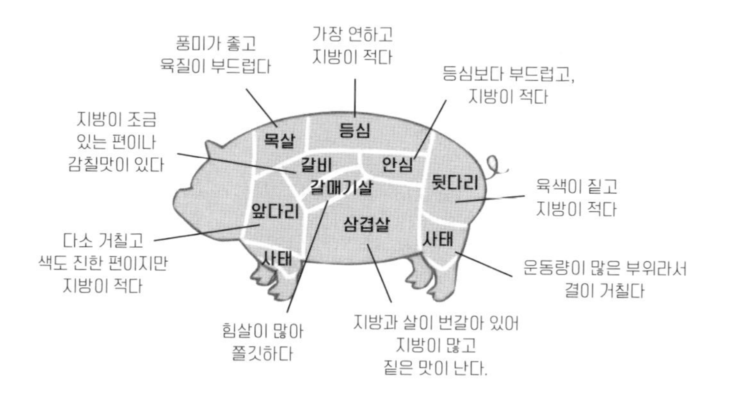

이 사진은 부위별 용도를 설명해주고 있다. 하지만 이 그림만 본다면 자세한 설명을 다 읽기 전에는 "오늘은 어느 부위의 돼지고기를 먹을까?" 하는 결정을 내리기 쉽지 않아 보인다. 아무런 연관이 없는 것처럼 아홉 개의 부위에 관한 정보가 적혀있는 것은 확실히 두 개의 기준으로 나누어진 그림을 보는 것보다는 이해하기 어렵다. 물론 돼지고기 부위별로 단맛과 짠맛의 차이가 심하지 않기도 하고 딱히 기준으로 세울만한 맛이 없는 것은 사실이다. 하지만 '기름진 정도' 같은 기준으로 '2차원 굴 좌표계' 처럼 '2차원 돼지고기 좌표계'도 충분히 만들 수 있지 않을까?

아쉽게도 이런 좌표계를 찾는 것은 불가능했다. 그래서 내가 한 번 만들어보았다. '특이한 향'과 '기름진 정도'를 기준으로 한 일반 고기의 분류이다. 나는 고기를 좋아하기는 하지만 전문가는 아니기에 이 분류로 개인마다 느끼는 차이는 있을 것이다.

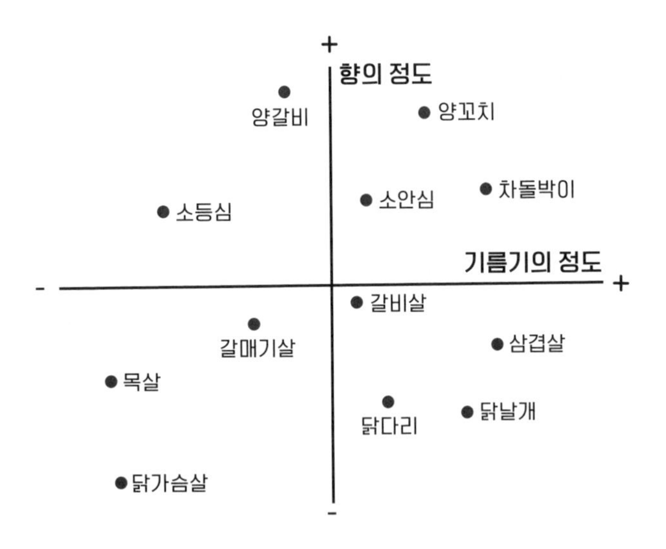

x축은 기름진 정도를 나타내고 y축은 특이한 향이 나는지를

나타낸다. 이렇게 그려놓고 보면 좀 색다르기도 하지만 어색하기도 하다. 그렇지만 생각해보면 우리는 매일 이런 2차원 좌표계 질문을 한다. '아, 오늘은 기름진 거 별로 안 당기고 비린내 안 나는 거 먹고 싶다.' 혹은 '오늘은 배에 기름칠이 좀 필요한데 약간 향이 있는 고기가 당기네.' 다시 말해, 2차원 좌표계는 우리가 머릿속에서 원하는 두 가지 기준에 대한 답을 직관적으로 보여주는 방법이다. 그래서 이렇게 그려놓고 보면 우리의 질문에 대한 답을 한눈에 알 수 있다. 전자의 경우 닭가슴살이나 목살을 먹어야 하고 후자의 경우는 양꼬치나 소안심을 먹으면 된다는 답 말이다. 여러분 집에도 이런 '2차원 고기 좌표계' 하나 정도 만들어 놓고 참고하는 것은 어떨까?

마지막으로, 꼭 소비자 입장에서만 먹거리 2차원 좌표계가 유용한 것은 아니다. 다음의 사진은 일본의 츠키지시장 트위터에 올라온 '2차원 딸기 좌표계'이다. 가로축은 딱딱함(음의 방향)과 연함(양의 방향)의 정도를 표현했고, 세로축은 둥근 것(음의 방향)과 뾰족함(양의 방향)을 나타냈다. 사실 이 딸기 좌표계는 딸기를 재배하고 파는 사람들에게 유용한 정보다.

예를 들어, 츠키지시장에서 딸기를 사서 배송해야 하는데 배송해야 할 곳이 멀다고 해보자. 이 경우에 이 좌표계가 있으면 결정하는 일이 한결 수월해진다. 배송하면서 딸기가 물러질 것을 고려해서 왼쪽 부분(딱딱함)에 있는 딸기 중에서 그 모양의 기호에 따라서 선택하면 되기 때문이다. 이렇듯 먹거리 2차원

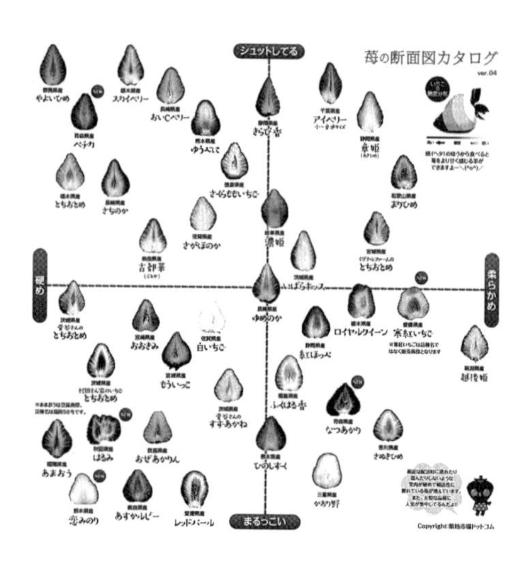

좌표계는 소비자뿐만 아니라 생산 및 유통을 하는 사람들 모두 유용하게 사용할 수 있다.

지금까지 본 예시처럼 늘 두 개의 축만으로 충분한 것은 아니다. 다만 우리가 종이에 그릴 수 있는 것이 2차원이기 때문에 그에 맞게 두 가지의 가장 중요한 조건을 선택해서 축으로 설정하는 것이다. 하지만 우리가 고려할 수 있는 조건들은 사실 더 많다.

고기 이야기로 돌아가보자. 현실적으로 가장 중요한 것은 가격이다. 가격이라는 것도 1g당 가격인지 한 끼에 먹을 수 있는 양의 가격인지를 결정해야 한다. 예를 들어, 나는 고깃집 기준으로 삼겹살을 3~4인분 정도 먹을 수 있는데 이 경우에는 700g 정도를 기준으로 가격이 얼마인지를 측정하는 것이 낫다. 반면, 차돌박이처럼 기름이 많은 부위는 많이 먹지 못하기 때문에 300g 정도를 기준으로 가격이 얼마인지를 측정하는 편이 좋을 것이다. 한번 '한 끼당 가격'을 새로운 축으로 설정해보자.

이제 우리는 3차원의 세계로 접어든다. 기름진 정도, 특유의 향, 한 끼당 가격 이 세 가지가 각 축을 담당한다. 이 세 개의 정보를 알면 마트에서 살 고기를 고를 수 있다. 세 가지 정보에 대해서 정육코너에 물어본 다음 고르면 된다. 예를 들어, 기름지고 향은 조금 있으며 한 끼 10,000원 정도라면 어떨까? 나는 국내산 차돌박이가 생각난다. 차원을 하나 더 넣어볼까? 갈매기살처럼 부드러운지 아니면 목살처럼 조금 텁텁한지 등을 추가할 수 있겠다. 하지만 이렇게 되면 조건이 너무 많다. 마트에 가서 네 개의 정보를 언급하면서 고기를 사려고 하면 '뭐 이렇게 깐깐한 사람이 있어'라는 표정을 짓는 직원을 마주하게 될지 모를 일이다.

3차원, 4차원 이야기가 나와서 하는 말인데, 잠깐 우리 자신을 성찰하는 시간을 가져보자.

우리가 살고 있는 곳

우리가 살고 있는 곳은 3차원이다. 때로는 4차원이라고 이야기하는 사람도 있고, 10차원이라고 하는 사람도 있다. 여기서 이 '차원'이 의미하는 것은 요소나 항목 혹은 기준의 개수이다. 우리는 앞서 '2차원 딸기 좌표계'를 보았다. 여기서는 딸기를 두 개의 기준으로 나누었다. 하나의 기준(y축)은 모양이었다. 이 값이 +(플러스)면 뾰족하다는 뜻이고 -(마이너스)면 동그랗다는 뜻이었다. 다른 하나의 기준(x축)은 딱딱한지 물렁한지였다. 내가 좌표계를 만들었다면 딱딱한 것을 +(플러스)방향으로 놓았을 텐데, 앞서 본 딸기 좌표계는 물렁한 것을 +방향으로 두었다. 크게 상관있는 것은 아니다. 중요한 점은 각 딸기는 (ㄱ, ㄴ) 같은 좌표로 표현할 수 있다는 점이다. 가로축의 값이 -5에서 +5라고 하고, 세로축의 값도 -5에서 +5라고 한다면, 예를 들어, ㄱ=+2, ㄴ=-4에 위치한 딸기는 약간 물렁하고(x축 방향 +2) 많이 동그란(y축 방향 -4) 모양의 딸기라는 뜻이다. 별을 바라보는 것도 마찬가지다. 일단 내가 보고 있는 곳을 기준으로 잡았다고 생각하면, 그 별로부터 약간 오른쪽 그다음 많이 위쪽으로 가면 있는 별의 좌표는 (+1, +4) 같은 느낌으로 표현할 수 있다. 그렇다면 우리의 위치는 어떨까?

남한과 북한의 경계를 부르는 이름 중 하나는 38선이다. 여기서 '38'은 적도에서부터 군사분계선까지 잰 각도(위도)가 약 38도 정도 된다고 해서 붙여진 것이다. 북극은 적도에서 90도 만큼 올라가야 하기 때문에 위도가 90도이고 남극은 적도에서 반대로 90도 가야 하기 때문에 위도가 -90도이다.* 가로의 기준이 위도라면 세로의 기준은 경도다. 그래서 우리의 위치는 두 개의 기준으로 설명할 수 있다. 즉, 2차원 정보로 우리의 위치를 표현할 수 있는 것이다. 그런데 과연 사실일까?

우리가 땅에만 붙어 다닌다면 이건 사실이다. 하지만 우리나라만 해도 555m 높이를 자랑하는 건물이 있으며 우리는 하루도 빠짐없이 고층건물에서 생활한다. 이런 건물에서 1204호와 1304호는 다른 공간이다. 좀 더 넓게 우주를 기준으로 보면 우리는 비행기를 탈 수도 있고 우주선을 타는 사람들도 있다. 그래서 '위아래'라는 기준이 하나 더 필요하다. 이렇게 되면 기준은 세 개가 되고, 이를 이용해 모든 사람의 위치를 표현할 수 있다. 그래서 우리는 3차원에 살고 있다.

4차원으로 우주를 이해하려는 사람들은 '시간'이라는 기준을 넣고 싶어한다. 용의자의 알리바이를 물을 때, "정확히 48시간 전인 2019년 2월 16일 밤 10시 정각 즈음에 수원 위 5,000m 상공을 날고 있는 비행기 안에 있었지?"라고 묻는다면, 이 용의자의 위치를 -48, 수원의 위도, 수원의 경도, +5,000 이 네 개의 기준으로 표시하는 것과 같기 때문이다. (그래서 노출시간을 길게 해놓고 불빛으로 글자를 쓰면서 찍는 사진은 사실 4차원을 찍고 있는 것이다!)

10차원 우주라는 것은 우리가 인지하지 못할 정도로 작은 '또 다른 방향들'이 여섯 개 더 있다고 믿는 것이다. 그냥 존재하지도 않는 것을 믿는 것은 아니다. 그럼 왜 6인지 물어봐야 한다. 2도 아니고 3도 아니고 5도 아니고 6이라는 숫자가 나온 이

• 사실 위도도 몇 가지 종류가 있어서 값이 다 다르지만 여기서는 생각하지 않는다.

유는 물리에서 발생하는 현상을 보다 엄밀하게 설명하기 위해서 수학을 도입해보니 나온 숫자이다. 수학적으로 설명하려 보니 6차원이 필요했다는 것이다.

즉, 공간과 시간처럼 우리가 인지하고 만들어낸 차원이 아니라 반대로 수학과 물리를 이용해 현상을 설명하려고 했더니 필요했던 '또 다른 여섯 개의 방향'이라는 것이다. 다만 그 여섯 개의 방향은 우리가 알아차리기에는 매우 작다고 믿는 것이다. 사용하는 이론에 따라서 이 숫자는 6이 아닌 7 혹은 8 혹은 22일 수도 있다고 한다.

우리들의 데이터

물리는 너무 어렵다. 수학으로 다시 돌아오자. 우리가 사는 공간을 4차원으로 상상하는 것도 쉽지 않은데 10차원 같은 것은 "아, 그냥 그런가보다"라고 할 수밖에 없을 정도로 상상하기 어렵다. 하지만 데이터 분석을 하는 사람들은 10,000차원도 쉽게 다룬다. 사실 우리도 4차원 데이터를 아주 쉽게 다룬 적이 있다. 바로 고기의 분류이다. 고기를 네 가지 기준에 따라서 나누는 것은 '4차원 고기 좌표계'를 만드는 일이다. 다만 4차원을 머리로 상상하기는 힘들기 때문에 우리는 그냥 (+1, -1, 0, +1)과 같이 표현하는 것뿐이다.

비슷하게 '5차원 의료 좌표계'도 쉽게 만들 수 있다. 일단 기본적으로 수집하는 의료 데이터는 키와 몸무게일 것이다. 그다음 나이(혹은 살아온 날의 수)도 하나의 기준이 된다. 그다음에는 이완기 혈압을 하나의 기준으로 넣고, 공복혈당을 또 하나의 기준으로 넣어보자. 그러면 '린, 옥, 택'이라는 사람들의 데이터는 다음과 같이 표현할 수 있다.

	린	옥	택
키(cm)	158	159	170
몸무게(kg)	50	40	65
살아온 날(일)	7,958	19,777	21,605
이완기 혈압 (mmhg)	90	80	95
공복혈당 (mg/dl)	110	80	90

혈압이 높으면 건강에 좋지 않고 혈당이 높아도 건강에 좋지 않다는 것은 상식이다. 일반적으로 나이가 많을수록 몸이 안 좋아진다는 것도 사실이다. 각 '항목'이 나빠지면 우리의 건강은 나빠진다. 어차피 한 항목만 봐도 아플지 안 아플지 뻔히 아는데 굳이 이렇게 5차원의 데이터를 (보기도 힘들게) 나열해서 분석하기 어렵게 해놓는 이유가 무엇일까?

한 발만 더 나아가보자. 어딘가 안 좋으면 아플 거라는 상식은 우리에게 닥쳤을 때는 '그냥 누구나 다 아는 상식' 선에서 끝나지 않는다. 실제로 혈압이 높은 사람은 '내 몸이 안 좋겠지'라고 단순하게 생각하지 않는다. 내가 어떤 종류의 병에 걸릴 수 있는지 그리고 그 가능성은 얼마나 되는지 등등 갑자기 궁금한 게 많아질 수밖에 없다. 하지만 이런 세세한 것들은 더는 '혈압'이나 '혈당' 중 하나만의 문제가 아니다. 건강이 좋을 때는 괜찮지만 건강이 좋지 않으면 여러 가지 요인이 합쳐져 복합적으로 병이 생길 수 있기 때문이다. 그래서 데이터를 분석할 때는 여러 가지 요인을 이렇게 한꺼번에 두고 같이 분석하는 것이 좋다. 그래서 데이터는 차원이 적당히 커야 한다. 그리고 당연히 세 사람의 데이터만 가지고 분석하는 것보다는 3,000명(더 많을수록 좋다)의 데이터를 가지고 분석하는 것이 도움이 많이 된다. 이렇게 되면 우리는 5차원 데이터 3,000개를 가지고 분석하게 되는 것이다.

'빅'데이터

우리는 빅데이터의 시대에 살고 있다. 사람에 따라서 빅데이터의 정의에 대한 의견이 모두 다르다. 확실한 건 5차원 데이터 3,000개는 그렇게 '빅'데이터는 아니라는 점이다. 그래서 어떤 빅데이터 전문가들은 '일반 데이터 분석'과 '빅데이터 분석'을 구분해야 한다는 등의 논쟁을 만들어낸다. 실제로 적당한 크기의 사진 한 장(1280×960)이 담고 있는 숫자의 개수(약 120만)는 5차원 데이터 3,000개(총 15,000)보다 훨씬 많다. 여러 장의 사진을 분석한다면 당연히 비교도 안 될 정도로 많은 데이터가 될 것이다.

사람의 의료 데이터 또한 마찬가지다. 원하는 '항목'의 개수(차원)에 따라서 그리고 얼마나 많은 사람을 분석할 것인지에 따라서 다뤄야 하는 숫자의 수는 늘어난다. 이렇게 수없이 많은 숫자의 홍수 속에서 어떤 특징을 뽑아내는 것은 결코 쉬운 일이 아니다. 여기서는 데이터 분석의 한 가지 방법 중 차원과 관련된 이야기를 해보려고 한다.

우리는 고기를 고를 때 예민하고 까다로운 사람에게는 두 개의 기준이 충분하지 않다는 것을 보았다. 이것저것 따져가며 물건을 사는 사람들에게는 고차원적인 기준이 필요하다. 하지만 너무 까다로우면 그것도 문제다. 일단 다 기억할 수 없다. 그리고 그런 조건에 맞는 것을 찾기 위해 시간도 많이 걸릴 것이다. 그래서 우리는 '너무 크지도 너무 작지도 않은 적당한 n개'의 기준들이 필요하다.

데이터 분석 또한 마찬가지다. 사람의 건강을 분석하기 위해서 수집할 수 있는 정보는 아주 많다. 키, 몸무게, 나이, 이완기 혈압, 수축기 혈압, 평균 혈압, 공복혈당, 식후혈당, 골밀도 등등. 심지어는 일주일 평균 운동 시간이나 평균 수면 시간까지, 사람의 건강을 위해서 수집해야 할 '항목'의 개수는 수도 없이 많을 수 있다. 역시나 문제는 너무 많으면 분석이 어렵다는 점이다. 그렇다고 이 많은 '항목'을 임의로 대충 골라 분석할 수는 없다. 그래서 우리는 '차원'을 아주 잘 줄여야 한다. 데이터 분석에서는 이를 말 그대로 '차원 축소Dimension Reduction'라고 부른다. 간단히 말하면 '필요 없는 항목은 버리고 필요한 항목만 남긴다'는 것이다.

맞춤 정장, 맞춤 예복이라는 것이 있다. 셔츠 하나를 맞추더라도 어깨, 소매길이, 뒤품, 가슴둘레, 허리둘레 총 5차원의 정보가 필요하다. 바지의 경우는 엉덩이둘레, 바지기장, 허벅지둘레, 바지밑단둘레 총 4차원의 정보가 필요하다. 하지만 우리가 맞춤 정장 말고 그냥 옷을 사러 가면 셔츠는 90, 95, 100 등 1차원으로 분류되어 있다. 바지는 2차원으로(허리, 기장) 분류되어 있는 경우도 있기는 하다. 심지어 운동복은 그냥 S, M, L, XL 등의 1차원 정보를 가지고 상하의를 같이 파는 경우도 있다. 5차원을 1차원으로(셔츠) 혹은 4차원을 2차원으로(바지) 아니면 9차원을 1차원으로(운동복 상하의) '차원 축소'를 해놓은 것이다.

하지만 여기엔 조심스럽게 생각해봐야 하는 것이 있다. 보통 90, 95, 100사이즈는 여러 항목 중에 '가슴둘레'라는 항목만을 남겨둔 것이다. 하지만 똑같이 100사이즈의 셔츠라고 해도 어떤 브랜드의 셔츠는 소위 허리핏이 살아있고, 어떤 브랜드의 셔츠는 나와는 맞지 않는 허리핏을 선호한다. 이는 브랜드마다 '차원 축소'를 하는 방법이 달라서 그렇다. 어떤 브랜드는 날씬한 몸매의 사람에 맞는 셔츠만을 파는 것이 목적일 수도 있고 어떤 브랜드는 사람들이 편하게 입을 수 있는 셔츠를 파는 것이 목적일 수 있다. 이 목적에 따라 '차원 축소'를 하는 방법과 그 결과는 달라질 수 있는 것이다. 차원 축소를 좀 더 수학적으로 접근해보자.

사실 차원을 축소하는 것은 좋은 선을 하나 찾는 문제로 생각할 수 있다. 예를 들어, 가슴둘레와 소매길이를 이용한 '2차원 옷 사이즈 좌표계'를 그린다고 생각해보자.

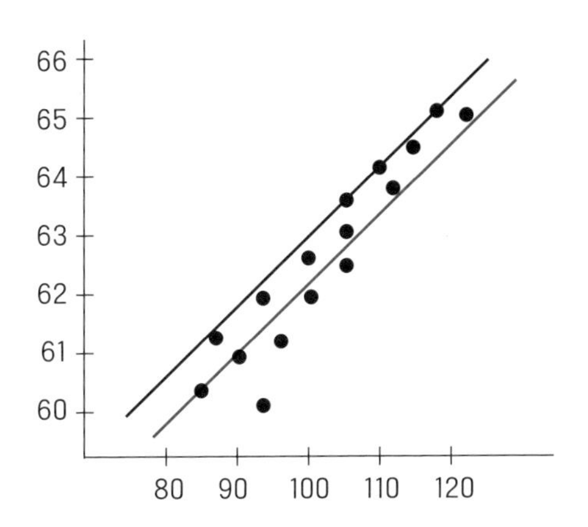

이 2차원 정보들은 사실 어떤 경향성이 있어 보인다. 그리고 '경향성이 있다'는 사실은 위처럼 파란선으로 나타낼 수 있을 것이다. 만약 '대부분 사람에게 소매길이가 긴 것보다는 짧은 옷을 만들고 싶다'고 한다면 파란선이 아닌 검정색을 찾아서 실제 사람들의 소매길이가 만드는 옷에 비해 더 작도록 만들어야 할 것이다. 우리가 중학교 때 배우는 y=ax+b 같은 일차함수(직선) 같은 것들은 '차원 축소'를 잘 이해하기 위해 쓰일 수 있다. 실제로 위 그림에서 찾은 소매길이(ㅅ)와 가슴둘레(ㄱ)의 관계식은 $ㅅ=\frac{1}{5}ㄱ+43$ 같은 식으로 표현할 수 있다. 이런 직선을 찾고 나면 이제 '소매길이'라는 항목은 불필요해진다. 소매길이는 가슴둘레로부터 구할 수 있기 때문이다. 이것이 수학적으로 2차원 데이터를 1차원으로 차원 축소하는 방법이다. 이는 2차원이 아닌 더 높은 차원에서도 비슷하다. 예를 들어, 맞춤 예복의 5차원을 1차원으로 차원 축소하는 방법은 각각의 어깨, 소매길이, 뒤품, 가슴둘레, 허리둘레를 모두 가슴둘레(ㄱ)로 표현하는 것이다!

이러한 차원 축소는 데이터 분석에서 가장 기본적인 도구이다. 2차원 좌표계를 이용해서 할 수 있는 또 다른 재미있는 건 없을까?

개인의 취향

앞서 굴과 고기 그리고 딸기를 2차원 좌표계에 표시한 것처럼 할 수 있는 것이 또 있다. 바로 '2차원 영화 좌표계'이다. 영화 장르에는 다양한 '항목'이 있지만 앞서 우리가 살펴보았듯이 많으면 그리기도 힘들고 상상하기 힘들다. 두 가지 장르만 생각해보자. 첫 번째 기준은 영화의 시간적 배경이다. 두 번째는 영화의 허구성이다.

우리가 실화에 가까운 이야기를 듣고 싶다면 〈7번방의 선물〉 혹은 〈택시운전사〉 같은 영화를 고를 수 있다. 실화는 아니더라

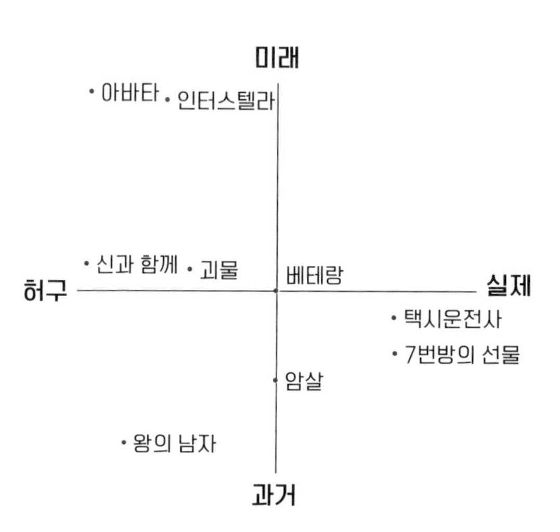

도 있을 법한 이야기는 〈베테랑〉 같은 것이 있다. 하지만 영화의 경우에는 이런 좌표계가 항상 좋은 것만은 아니다. 장르가 상당히 많기 때문이다. 사실 영화의 경우는 장르를 기준으로 만드는 것이 아니라 특정 영화를 기준으로 선호도를 따지는 것이 적절할지도 모른다. 말이 나온 김에 한번 해보자.

네 명의 사람이 각각 〈캐리비안의 해적〉과 〈미니언즈〉에 대한 영화 선호도를 '2차원 영화 선호도 좌표계'에 나타낸다고 해보자. 중간에 있는 점을 기준으로 가로로는 〈캐리비안의 해적〉에 대한 평점을 -5에서 5까지 주고, 세로로는 〈미니언즈〉에 대한 평점을 -5에서 5까지 준다고 하자.

위 그림에서 동(5, 5)은 두 영화를 모두 좋아하고 린(-3, 4)은 〈캐리비안의 해적〉은 좋아하지 않고 〈미니언즈〉는 선호한다. 옥

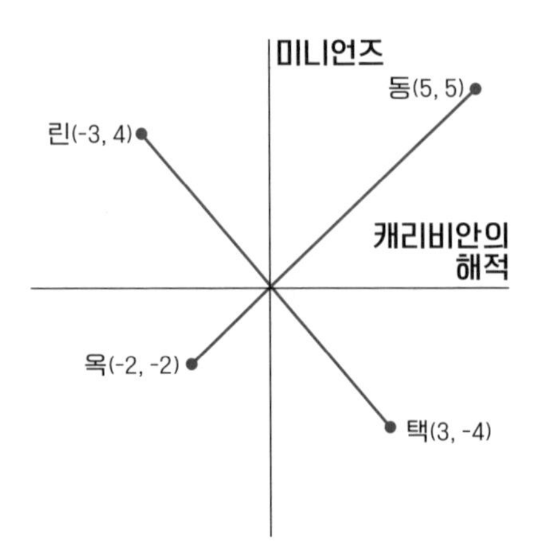

(-2, -2) 그리고 택(3, -4)도 있다고 해보자. 장르를 기준으로 삼는 것보다 영화로 기준을 잡는 것은 좀 더 빨리 감을 잡을 수 있다는 장점이 있다. 예를 들어, 이 데이터로부터 우리는 동이 왠지 〈가디언즈 오브 갤럭시〉을 좋아할 것 같다고 추측할 수도 있기 때문이다. 즉, 기준을 어떻게 잡는지에 따라 우리의 분석이 더 수월하고 정확해질 수 있는 것이다.

한 가지 상황을 더 생각해보자. 여기 새로운 인물 J가 등장한다. J는 두 영화 모두 재밌게는 봤지만 평점을 짜게 주는 성격이어서 (1, 2) 정도로 줬다고 하자. 이때 J의 영화 성향은 누구와 가깝다고 해야 할까? 처음에는 단순히 그냥 점들끼리의 거리를 계산하는 것도 괜찮을 것이라는 생각이 든다. 이때 실제로 거리를 비교해보면 J와 옥의 거리는 J와 동의 거리와 같다.*

하지만 옥의 취향은 동과는 반대에 있다고 할 수 있고, 오히려 J의 취향은 동과 비슷하다고 볼 수 있다. 동과 옥의 취향이 반대라고 말할 수 있는 이유는 말 그대로 둘은 반대 방향을 향하고 있기 때문이다. J의 취향이 동과 비슷하다고 말할 수 있는 이유는 둘의 취향이 두 영화를 모두 좋아하는 방향을 가지고 있기 때문이다. 이렇듯 개인의 취향을 판단할 때는 '얼마나 좋아하는지(크기)'도 중요하지만 '좋아하는 쪽인지 좋아하지 않는 쪽인지 아무 생각이 없는 쪽인지(방향)'도 중요한 것이다.

그림을 보면 동과 택의 방향은 비슷하지도 그렇다고 반대인 것도 아니다. 이렇게 방향을 분석하는 것은 사람들의 취향에 대한 어느 정도의 정보를 줄 수 있다. 다만 한 가지 어려운 점은 우리가 종이에 그려서 쉽게 방향을 인지할 수 있는 2차원이 아닌 다른 상황에서는 어떻게 해야 할지 모르겠다는 점이다. 더 높은 차원에서는 어떻게 해야 할까?

5와 2의 공통점

개인의 취향 좌표계를 만드는 것은 당연히 영화뿐만 아니라 다른 많은 것에 적용할 수 있다. 웹툰으로 생각해보자. 우리는 다섯 개의 웹툰을 기반으로 개인의 취향을 알고 싶다. 즉, '5차원

• 이때의 거리를 재는 것은 '피타고라스 정리'를 이용해서 할 수 있다. (1, 2)과 (5, 5)의 거리는 $\sqrt{(1-5)^2+(2-5)^2}=\sqrt{25}=5$ 이 된다.

웹툰 좌표계'를 생각하는 것이다. 하지만 5차원은 뭐 어떻게 방법이 없다. 어떻게 그려야 하는지도 모르겠고 그리고 싶지도 않다. 일단 다음의 표처럼 평점을 만들어볼 수는 있다. 이렇게 숫자를 아래로 나열해 놓은 것을 수학에서는 벡터라고 부른다. (기하와 벡터의 그 벡터가 맞다.) 세 벡터이자 사람을 각각 타(이거), 이(글), 베(어)라고 해보자(이들은 〈지구용사 벡터맨〉의 주인공들이다).

	타	이	베
소리의 마음	5	10	6
오일러전자	4	8	8
세포의 유미들	3	6	3
덴요일	2	4	4
돌아온 행운아	1	2	5

하지만 이런 벡터의 문제점은 이렇게 숫자만 늘어놓으면 방향 감각이 없어진다는 것이다. 하지만 우리에게는 방향 감각이 필요하다. 방향을 감지할 수 있어야만 '2차원 영화 좌표계'처럼 사람들의 취향을 이해하고 존중할 수 있다. 어떻게 해야 할까?

웹툰 다섯 개의 상황에서 가장 큰 문제점은 5차원을 그릴 수 없다는 점이다. 혹시나 이를 상상할 수 있는 사람이 있다고 해도 웹툰의 개수가 20개가 되고 50개가 된다면 우리와 비슷한 처지에 이르게 될 것이다. 그림을 그리지 못하는 것이 문제라면 혹시 2차원에서 방향을 분석할 때 2차원 좌표계라는 그림을 그리지 않고 사람들의 방향이 어떠한지 알 수 있는 방법은 없을까? 그럼 이를 비슷하게 이용해서 우리가 분석하고 싶은 웹툰의 개수와 상관없이 써먹을 수 있지 않을까?

그림을 그리지 않고도 방향이 비슷한지 다른지 확인하는 것은 물론 가능하다. 심지어 우리는 이것을 고등학교에서 배우기도 한다. 바로 벡터의 내적이라는 것이다. 위처럼 '타'와 '베'가 있으면 '타'와 '베'의 내적이라는 것은 ×(곱하기)와 비슷한 것인데 '소리의 마음' 평점들을 곱하고(5×3=15) '오일러전자' 평점들을 곱하고(4×2=8) '세포의 유미들' 평점들을 곱하고(3×2=6) '덴요일' 평점들을 곱하고(2×5=10) '돌아온 행운아' 평점들을 곱해서(1×8=8) 더한 것(15+8+6+10+8=47)이다. 계산을 하기는 했지만 뭐 어쩌자는 것일까?

사실 이 내적은 기하학적으로 보면 웹툰의 개수(차원)에 상관없이 '타'와 '베'의 방향 사이의 각도를 측정해주는 아주 중요한 값이다. 그냥 곱하고 더하고 곱하고 더하고를 반복하는 별 의미 없는 계산처럼 보이지만 알고 보면 두 벡터 사이의 각도를 알려주는 것이다. 더 자세한 식은 우리가 고등학교에서 기하와 벡터의 내용을 배우면 나오는 다음의 공식이다.

$$\vec{a}\cdot\vec{b} = |\vec{a}|\cdot|\vec{b}|\cdot\cos\theta$$

이 식은 '평점들을 곱하고 더하고 곱하고 더하고를 반복하면 두 사람의 취향이 비슷한지 아닌지 그 각이 나오는구나'라고 이해하면 된다. 아니면 다음처럼 실험해볼 수도 있다. 다음 그림처럼 (3, 2)는 고정해 두고 1시 방향(1, 2), 4시 방향(2, –1), 8시 방향(–2, –1), 10시 방향(–2, 1)의 관계(내적)를 재면 다음과 같다. 편의상 (3, 2)라는 점을 ㅋ이라고 부르자.

(3, 2)와 1시 방향(1, 2): 3×1, 2×2를 더하면 7이 나온다.
(3, 2)와 4시 방향(2, –1): 3×2, 2×(–1)를 더하면 4가 나온다.
(3, 2)와 8시 방향(–2, –1): 3×(–2), 2×(–1)를 더하면 –8이 나온다.
(3, 2)와 10시 방향(–2, 1): 3×(–2), 2×1를 더하면 –4가 나온다.

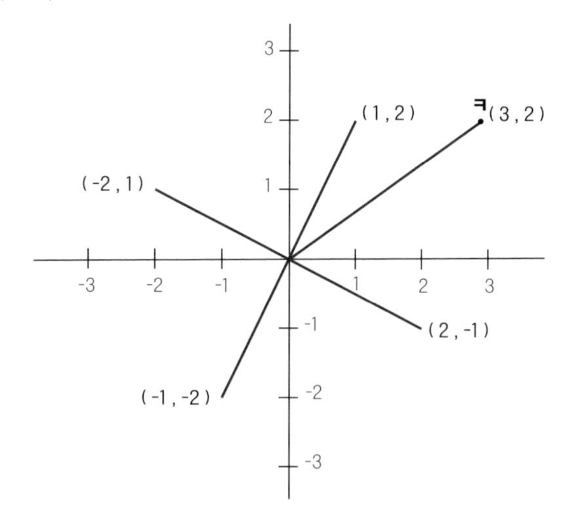

결과가 7, 4, -8, -4 이렇게 나왔는데 숫자가 4나 7처럼 양수이면 ㅋ과 방향이 비슷하다는 뜻이고, -8이나 -4처럼 음수이면 ㅋ과 방향이 반대라는 뜻이다. 그리고 그 안에서도 4가 7보다 작다는 것은 네 시 방향이 한 시 방향보다는 ㅋ과의 방향이 덜 비슷하다는 것이다. 실제로 그림을 보면 ㅋ과 한 시 방향이 좀 더 비슷한 경향성을 가진 듯하고 ㅋ과 네 시 방향은 비슷한 방향이기는 한데 각도가 조금 벌어져 있는 느낌이 든다.

또한 -8과 7이라는 극과 극에 있는 숫자에서 알 수 있는 점도 있다. 이 둘은 마이너스 부호를 무시하고 보면 8이 7보다 큰데 이는 ㅋ과 여덟 시 방향이 반대인 그 정도가 ㅋ과 한 시 방향이 비슷한 정도보다 더 심하다는 것을 알려준다.

이로써 우리는 '곱하고 더하고 곱하고 더하고'로 요약할 수 있는 내적이라는 행위가 그림을 보지 않고도 방향을 짐작할 수 있게 해준다는 사실을 알았다. 이는 5차원에서도 마찬가지 성질을 가지고 있다. 즉, '타', '이', '베'의 웹툰 취향을 우리가 그릴 수는 없어도 그들 간의 각도는 알아낼 수 있다는 것이다. 우리가 고등학교에서 배우는 내적을 통해서 말이다.

실제로 내적을 이용해서 계산해보면 '타'와 '이'의 각도는 0도가 되고 '타'와 '베'의 각도는 0도보다 크게 나온다. 여기서 각도가 0도라는 것은 예상하다시피 방향이 같다는 뜻이다. 그러고 보니 '타'와 '이'의 웹툰 평점은 사실 거의 유사하다. 가장 좋아하는 웹툰부터 가장 싫어하는 웹툰까지 순서대로 똑같다! 하지만, 이를 앞서 영화의 예시에서 했듯이 (피타고라스 정리를 이용해서) 거리를 재보면 '타'와 '이'의 거리가 '타'와 '베'의 거리보다 멀게 나온다. 즉, 거리를 재는 것은 두 사람의 취향을 재는 데 항상 유효한 것이 아니다. 그래서 우리는 각도를 재야 하고 그래서 내적이 필요하다.

너와 나의 유사성

수학을 전공한 입장에서도 내적이라는 것은 아주 신기한 도구이다. 공간이나 평면의 기하를 이해하기 위해서 가장 중요한 것인 길이와 각도에 대한 정보를 주기 때문이다. 앞서 본 것처럼 심지어 공간을 상상하지 않거나 못하더라도 말이다. (심지어 그 과정은 곱하고 더하고, 곱하고 더하는 너무 단순한 과정이다!) 그래서 우리가 영화 평점 데이터를 '2차원 영화 좌표계'에, 웹툰 평점 데이터를 '5차원 웹툰 좌표계'에 있는 것으로 이해하기 시작하면, 우리가 영화나 웹툰에 주는 평점은 더는 무의미한 숫자의 나열이 아니다. 100차원 웹툰 데이터를 분석하는 일도 가능하다! (여기서 잠깐, 이 값을 계산하는 게 끔찍하다고 생각하는 사람이 있을까봐 덧붙이자면 이렇게 이론만 만들어 놓으면 계산은 컴퓨터가 알아서 해준다.)

이렇게 내적으로 사람들의 취향이 비슷한지를 결정하는 것은 '코사인 유사도cosine similarity'라고 불리기도 한다. ('내적'공식에 나오는 'cos'를 따서 이름 붙였다.) 그리고 이런 유사도를 측정하는 방법으로 여러 사람과 여러 영화나 웹툰 아니면 노래까지도 그 취향의 유사도를 비교분석하고 예측하는 것을 큰 범주에서는 협업 필터링collaborative filtering이라고 부른다.

협업 필터링을 사용하는 곳은 매우 많다. 대부분의 인터넷 기업 중 사람들의 관심도를 측정하고 예측하는 곳에서는 모두 사용하고 있다고 보아도 무방하다. 예를 들어 우리나라의 음악 스트리밍 사이트들도 고객의 음악 취향에 맞는 곡을 선정할 때 모든 노래를 들어보고 추천해주는 것이 아니다. 음악 취향이 유사한 다른 사람들이 경험한 새로운 노래에 대한 평가를 기반으로 추천한다. 비슷하게 영화나 드라마 스트리밍을 해주는 왓챠도 생각해볼 수 있다. 영상하면 떠오르는 유튜브도 빼놓을 수 없다.

사람들의 관심도를 측정하고 예측할 필요가 있는 곳은 음악 스트리밍 사이트나 영상 스트리밍 사이트뿐만이 아니다. 사실 그렇지 않은 기업을 찾는 것이 더 힘들 정도다. 사업이라는 것 자체가 소위 '고객의 니즈와 관심사'를 잘 이해하고 예측할 수 있어야 하기 때문이다. 예를 들어 인터넷 쇼핑몰 또한 사람들의 관심도를 측정하고 이를 예측해 적절한 광고를 해야 한다. 광고하면 떠오르는 건 페이스북 같은 SNS도 마찬가지다. 음식 배달 앱에도 이 기술이 필요하지 않을 이유는 없다.

다만 협업 필터링이라는 기술은 앞서 말한 내적만 안다고 되는 것은 아니다. 우리가 본 상황은 정말 이상적인 상황이다. 예를 들어, 나는 쇼핑몰에서 물건을 사면 거기서 끝이다. 물건을 받은 다음에 이 물건에 대한 별점을 남기지 않는다. 웹툰 또한 별점을 잘 남기지 않는다. 영화 스트리밍 사이트로 영화를 봐도 별점을 주지 않고 넘어가는 때가 많다. 이런 상황 때문에 일단 모든 사람의 별점은커녕 그중 10%도 실은 알 수 없다. (이런 문제 때문에 단순히 '영화를 봤는지'를 기준으로 분석하기도 하는데, 전체 영화 대비 '보지 않은 영화'의 비중이 높기에 이 경우도 쉽게 분석하기는 힘들다.) 이런 문제를 해결하는 데는 이 책에서는 언급하기 어려운 선형대수학을 이용한 방법들이 필요하다.

더 나아가, 모든 곳이 별점을 1에서 10까지 주는 시스템으로 되어 있지는 않다. 예를 들어 노래 스트리밍 사이트들은 '하트' 하나로만 평가하도록 되어 있는 경우도 있다. 이렇듯 실제 세상에서는 복잡하고 해결하기 힘든 애로사항들이 많다. 그리고 수학의 여러 분야들은 이런 애로사항을 해결해줄 수 있도록 노력한다. 얼마나 정확히 사람들의 취향을 분석해줄 수 있는지는 더 깊은 수학 분석과 그 모델에 달렸다.

전 세계적으로 가장 많은 인터넷 트래픽을 쓰는 것으로 알려진 미국의 영화, 드라마 스트리밍 서비스인 넷플릭스는 실제로 이를 위해 넷플릭스 상Netflix Prize을 만든 적도 있다. 이 상은 영화의 평점들에 대한 데이터를 기반으로 사람들의 영화 취향을 잘 예측해내는 알고리즘을 만드는 팀에게 100만 달러(약 11억 원)의 상금을 주는 상이었다. 주어진 데이터는 480,189명의 사용자들의 17,770개의 영화에 대한 100,480,507개의 별점이었다. (실제로 비율을 확인해보면 84개당 1개꼴로만 별점이 있는 수준이다.) 비록 이 상은 2009년 수여된 이후에 개인정보 관련 이슈로 중단되었지만, 여전히 여러 기업 내에서는 (개인정보를 보호한 상태에서) 비슷한 분석을 하기 위한 노력하고 있을 것이다.

방정식 서명

빅데이터 분석이나 머신러닝 및 딥러닝 같은 최근의 기술에서 중요한 것 중 하나는 컴퓨터의 성능이다. 실제로 데이터 분석에 관련된 이론적인 내용은 만들어진 지가 언제인지도 모를 만큼 아주 오래전부터 만들어진 것도 많다. 그리고 인공신경망 같은 아이디어 또한 보는 시각에 따라 다를 수 있지만, 1950~1980년대에 이미 기초적인 아이디어가 모두 만들어졌다. 문제는 새로운 천년이 오기 전까지 그 방법들은 수학적이고 이론적이기만 할 뿐 실제로 계산하고 분석하기에는 실현 불가능한 아이디어들이었다. 하지만 이후 컴퓨터 성능의 폭발적인 진화 덕분에 수학적이고 이론적이기만 했던 이런 아이디어들은 실제로 우리의 삶 속에 깊숙이 들어오게 되었다. (오히려 지금은 반대로 계산이나 컴퓨터의 성능이 문제가 아닌 것 같다. 컴퓨터의 성능은 뛰어나지만 기술의 이론적인 발전은 그에 맞춰 성장하지 못하는 느낌이다.)

1995년 가을 세르게이 브린Sergey Mikhaylovich Brin과 래리 페이지Lawrence Larry Page는 인류의 역사에 큰 획을 긋게될 일을 시작했다. 기존에 있던 검색엔진과는 완전히 다른 새로운 검색엔진을 만드는 일이었다. 그리고 이듬해 봄인 1996년 백럽BackRub이라는 프로젝트를 시작한다. 이 프로젝트의 결과, 1996년 가을, 미국의 스탠포드대학교에는 구글 검색엔진이 처음으로 만들어졌다. 학교 캠퍼스 내에서만 작동하던 검색엔진인 구글은 8년 후인 2004년 당시 돈으로 자산가치가 25,000,000,000달러(당시 환율 기준 약 30조 원)에 이르는 회사로 변모했다. 검색엔진 사업 하나만 가지고 말이다. 실제로 지금도 구글을 먹여 살리는 것은 검색엔진으로 벌어들이는 수익이다. 무인자동차나 알파고 그리고 최근에는 알파스타까지 이 모든 프로젝트는 많은 돈을 소비하는 데 검색엔진이 없으면 불가능한 일이다.

지금의 구글이 있기 위해 필요했던 여러 수학 중 상당한 비중을 차지하는 것은 사실 1912년 (그렇다. 100년 정도 됐다) 즈음에 증명된 정리였다. 이 내용을 설명하려면 또 하나의 긴 이야기(선형대수학)가 필요하다.* 핵심만 이야기하면, 이 정리 덕분에 속도가 훨씬 빠른 알고리즘을 만들 수 있었고, 이는 결국 구글이 원했던 빠르고 정확한 검색 결과를 보여주는 검색 사이트를 만들어 준 것이다.

여기서 한 가지 의미심장한 질문을 해보자. 과연 이런 이론적 배경을 컴퓨터가 처음 만들어졌을 때 알았어도 검색엔진을 만들 수 있었을까? 아마 불가능하지 않았을까? 다행히도 지금의 컴퓨터 기술은 수학이 알려주는 많은 것들을 충분히 빠르게 계산하고 확인할 수 있는 듯하다. 예를 들어, 우리가 앞에서 봤던 빠른 길 찾기 문제의 경우 도시가 100개 있고 위치가 적당히 좋으면 수학자들이 만들어 놓은 알고리즘을 가지고 컴퓨터를 이용해 아주 빠른 시간 내에 답을 낼 수 있다. 컴퓨터의 도움 없이는 매우 어려웠을 것이다. 마치 아주 오래전부터 초음파를 이용해 바다 속의 모습을 어느 정도 알고 있었지만, 직접 눈으로 보기까지는 깊은 수심을 버틸 수 있는 잠수정이 필요한 것처럼 말이다. 이렇듯 컴퓨터 발전의 기술에 힘입어 우리는 머릿속에 있던 수학적 생각들을 끄집어내 현실세계에서 실험할 수 있게 되었다.

마지막으로 최근에 있었던 빅데이터, 인공지능 분야의 재미있는 사건에 대해서 이야기해보려 한다. 이 사건의 시작은 바로 이안 굿펠로우Ian Goodfellow를 필두로 한 머신러닝 전문가들이 만들어낸 생성적 적대 신경망Generative Adversarial Network, GAN이다. 2014년 발표된 이 논문은 게임이론의 제로섬 게임에서 영감을 얻어서 만들어진 내용을 담고 있다. (2019년 6월 현재, 인용 수가 10,000이나 된다!) 이들은 논문에서 자신들의 알고리즘이 유효하다는 것을 수학적으로 증명하고 이를 기반으로 GAN••을 제안했다. 이 논문은 이후 큰 파장을 불러일으켰다. 〈MIT 테크놀로

• "250억 달러 고유벡터: 구글 뒤에 숨어 있는 선형대수학(The $25,000,000,000 Eigenvector: The Linear Algebra behind Google)"에서 250억 달러와 선형대수학의 관계를 찾을 수 있다.

•• 생성적 적대 신경망이라는 단어가 '적대적으로' 들릴 수 있으니 여기서부터는 간단하게 GAN으로 쓰겠다.

지 리뷰〉의 한 기사에서는 이안 굿펠로우를 '기계들에게 상상이라는 선물을 안겨준 GANfather(대부라는 뜻의 GODfather를 패러디)'라고 부르고 있을 정도이다.

재미있는 사건은 2018년 10월에 터졌다. 그 주인공은 〈에드몽 드 벨라미Edmond de Belamy〉라는 그림이다. 프랑스의 25세 청년 세 명에서 GAN으로 만들어낸 '인공지능이 그린 그림'이다. 이 그림이 이슈가 된 첫 번째 이유는 유명한 미술품 경매인 크리스티에서 43만 2500달러(4억 8천만 원)에 경매되었기 때문이다.

두 번째 이유는 이 그림을 만들어서 판매한 회사인 오비어스Obvious는 GAN을 개발한 회사가 아니기 때문이다. 이 알고리즘은 앞서 이야기한 이안 굿펠로우와 그 동료들이 만들어낸 것이다. 실제로 작품의 제목 중 '벨라미'는 프랑스어로 '좋다, 아름답다'를 뜻하는 'bel'과 '친구, 동료'를 뜻하는 'ami'의 합성어인데 이는 이안 굿펠로우의 성씨인 굿펠로우(Good은 '좋다'의 의미이고 Fellow는 '동료'를 뜻한다)를 본따 만든 것이다. 서명 또한 그렇다. 미술 작품에는 이름이나 이니셜로 서명을 남기지만 이 작품의 서명은 다음의 수식이다.*

마지막 이유는 GAN 자체가 응용될 수 있는 곳이 많다는 것

$$\min_{\mathcal{G}} \max_{\mathcal{D}} \mathbb{E}_x\left[\log(\mathcal{D}(x))\right] + \mathbb{E}_z\left[\log(1-\mathcal{D}(\mathcal{G}(z)))\right]$$

이다. 사실 GAN을 미술 작품을 만들어내는 데 처음 사용한 곳은 오비어스가 아니다. 물론 이 기업에서 시간을 들여 그림을 수집하고 프로그래밍을 했지만, 이 프랑스인들이 가져다 사용한 코드는 미국 동부에 사는 열아홉 살의 고등학생 로비 바랏 Robbie Barrat이 만든 것이었다. 즉, GAN을 만든 장본인도 아니고 GAN을 미술품에 적용할 생각을 한 장본인도 아니지만 이번 경매의 주인공이 된 것이다. 이론을 만든 사람과 코딩을 짠 사람 그리고 이를 이용해 돈을 번 사람이 각각 따로 있다는 사실이 재미있지 않은가? 어디를 가나 재주는 곰이 부리고 돈은 되놈이 버는 걸까?

GAN은 이외에도 '거짓 셀럽'을 만들어낸 것으로도 유명하다. 유명한 스타들이 찍은 사진을 모방해서 만든 이 사진은 보는 순간 '어! 이 사람 유명한 사람 아니야?'라는 생각과 동시에 '근데 이름이 뭐였지?'라는 생각이 들게 만든다. 실제로는 존재하지 않는 인물이기 때문이다. GAN은 사실 우리나라에서도 잠깐 소개된 적이 있었다. (흥행은 모르겠지만) 2017~2018년에 연재된 웹툰 〈마주쳤다〉에서는 이 기술을 이용해서 우리의 얼굴을 '하일권(유명 웹툰 작가) 스타일'로 만들어 준 적이 있다.

• 아래 수식은 (미술 작품이 아닌) 실제 GAN 논문에서 발췌한 것이다. 앞의 방정식 서명과 비교하면 거의 같다는 것을 확인할 수 있다.

$$\min_G \max_D V(D,G) = \mathbb{E}_{\boldsymbol{x}\sim p_{\text{data}}(\boldsymbol{x})}[\log D(\boldsymbol{x})] + \mathbb{E}_{\boldsymbol{z}\sim p_{\boldsymbol{z}}(\boldsymbol{z})}[\log(1 - D(G(\boldsymbol{z})))].$$

이렇듯 사람들의 많은 관심을 끌고 있는 기술인 GAN은 어쩌면 이미 오래된 알고리즘이 되어버렸는지도 모른다. 데이터와 인공지능의 세상이 아주 빠르게 돌아가기 때문이다. 분명 곧 또 다른 이론에서 출발한 새로운 기술이 나올 것이다. 새로운 알고리즘으로 만들어진 또 다른 작품의 한켠에 또 하나의 '방정식 서명'이 쓰이게 될 날을 기대해본다.

7

정말 이기적인가?

서점에 가면 가장 먼저 눈에 들어오는 책들이 있다. 바로 베스트셀러와 스테디셀러들이다. 명칭의 특성상 베스트셀러는 상대적으로 자주 바뀌는 반면, 스테디셀러는 그렇지 않다. 그래서 서점을 방문할 때마다 스테디셀러에는 항상 같은 책들을 볼 수 있다. 그중 가장 기억에 남는 것은 《총, 균, 쇠》이다. '서울대 도서관에서 가장 많이 빌려본 책 1위'라는 무시무시한 타이틀을 가진 이 책은 언제나 그곳에 있다.

과학 섹션으로 눈을 돌리면 그 유명한 칼 세이건의 《코스모스》가 당당히 자리를 지키고 있다. 나는 이런 스테디셀러들을 보면서 종종 이런 생각을 한다. '이 책을 산 사람들은 이 책을 정말 다 읽을까? 아니 다는 아니더라도 유의미할 정도까지 읽을까?' 나도 과학에 관심이 있는 사람이지만 《코스모스》는 전체의 2.4%• 정도나 읽었을까 싶기 때문이다. (자아성찰을 통해 다 못 읽을 줄 알고 빌려서 봤다.) 그럼에도 불구하고 1980년에 첫 책이 나오고 40여 년이 흘렀는데도 스테디셀러로 있는 이유는 뭘까? 나는 이런 책들이 유의미한 이야기거리를 제시하거나 토론의 장으로 사람들을 불러모으기 때문이라고 생각한다(가끔은 싸움의 장이 되기도 한다).

이런 점에서 내가 재미있게 읽은 책이 하나 있다. 바로 리처드 도킨스의 《이기적 유전자》다. 아마 내가 유일하게 완독한 스테디셀러 책일 것이다. 처음 시작은 대부분의 사람들이 그러하듯 '이 책이 스테디셀러다'라는 소문을 듣고부터였다.

이 책은 1976년 출간되자마자 큰 반향을 불러일으켰다. 우선 제목만 보면 "아니, 그 조그만 유전자가 이기적으로 뭔가를 선택해서 생명체를 조종한다는 거야?"라는 오해를 불러일으키기가 쉽다. 다윈이 말한 '적자생존'이 '우월한 놈만 살아남는다'는 뜻으로 오인되거나 '적응하지 못하면 죽는다'는 뜻으로 잘못 해석••될 수 있는 것처럼 말이다. 이쯤되면 '오해'는 진화론이라는 분야의 성질로 봐야 할 것 같다.

이 책이 불러일으킨 다른 오해 중에는 유전자 돌연변이에 대한 것도 있는데 그 오해는 더 적합한 종으로 진화하기 위해 돌연변이가 의도적으로 나타났다는 것이었다. 하지만 이런 관점은 책의 의도와는 다르다. 돌연변이는 자연적으로 꾸준히 나타나는데 그중에 운 좋게 당시 상황과 잘 맞는 놈이 살아남는 것이다. 즉, 진화라는 것은 의도에 따른 결과가 아니라 처음에 나타난 원초적인 상태와 그 주변 상황이 우연히도 잘 결합한 결과라고 보는 것이 맞다. 쉽게 말해 아무리 천재였다고 할지라도 무엇이 살아남고 무엇이 사라질지를 예측하는 일은 불가능하다는 것이다.

• 《틀리지 않는 법》의 저자이자 수학자이기도 한 조던 엘렌버그는 이게 궁금했는지 아마존 킨들의 기능을 이용해서 토마 피케티의 《21세기 자본》을 구매한 사람들이 평균적으로 책 전체의 (24%도 아닌) 2.4%에 불과한 정도만 읽었다는 것을 알아냈다.

•• 이 단어는 약한 놈은 죽고 강한 놈만 살아남는다는 뜻이 아니다. 아주 막강한 놈일지라도 두루두루 어울려 지내지 못하면 죽을 수도 있고 아주 허약한 놈일지라도 공생을 잘한다면 살아남았을 수 있다는 뜻이다.

내가 받아들인 '이기적 유전자' 또한 여기서 크게 벗어나지 않았다. 동물, 조금 어려운 말로 '종'이라고 하는 대상에게 "너희는 살아남았으니까 (운 좋다고 부르는 대신) 적합한 종이라고 불러줄게(적자생존)"하는 것처럼 살아있는 생명체에서 발견한 유전자 중에 유난히 많이 등장하는 대상에게 "너희는 어떤 상황에서도 자기 복제를 잘 했으니까 적합한 유전자라고 불러줄게(적합한 유전자)"라고 하는 것과 비슷하다. 여기서 자칫 수동적으로 들릴 수 있는 '적합한 유전자' 대신 '능동적임'을 한 스푼 넣어 '이기적 유전자'를 만든 것이다.

이 '능동적임'은 '의도'를 의미한다. 인간은 무언가를 할 때 의도를 가지고 한다. 나쁜 행동도 의도를 가지고 하고, 좋은 행동도 의도를 가지고 한다. 심지어 아무 보상 없이 누군가를 돕는 행동조차도 의도가 있다고 볼 수 있다. 예를 들어, 뿌듯하거나 행복한 감정을 느끼기 위한 의도 말이다. 리처드 도킨스는 이런 사고방식을 기본으로 "의도 없이 무언가를 하는 게 어떻게 가능한가?"라는 틀에 맞춰서 "이건 유전자가 의도를 가지고 했다고 하면 모든 상황이 맞아떨어져!"라고 과장해서 표현했을 뿐이다. 생명체들이 살아가는 현장 곳곳에서 "이건 유전자가 했으면 그 불순한 의도가 이해되는데?"라는 느낌이 들었고 이것들을 의도적으로 일어나는 일이라고 표현한 것이다. 물론 리처드 도킨스의 단어 선택과 표현은 충분히 많은 오해를 불러일으킬 수밖에 없었다. 게다가 '유전자'가 모든 것이라는 (오해에서 비롯된) 생각이 퍼져서 유전자의 역할이 지나치게 강조되었다는 의견도 있다. 이런 상황이야말로 (의도가 있었든 없었든) '이기적 리처드 도킨스'라고 말해야 하는 것 아닐까?

비둘기파와 매파

《이기적 유전자》에서 내가 흥미롭게 읽은 내용을 소개하고자 한다. '비둘기와 매' 그리고 '진화적으로 안정한 전략ESS'에 관련된 이야기다.•

두 종류의 개체가 있다. 매파와 비둘기파의 개체들이다. 매파는 싸움에 있어 물러섬이 없다. 오직 크게 다쳤을 때만 싸움을 포기한다. 반면 비둘기파는 상대에게 위협만 줄뿐 싸움을 원하지 않는다. 그러면 상황을 다음과 같이 정리할 수 있을 것이다. 매파의 개체들이 마주치면 한 개체가 크게 다칠 때까지 싸움이 일어난다. 비둘기파의 개체들은 서로 위협만 하면서 시간을 낭비하다가 지루해지면 결국 싸움을 멈춘다. 매파와 비둘기파의 개체가 만나면 비둘기파가 그냥 도망치므로 다치는 일 없이 매파 개체의 승리로 끝난다. 이제 이 개체 간의 싸움의 결과에 따라서 '점수'를 주자. 싸움에서 이긴 개체는 50점을, 패배한 개체

• 자세한 내용은 《이기적 유전자》 5장(공격-안정성과 이기적 기계)의 "게임이론과 진화적으로 안정한 전략" 부분에 나와 있다. 여기서는 그중 일부를 정리했다.

는 0점을, 그리고 싸우다가 크게 다친 개체는 -100점을 준다. 마지막으로 시간을 낭비한 개체는 -10점을 받는다. 각 개체가 얻는 '점수'는 그 개체들의 생존점수가 될 것이다. 이 점수들은 우리의 계산 편의를 위해 설정한 점수들이다. 실제 점수를 얼마로 두는지는 (어느 정도 범위 내에서는) 우리의 상황 분석에는 크게 영향을 끼치지 않는다.

구성원 전원이 비둘기파인 개체군이 있다면, 두 개체가 만났을 때 째려보면서 시간은 낭비하지만 중상자는 없다. 둘 중 한 쪽이 기가 죽으면 끝난다. 이때 승자는 50점을 얻지만 시간 낭비로 10점을 잃는다(40). 패자는 그냥 10점을 잃는다(-10). 그래서 이 개체군은 평균 15[=(40-10)/2]점의 생존 점수로 살아간다. 그런데 여기 매파의 개체가 하나 나타났다고 가정해보자. 매파의 개체는 비둘기파의 개체와 싸우면 항상 이긴다. 시간 지체도 없다. 매파의 개체는 50점을 얻는다. 50은 15보다 크니까 저절로 매파의 유전자는 개체군 내에 급속히 퍼질 것이다. 언제까지?

매파의 개체가 많아지면 재밌는 일이 일어난다. 극단적으로 매파의 개체만 있게 되었다고 해보자. 그러면 모든 싸움은 매파의 개체 간 싸움이 된다. 승자는 50점을 얻지만 패자는 큰 중상을 입어 -100점을 얻는다. 이제 개체의 평균 득점은 -25점이 된다. 여기에 소수의 비둘기파가 있다면 어떨까? 비둘기는 싸움에서 지더라도 중상을 입지는 않기 때문에 0점이다. 다시 말해 (0은 -25보다 크니까) 이제 매파보다 비둘기파의 개체가 더 늘어날 이유가 생기는 것이다.

사실 이 상황은 비둘기파가 5/12를 차지하고 매파가 7/12를 차지할 때 비로소 안정적이게 된다. 여기서 매파의 비율이 높아지면 매파가 얻는 평균 점수는 낮아져서 비둘기파가 늘어나고 매파의 비율이 낮아지면 반대로 매파의 평균 점수가 높아져서 다시 매파가 늘어날 수 있게 되는 것이다. 이때 이들이 얻는 평균 점수는 6.25점이 된다. 이 점수는 비둘기파만 있을 때 봤던 15점보다 낮다. 이들이 만약 의도적으로 공모를 해서 모두가 비둘기파처럼 행동하기로 한다면 이들은 더 나은 삶을 살 수 있다. 혹은 (이는 수학적인 계산을 통해서 얻은 결과인데) 랜덤하게 1/6은 매파처럼 5/6는 비둘기파처럼 행동하기로 한다면 무려 평균 점수 16.6점의 삶을 살 수 있다. 하지만 여기에는 언제나 위험이 도사리고 있다. 이 상태는 안정적이지 않다. 즉, 한 개체가 행동을 바꾸면 얻는 이득이 상대적으로 커지기 때문에 모두가 서로를 감시해야 하는 위태위태한 '담합'이 되는 것이다. 이건 인간 사회에서 일어나는 담합과 배신의 뻔한 스토리와 그 결을 같이 한다.

《이기적 유전자》의 이 내용에서 놀라운 점은 개체군 내의 매파와 비둘기파의 비율은 그 둘의 생존의도와는 상관이 없다는 것이다. 매파는 '만날 때마다 싸움을 하면 우리는 전체의 7/12만큼 살아남을 수 있어'라고 생각해서 '싸움을 하기로 결정한 것'이 아니다. 비둘기파도 마찬가지다. 매파와 싸움을 하는 것은 나름의 생존본능이다. 하지만 그 의도가 자신의 생존과 개체의 번영으로 이어질지 아닐지는 자기 주변에 매파와 비둘기파가 얼마나 있는지에 따라서 결정된다. 매파가 인간처럼 '미래를 예측하는 재능'을 가질 정도로 똑똑하다고 해도 '생존과 더 나은 번영을 위한 의도'가 실제 더 나은 것으로 이어질지 쉽사리 예측하기는 불가능하다는 것이다.

이런 측면에서 보면 비둘기파와 매파는 오래 번영하기 위해 공격적으로 변하거나 평화적으로 변화한 것이 아니라 이미 그런 성격을 가진 상태에서 주변의 매파와 비둘기파의 숫자에 따라서 자신의 운명이 결정된다고 보는 것이 맞을 것이다. 이런 관점에서 보면 적자생존이라는 개념은 적합한 자는 어딘가에 결정되어 있을지 몰라도 그 결과는 지나봐야 안다는 것으로 이해하는 것이 맞다. 신체 구조가 아무리 적합해 보여도 결국 살아남지 못한다면 그 동물은 적합하다고 이야기할 수 없기 때문이다. 그래서 비유적으로 "닭이 먼저냐? 달걀이 먼저냐?"라는 질문에 대한 답은 다음과 같다. "질문이 잘못됐다. 우선하는 것은 없다. 닭이 있기 때문에 달걀이 있고 달걀이 있기 때문에 닭이 있다."

리처드 도킨스는 이런 간단한 예시를 넓혀 나가면서 이를 이용해 개체의 생존과 유전자의 생존을 이야기한다. 어떤 점에서 보면 "어차피 의도를 가지고 일을 벌여봤자 소용이 없어. 너의 성격대로 살아가는 게 나은지 아닌지, 너의 의도가 좋은 결과를 낳을지는 계산할 수 없어. 넌 운명을 바꿀 수 없어"라고 이야기하는 것 같아 냉소적이기까지 하다.

생존게임

이제 생물 개체들에서 벗어나서 좀 더 일반적인 이야기를 해보자. 생물 개체들 간의 이 싸움을 보면 기업 간의 싸움과 어딘지 모르게 닮아있다는 느낌을 받는다. 두 기업이 같은 종목으로 경쟁을 할 때 매파처럼 공격적으로 싸움을 걸 것인가 비둘기파처럼 평화주의자가 될 것인가를 선택할 수 있기 때문이다. 두 기업이 모두 매파와 같은 성격을 가지고 있다면, 이 생존게임은 치킨게임이 된다. 기업이라는 트럭 두 대가 서로 마주보고 돌진하는 게임 말이다. 치킨게임은 둘 중 한 기업이라도 포기하지 않으면 둘 다 비극을 맞게 되고, 한 기업이 포기한다 해도 둘의 평균 득점은 마이너스가 되는 경우가 대부분이다. 이런 비둘기와 매의 게임에서 플레이어를 더 늘리면 우리는 한국, 미국, 북한이 지금 직면하고 있는 문제도 생각해볼 수 있다.

이런 상황은 우리가 평소 하는 게임 중에서도 확인할 수 있다. 예를 들어, 우리나라의 한 시대를 풍미했던 '스타크래프트 1'이나 그 연장선에 있는 '스타크래프트 2'가 있고 또 '리그 오브 레전드'나 '배틀그라운드' 같은 게임도 있다. 이 게임들의 특징은 플레이어들이 있고 그들에게는 전략이 있다는 것이다. 스타크래프트 종류의 게임은 두 명의 플레이어가 게임을 하는데 각 플레이어의 전략이라고 부를 수 있는 것은 소위 '빌드'라고 부르는 것이다. '리그 오브 레전드'는 두 팀이 게임을 하는데 이 팀들의 전략은 운영을 할 것인지 교전을 할 것인지 등을 선택하는 것이다. 꼼꼼히 보면 소규모 교전 상황에서 어떤 기술을 먼저 쓰고 어떤 기술로 상대에게 대응할 것인지를 선택하는 것 또한 전략이다.

그래서 매파와 비둘기파의 생존게임이나 기업들의 경쟁 게임, 국가 간의 외교 게임은 우리가 하는 게임과 아주 비슷하다. (눈치챘겠지만 이미 우리는 '게임'이라는 단어를 사용하고 있다.) 물론 다른 점도 있다. 우리가 하는 컴퓨터 게임의 목적은 상대를 이기는 것이다. 윈-윈win win을 장려하는 게임은 별로 없다. 게임 중간에 잠시 윈-윈하는 것이 장려되는 때도 있을 수 있지만 결국에는 상대를 이기는 것이 목적이다.* 하지만 게임 속 세상에서 우리가 사는 세상으로 돌아오면 이야기는 달라진다. 국가와 국가 간의 혹은 기업과 기업 간의 게임에서는 윈-윈이 장려되는 때가 훨씬 많기 때문이다.

이렇듯 게임들 간에는 공통점도 있고 약간의 차이점도 있다. 수학자들은 서로 다른 게임들의 상황을 좀 더 편하게 분석할 수 있도록 여러 개념을 도입했다. 게임에서 찾을 수 있는 공통적인 것을 찾아내고(플레이어, 전략, 보상 등) 이들에게 이름을 붙이는 것이다. 게임의 차이점들도 구분해서 이름 지어줬는데 그

중에는 '협력적 게임**, 제로섬zero-sum 게임, 동시적 게임' 등의 개념이 있다. 이런 이론적 기반에서 시작하는 분야를 우리는 게임이론Game Theory이라고 부른다.

용의자 A와 B

수학은 (예상과는 다르게!) 우리의 삶을 완벽하게 분석해줄 수 없다. 우리의 삶은 짐작도 할 수 없을 만큼 매우 복잡하기 때문이다. 게임이론은 이런 복잡한 삶과 수학이 맞닿아 있는 분야이다. 그래서 이런 분야에서 수학이 할 수 있는 일은 복잡한 것을 좀 더 단순하게 이해할 수 있는 '이정표'를 (이에 대해서는 이 장 뒷부분에서 다시 이야기한다) 찾는 일이다. 콜럼버스가 신대륙을 발견한 일이 사람들이 완벽하게 이해하지 못했던 지구에 대한 새로운 이정표가 된 것처럼 말이다. (다른 점이 있다면 수학은 북아메리카 원주민들 같은 타인에게 피해를 주지 않는다는 점이 있겠다.)

노벨 경제학상 수상자이자 영화 같은 삶을 살다간 수학자 존 내쉬John Nash에 대해 들어본 적이 있을 것이다. 내쉬가 게임이론에 기여한 바를 일일이 나열하기란 쉽지 않겠지만 그중 가장 유

---

* 가끔 게임방송을 보면 이기는 게 문제가 아니라 상대를 최대한 약올리는 것이 목적인 경우도 있지만, 이런 사람들은 어떻게 분석해야 하는지 나도 모르겠다.

** 협조적 게임으로 부르는 사람들도 있는 듯하다. 이 책에서는 협력적 게임, 비협력적 게임이라는 용어를 사용하겠다.

명한 것은 내쉬 균형Nash Equilibrium이라는 개념이다. 내쉬 균형이란 비협력적 게임에서 가능한 결과에 대한 개념이다. 무슨 소리인지 선뜻 이해되지 않으니, 유명한 '죄수의 딜레마'에 대해 생각해보자.

범죄를 저지른 것으로 의심되는 두 명의 공범인 용의자 A와 B가 있다. 두 명의 용의자들의 자백을 받아내 법정에 세워야 하는 경찰의 입장에서 이 상황을 보자. 두 사람을 구슬리는 방법도 있겠지만 어떻게 보면 둘을 싸움 붙이는 것이 더 효율적일 수도 있다. 그래서 A와 B가 할 수 있는 게임을 제안한다. A가 자백을 선택하고 둘의 범죄행위에 대해 모두 털어놓는다면, 이를 참작하여 A에게는 집행유예를 선고하고 감옥에 보내지 않는다. 반대로 B에게는 일명 괘씸죄를 적용해 10년 형을 선고한다.

반대 상황도 마찬가지다. 하지만 만약 A와 B가 모두 자백을 선택하다면, 딱히 혜택을 줄 수도 괘씸죄를 적용할 수도 없기 때문에 각각 3년 형을 받는다. 마지막으로 A와 B 둘 다 모른 척 잡아뗄 수도 있는데 이렇게 되면 방법은 없다. '혐의 없음'으로 모두를 놔주거나 입증된 것만 적용해 6개월 정도의 형밖에 선고할 수 없다.

두 사람이 서로 대화를 할 수 있는 상태라면 어떨까? 아마 둘 다 잡아떼기로 합의하고 6개월 형을 선고받고 말 것이다. 정말로, 과연 그럴까? 이런 상황에 의리라는 단어를 붙이는 것이 이상하지만 이 상황은 사실 공범 A, B에게 의리가 있는지 없는지에 달려 있다. 둘이 부인하기로 합의했다고 해도 마지막에 말을 바꾸면 그만이라고 생각할 수 있기 때문이다. 내가 의리를 저버리고 자백한다면 6개월은커녕 아예 감옥에 들어가지도 않으니까 말이다. 둘이 대화를 나눌 수 있다고 가정해도 이런 상황이 발생할 수 있는데, 두 사람이 대화를 할 수 없다면 더 파괴적인 결과가 발생할 수도 있는 것이다.

'죄수의 딜레마'가 비협력적 게임이라는 것은 두 명의 공범이 서로에 대한 의리가 없거나 대화를 나눌 수 없는 상황을 이야기한다. 즉, 서로 협력할 수 없다는 것이다. 내쉬 균형이라는 것은 비단 죄수의 딜레마 문제뿐만 아니라 이러한 비협력적 상황들에서의 선택이다. 하지만 그중에서도 어떤 고도의 지능을 가진 사람들이 선택하는 복잡한 선택이 아닌 남들이 '예측 가능한 선택'을 이야기한다. 예를 들어, 우리는 두 공범이 각자 자백할 것임을 직감적으로 안다. 두 사람이 서로 협력하지 않는 이상 각자의 입장에서 보면 상대방이 자백을 하든 말든 나는 자백을 하는 것이 훨씬 낫기 때문이다. 누구나 이를 쉽게 추측할 수 있다. 내쉬는 공범들의 이러한 선택을 균형점equilibrium point이라고 정의했다. 상대방이 어떤 선택을 하든 상관없이 나만을 위한 최선의 선택을 하는 것이다.

이렇게 이해하고 보면 사실 그렇게 대단한 것은 아니라는 생각도 든다. 누구나 죄수의 딜레마 상황을 생각해보면 둘이 하는 선택을 추측할 수 있으니 말이다. 내쉬 균형이라는 이름은 단순히 '예측할 수 있는 선택들'에 붙인 이름일 뿐이다. 내쉬가 낸 고작 열 쪽짜리 논문 "비협력적 게임"에서는 이 균형점이 죄수의 딜레마뿐 아니라 다른 모든 종류의 비협력적 게임에서도 존재한다는 것을 증명해냈다. 간단히 이야기하면 게임이 아무리 복잡해도 앞서 본 것처럼 각 사람의 입장에서 따져보면 사람들이 어떤 선택을 할지 예측할 수 있다는 것이다. 아마 이쯤되면 "이걸 증명하는 게 어렵다고? 그냥 입장을 바꿔서 생각해봐. 그럼 답이 나오잖아. 증명 끝!"이라고 이야기하는 사람도 있을 것이다. 하지만 이 사실은 그런 말뿐인 '역지사지의 자세'로 증명하기는 힘들다. 실제로 '내쉬 균형'의 존재는 '브라우어 고정점 정리'라는 위상수학의 한 정리로 증명되었다.*

존 내쉬가 만든 개념인 내쉬 균형은 초기 게임이론 연구의 이정표 같은 역할을 했다. 덕분에 게임이론은 더욱 발전하여 사회의 전반적인 분야에 걸쳐 많은 영향을 끼쳤다. 내쉬는 이런 공로를 인정받아 "비협력적 게임의 균형에 대한 선구적인 연구"라는 설명과 함께 1994년 노벨 경제학상을 수상했다. 그런데 이런 이론적인 개념들 말고 좀 더 실생활에 도움이 될 만한 것은 없을까? 실제 게임이론으로 설명할 수 있는 것에는 무엇이 있을까?

---

* 이 뜬금없는 위상수학의 정리는 경제학자들이 이론을 만드는 데 또 다시 등장한다. 심지어 이 정리는 우리의 머리에 가마가 생길 수밖에 없는 이유를 설명해주기도 하고, 커피잔에 설탕이나 프림을 넣고 숟가락으로 저을 때 움직이지 않는 점이 컵 안에 나타나는 것 또한 설명할 수 있다.

신뢰도 진화시킬 수 있을까?

뉴스나 시사 프로그램을 보면 '세상에는 왜 이렇게 사기꾼이 많을까?' 하는 생각이 들 때가 있다. 우리가 살아가는 세상은 필연적으로 사기꾼이 있어야만 하는 것일까? 이에 대한 답을 생각해볼 수 있는 플래시 게임 하나를 소개한다. '신뢰의 진화'라는 게임이다. 나는 2017년에 한 친구를 통해 이 플래시 게임을 처음 알게 되었는데 누구나 쉽게 할 수 있으면서도 복잡한 세상을 단순하게 이해할 수 있게 하는 흥미로운 게임이란 생각이 보자마자 들었다. 이 게임에 대해 간단한 소개하자면, 싱가포르의 게임 제작자이자 블로거인 니키 케이스Nicky Case가 만든 플래시 게임으로 이론적 개념은 로버트 액설로드Robert Axelrod의 《협력의 진화》에서 가져왔다고 한다. (우리나라에서는 한 인터넷 방송 BJ가 이 게임방송을 한 적도 있다.)

이 게임은 앞서 본 '죄수의 딜레마'와 비슷한 상황에서 시작한다. 다른 점이라면 관찰자 입장에서 게임을 보는 것이 아니라 내가 직접 자백을 할지 말지를 결정하는 플레이어의 관점에서 본다는 것이다. 간단히 말해 상대방이 어떤 선택을 할지 모르는 상황에서 상대를 배신할 것인지 상대와 협력할 것인지 결정내리는 것이다. 또 다른 점은 '죄수의 딜레마'처럼 한 번만 게임을 하는 것이 아니라 여러 번 한다는 점이다. 만약 한 번만 한다면 우리는 두 명의 공범이 그랬던 것처럼 배신을 하는 상황을 선택할 수밖에 없다. 하지만 게임이 여러 번 반복된다면 그 행태는 조

금씩 변화하기 시작한다.

'신뢰의 진화'에는 여러 종류의 사람이 등장한다. 항상협력꾼, 항상배신자, 원한을 가진 자, 탐정, 그리고 따라쟁이까지. 항상협력꾼은 우리 주변에 종종 있는 '너무 착해서 모든 일을 도와주는 사람'이다. (이들을 안 좋게 이르는 말 중에는 '호구'란 표현도 있겠다.) 항상배신자는 소위 말해 '나쁜 놈'이다. 배신밖에 모르는 사람이다. 원한을 가진 자는 처음부터 사람들을 배신하지는 않지만, 한 번이라도 배신을 당하면 그 아픔이 상처로 남아 죽을 때까지 배신만 하는 사람이다. 탐정은 열심히 간을 보는 사람인데 상대의 행동을 끝까지 분석해서 그에 따라 행동하는 사람이다.

마지막으로 따라쟁이는 상대의 행동을 (다음 번 만났을 때) 그대로 따라해 똑같이 되갚아주는 사람이다. 일명 '눈에는 눈 이에는 이' 그 자체라고 보면 된다.

사회의 다양한 구성원들의 특징을 반영한 이 게임은 상당히 놀라운 결과를 보여준다. 일단 착하게만 살면 좋은 일이 일어날 것이라는 헛된 꿈과 희망을 적나라하게 산산조각 낸다. 그리고 항상배신자 혹은 사기꾼이 판치는 세상이 도리어 자연스러울 수도 있다는 결과를 보여준다. 사회의 씁쓸한 단면을 보여주는 것이다. 하지만 다행히도 이 게임의 첫 번째 상황에서의 승자는 '따라쟁이'들이다. 그들은 서로 간의 게임이 반복될수록 더 많이 살아남고 나중에는 사기꾼들을 사회에서 몰아낸다. '눈에는 눈, 이에는 이'라는 말이 세상을 잘 사는 진리임을 이야기해주는 듯하지만 여기에는 미묘한 트릭이 숨어 있다. 이 게임은 사실 그렇게 '설계된' 게임이기 때문이다.

이 게임을 할 때에는 한 단계 한 단계 모두 가이드를 따라 해보기를 권장한다. 그냥 대충대충 넘기다 보면 우리 사회에 대한 오해와 불신으로 가득 찰 가능성이 높기 때문이다. 그 오해 중 하나는 방금 말한 '따라쟁이가 항상 승자가 된다'는 (잘못된) 사실이다. 이 게임은 다양한 사회 구성원들이 서로 만나서 협력을 할지 배신을 할지를 결정하는 게임인데 이 사회에는 한 가지 조건이 있다. 모든 사람이 서로 열 번씩 만나 협력과 배신을 결정한다는 것이다. 즉, 이 사회는 모든 사람이 각각의 사람을 열

번 정도는 마주쳐서 서로에게 협력 혹은 배신으로 영향을 미치는 '비정상적인 사회'인 것이다. 실제로 '비현실적인 만남 횟수'를 더 적게 조절하면 어느 순간부터 우리 주변에는 사기꾼만 남게 된다는 사실을 적나라하게 보여준다. 다시 말해, 모든 사람이 각각의 사람을 일곱 번씩 마주치는 '친밀한 사회'라면 '따라쟁이'가 승자가 되지만, 두 번만 마주치는 '단절된 사회'라면 사기꾼이 그 사회를 뒤덮게 된다는 것이다.

'신뢰의 진화'에는 이외에도 샌드박스 모드(게임 안에서 유저의 마음대로 무엇이든 할 수 있는 시스템)를 통해 우리가 직접 조절해 실험할 수 있는 것들이 많다. 우리는 처음의 사회 구성원 비율도 조절할 수 있고, 그들이 서로 마주치는 횟수도 조절할 수 있다. 또한 인간은 완벽하지 않기 때문에 때로는 의도하지 않은 실수를 할 수도 있고, 의사전달에서 실수가 발생할 수도 있는데 이 또한 샌드박스 모드에서 간단하게 실험해볼 수 있다.

마지막으로 인상 깊었던 것 중 하나를 소개하자면 '보상표'라고 불리는 것이다. 보상표는 '죄수의 딜레마'의 경우에는 수감기간을 표시하고(10년, 3년, 6개월, 집행유예), '신뢰의 진화'에서는 돈을 이용해 +2, -1 등처럼 이득과 손실(보상)을 표현하는 것이다.

'신뢰의 진화' 게임에서 처음 실험하는 사회에서는 서로 협력했을 때는 둘 다 +2이지만 한 사람이 배신을 하면 ('죄수의 딜레마'처럼) 배신자에게는 +3이 그리고 배신당한 사람에게는 −1이 적용된다. 그리고 둘 다 배신했을 때는 서로에게 아무런 피해가

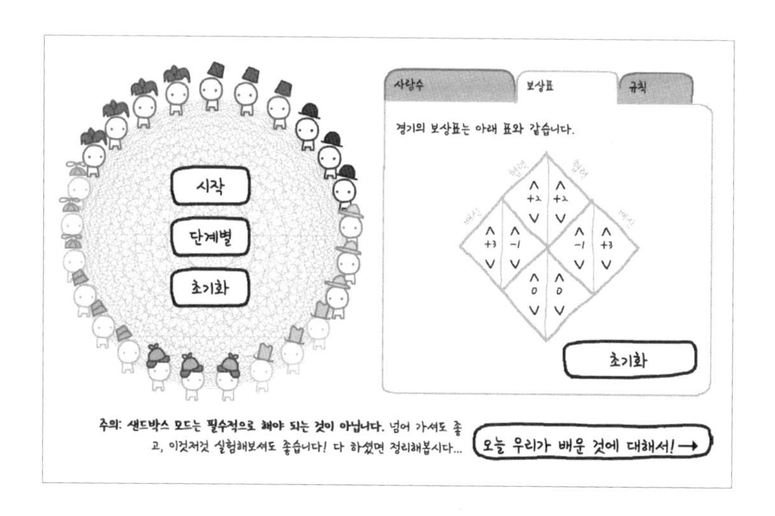

없다(0을 얻는다). 이 조건은 우리 사회와 비슷한 점이 있다. 배신이나 사기로 인해 얻을 수 있는 이익은 큰 반면, 사기를 당한 사람에게는 당연히 손해가 생긴다는 점이다. 또 다른 비슷한 점은 보상표를 바꿔볼 수 있다는 것이다. 우리 사회의 '보상표'는 영원히 고정된 것이 아니다. 우리는 규칙과 법을 새로 만들고 이를 기반으로 한 집행을 통해서 '보상표'를 바꿀 수도 있다.

배신을 한 사람에게 이익이 돌아가는 것을 막을 수 없을지 몰라도 배신을 당한 사람에게는 손해를 0으로 맞춰줄 수 있다면 어떠할까? 놀랍게도 보상표를 이렇게 변경해 게임을 진행하면 만남 횟수를 다섯 번으로 줄여도 사기꾼들은 자연스럽게 없어진다. 배신을 한 사람에게는 아무런 처벌도 주어지지 않았는데 말이다. 물론 이 방법 외에도 둘 다 배신을 했을 때 이익도 손해도 없는 것이 아니라 두 사람 모두에게 조금의 손해를 주는 가정을 해보는 것도 가능하다. 이러한 가정들은 우리의 사회에서 만드는 규칙과 법에 따라 달라질 수 있는 것들이다. 이 게임을 통해 여러분만의 '정의가 구현된 사회'나 '정의가 없어진 사회' 등을 만들어 실험해보는 건 어떨까?

마지막으로, '신뢰의 진화'에는 다음과 같은 말이 나온다.

> 게임의 규칙이 사람들의 행동을 특징짓고 결정짓는다.

우연찮게도 리처드 도킨스가 《이기적 유전자》에서 설명하던 말과 비슷하다. 다시 말해, 우리의 행동은 우리가 원하는 결과나 의도와는 상관이 없다. 오히려 우리의 행동은 우리 주변 환경의 산물이라고 볼 수 있다. 니키 케이스는 이 생각이 냉소적이고 순진하다고 한다. 하지만 이 말대로 우리는 서로에게 하나의 환경이고 이 환경은 또 다시 우리가 어떻게 행동하는지를 결정짓게 한다. 이것이 수학과 게임이론이 우리 사회에 대해서 설명해주는 아주 간단한 사실이다. 더 나아가 이들은 우리의 환경과 규칙을 어떠한 방향으로 바꾸어 나갈지에 대해서도 조언해준다. 여기서 수학의 몫은 현 상황에 대한 설명과 앞으로의 가능성을 보여주는 것까지다. 여러 가능성 중에서 어떤 길로 나아갈지를 결정하는 것은 우리 사회의 몫이다.

수학이 사회를 분석하려고 도전장을 내민 분야는 게임이론 하나만이 아니다. 노벨 경제학상과 맞닿아 있는 또 다른 이야기로 들어가보자.

인생의 여러 순간들

●상황 1

학창시절, 점심시간, 운동장. 이 세 가지 단어를 들으면 떠오르는 것이 있다. 바로 축구다. 점심시간만 되면 운동장 하나에 최소 두 개에서 최대 네 개의 축구경기가 이뤄졌던 학창시절은 돌이켜보면 재미있는 기억이지만 굳이 다시 하고 싶지는 않다.

이런 난장판 축구 말고 반 대항 정식 축구경기가 있었는데 이때 가장 중요한 것은 포지션 선정이었다. 모든 아이들이 공격수를 하고 싶어하고 골키퍼는 아무도 하고 싶어하지 않는 이 황당한 상황에서 반장의 역할은 중요했다. 모두가 최대한 행복한 포지션 결정을 통해 단결력을 끌어올려서 반 대항 축구대회를 이길 수 있도록 해야 했기 때문이다.

●상황 2

대학생활을 하면 사람 때문에 힘든 경우가 많다. 3~7명이 모여서 과제를 하는 조별과제가 그 대표적인 예시다. 하라는 과제는 안하고 모여서 연애를 하거나, 취업준비 한다고 가거나, 아무 생각 없이 놀고 싶어하는 사람들을 보면 사람이 문제라는 걸 느끼게 된다.

처음 조별과제 팀이 만들어졌을 때 해야 할 일은 조장이 되지 않도록 노력하는 것이다. 90%의 일을 혼자할 것이기 때문이다. 하지만 갖은 노력에도 불구하고 조장이 됐다면 어쩔 수 없다. 이제 중요한 것은 조원들이 협업을 잘할 수 있도록 적절한 일을 배분해주는 것이다. 과제를 잘 이해한 다음, 해야 할 일을 잘 배분해야 한다.

●상황 3

직장생활을 하면 리더와 보스의 차이를 마음 속 깊이 깨닫게 된다. 리더는 앞서서 함께 끌고 가는 사람이고, 보스는 뒤에 앉아서 진두지휘하는 사람이다. '나는 윗자리에 올라가면 함께 하는 리더가 되어야지'라고 생각하겠지만 직접 되기 전에는 아무도 모른다. 화장실은 들어갈 때와 나올 때가 다르다!

그런데 리더가 되든 보스가 되든 공통적으로 필요한 능력이 있다. 바로 일을 분배하는 능력이다. 차이점은 리더는 자신을 포함해서, 보스는 자신을 제외하고 한다는 것이다. 이때 직원들이 어떤 일을 선호하는지와 어떤 일을 잘하는지에 대해서 미리 이해하고 그 두 가지가 최대한 일치하도록 일을 분배해야 모두가 행복하게 일찍 퇴근할 수 있다.

'상황 1'로 돌아가보자. 반 대항 축구대회에서 좋은 성적을 거두기 위해서는 반장이 각 포지션에 누가 갈지 잘 정해야 한다. '상황 2'도 비슷하다. 대학에서 조별과제를 할 때 조장은 과제의 진행과정에 관한 모든 것을 잘 알고 있어야 하며 팀원 누구에게 어떤 업무를 맡길지 결정해야 한다. '상황 3'에서도 마찬가지이다. 팀장은 자신이 파악한 팀원들의 성격과 장점을 바탕으로 업무를 잘 배분해야만 팀 전체가 일찍 집에 갈 수 있다. 우리는 살면서 이렇게 끊임없이 매칭 문제에 직면한다.

너와 나의 연결고리

미국 캘리포니아주 산타 모니카에 본사를 두고 있는 랜드 연구소RAND Corporation는 미국의 비영리 민간 싱크탱크, 즉 정책연구소다. 1948년에 설립된 이 연구소는 현재 세계적인 군사문제를 폭넓게 다루고 있어 높은 인지도를 가지고 있다. 우리나라의 정책연구소에서도 국방안보 문제에 관하여 랜드 연구소 연구원의 말을 인용하거나 그들을 초청해 강연을 개최하기도 한다. 그렇다고 랜드 연구소가 군사문제에만 국한되어 연구를 진행하는 곳은 아니다. '싱크탱크'의 의미가 사회 정책을 분석하고 연구하는 곳인 만큼 랜드 연구소도 예외는 아니다. 기본적으로 여러 가지 정책을 연구하는 민간 연구소이다. 그래서였을까? 랜드 연구소는 앞서 이야기한 게임이론*과 이제부터 다룰 매칭이론의 시작점이었다.

랜드 연구소는 1948년에 세워졌는데 초창기에는 사회를 분석하고 이론을 발전시키는 것에 힘을 쏟았다. 예를 들어 내쉬는 게임이론을 개척하던 즈음인 1950년부터 1954년까지 랜드 연구소의 연구원으로 지냈다. 또한, 이 시기에는 '최적화'라는 분야에 많은 영향을 끼친 수학자들도 랜드 연구소에 몸담고 있었다. 그리고 우리가 앞으로 살펴볼 두 명의 수학자 데이비드 게일David Gale과 로이드 섀플리Lloyd Shapley 역시 랜드 연구소 덕분에 이 연구를 시작했다.

게일과 섀플리는 1961년[••] 랜드 연구소의 이름으로 논문을 썼다. "대학 입학 그리고 결혼의 안정성"이란 논문이다. 이들은 다음과 같은 문제에서 논문을 출발했다. "한 대학이 n명의 지원자 중 일부를 선발해야 할 때, 어느 정도의 비율로 어떤 학생들을 선발해야 하는가?"였다.

이 문제는 TV 프로그램에서도 볼 수 있는 문제와 비슷하다. 지금은 폐지되었지만 한 때 많은 인기를 끌었던 〈짝〉이란 프로그램이다. 이 프로그램의 목적은 '커플 매칭'이었는데, 1961년 두 수학자가 알고 싶어 했던 문제 또한 커플 매칭에 관한 것이었다.

• 경제학에서 자주 등장하는 쿤(Kuhn)과 터커(Tucker)는 이 연구소에서 내쉬와 함께 연구했고, 내쉬의 게임이론에 영향을 끼쳤다.

•• 이때는 두 사람 중 로이드 섀플리만 랜드 연구소에 있었다. 데이비드 게일은 랜드 연구소를 잠깐 거쳤다가 이미 이때는 브라운 대학교의 교수가 되어 있었다. 로이드 섀플리는 1954년부터 1981년까지 무려 28년간 랜드 연구소에 몸담고 있었다.

이들은 대학 입학의 상황을 단순화하여 세 명의 남자와 세 명의 여자가 있을 때 (혹은 n명의 남자와 n명의 여자가 있을 때) 이들을 매칭하는 문제에 대해서 고민했다. 각 남성의 매칭 여성에 대한 선호 순서와 각 여성의 대칭 남성에 대한 선호 순서란 정보가 주어진다면, 과연 이 남자와 여자들을 잘 매칭할 수 있는 방법에는 무엇이 있을까?

게일과 섀플리가 주목한 개념은 '안전성'이었다. 안정성이란 다음과 같은 상황이 발생하지 않게끔 하는 것을 말한다.

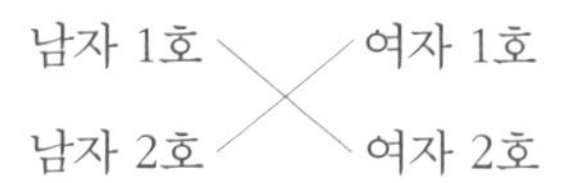

* 남자 1호와 여자 1호가 서로에게 호감

이런 상황을 불안정한 상황이라고 이름 붙인 이유는 모두가 짐작할 수 있을 것이다. 남자 1호와 여자 1호는 매칭된 상대보다 서로에게 더 호감인 상태이기 때문이다. 게일과 섀플리가 가장 처음 생각해본 문제는 이런 불안정한 상황만 발생하지 않도록 남자와 여자를 매칭하는 문제였다. 수학적 분석을 통해 이들은 어떤 경우에든 항상 안정적인 매칭이 가능하다는 것을 증명했고, 그 해법으로 잠정적 수락deferred-acceptance 알고리즘이라 불리는 단순한 방법을 제시했다.

이 알고리즘은 다음과 같이 작동한다. 먼저 각 남성은 본인이 가장 호감인 여성에게 고백한다. 두 명 이상에게 고백을 받은 여성이 있다면 그녀는 그중 자신이 선호하는 남성을 잠정적으로 선택한다. (물론, 시작을 남성이 하든 여성이 하든 상관없다.) 그다음부터는 남은 사람을 기준으로 같은 상황을 반복한다. 즉, 선택되지 않은 남성들은 그들이 두 번째로 호감인 여성에게 고백을 하고 이 고백을 받은 여성은 자신에게 고백한 남성들 중 자신의 호감도에 따라 다시 잠정적으로 선택을 한다. 그리고 이 과정을 모든 사람이 매칭될 때까지 반복한다. (우리는 바로 뒤에서 이게 무슨 뜻인지 예시를 통해 볼 것이다.)

게일과 섀플리는 이 잠정적 수락 알고리즘을 따라서 매칭을 하면 항상 '안정적인 결혼'이라는 결과를 얻을 수 있다는 사실을 증명했다. 두 쌍의 남녀가 서로 다른 쌍의 이성을 좋아하게 되는 위험한 상황(?)을 언제든 방지할 수 있다는 것이다. 하지만 이 알고리즘은 사실 위험한 상황'만' 방지할 수 있는 단순한 방법이다. 다시 말해 게일과 섀플리의 해법은 좀 더 복잡한 상황에서 보면 너무 순진한 아이디어다. 일단, 안정적인 결혼이라는 것은 최선의 결혼과는 다르다. 우리의 목적이 모든 사람이 안정적인 결혼 생활을 유지하게 만드는 것이라면 게일과 섀플리의 연구는 정확한 답을 주겠지만, 모든 사람에게 최선의 결과가 되도록 만드는 것이라면 '최선'이 의미하는 것에 따라서 이 연구는 아무런 해답도 주지 못할 수 있다. 그나마 다행인 점은 서로가 서로를 제일 원하는 두 사람은 이 알고리즘을 통해서 연결될 수 있다는 것이다.

이 알고리즘이 순진한 이유는 또 있다. 언급한 방법처럼 남성이 여성에게 고백하는 방법으로 알고리즘을 진행하면 여성은 자신의 선호도를 거짓으로 하는 것이 본인에게 이득이 되는 경우도 생긴다. 즉, 이 알고리즘이 적용된다는 사실을 알고 있으면 고백을 받는 입장에서는 자신의 선호도를 거짓으로 말할 이유가 생긴다는 것이다. 반대로 여성이 남성에게 고백한다고 해도 마찬가지다. 이 경우에는 남성이 자신의 선호도를 거짓으로 말하면 본인에게 더 좋은 결과가 나올 수도 있는 셈이다. 즉, 이 알고리즘은 남성이 여성에게 고백하든 여성이 남성에게 고백하든 큰 차이가 없을 것 같지만 누가 누구에게 하는지에 따라서 선호를 거짓으로 보고하는 게 유리한 집단이 바뀌는 '비대칭적인 알고리즘'이다.

이게 가능하다는 게 상식적으로 납득이 되지 않는다. 한번 예시를 보자. 일단 각 남성의 여성 선호도와 여성의 남성 선호도에 대한 정보가 모두 쓰여있기 때문에 복잡해보일 수도 있다. 하지만 한 스텝 정도면 끝나니까 너무 걱정은 말자.

남1의 선호도: 여3 〉 여2 〉 여1(즉, 남1 → 여3 가장 선호)

남2의 선호도: 여3 〉 여1 〉 여2(즉, 남2 → 여3 가장 선호)

남3의 선호도: 여1 〉 여3 〉 여2(즉, 남3 → 여1 가장 선호)

이 정보로 일단 알고리즘의 첫 번째 단계는 확인할 수 있다.

단순히 제일 선호하는 사람에게 고백하면 된다. 각 남성의 선호도의 오른쪽에 써둔 대로 말이다. 이제 이를 아래 왼쪽처럼 그릴 수 있다.

이런! 여3은 남1과 남2로부터 고백받았다. 이제 여성의 남성 선호도에 대한 데이터가 필요하니 다음과 같이 예를 들어 써보자. (최대한 단순한 논의를 만들기 위해서 여2의 선호도가 중요하지 않게끔 예시를 만들었다. 그래서 여2 부분은 무시해도 좋다.)

여1의 선호도: 남1 〉 남2 〉 남3
여2의 선호도: 남1 〉 남2 〉 남3
여3의 선호도: 남3 〉 남2 〉 남1

남1과 남2로부터 모두 고백받은 여3은 선호도에 따라 남2를 선택한다. 그럼 두 커플(남2-여3, 남3-여1)이 매칭되었지만 이제 남1은 차이고 연인이 없다. 이제 남1은 자신의 다음 선호 여성인 여2에게 고백한다. 그러면 더 이상의 이중고백은 없다! 마지막 커플은 남1-여2가 되었다.

위의 알고리즘이 바로 게일과 섀플리가 제안한 잠정적 수락 알고리즘이다. 여기서 예를 들어 여3이 선호도를 조작한다고 하자. 남3 〉 남1 〉 남2로 조작하는 것이다. 그러면 두번째 스텝부터 달라진다. 남1-여3, 남3-여1이 매칭되고 남2가 홀로 남는다. 이제 남2는 다음 선호 여성인 여1에게 고백한다. 이제 앞서와는 다르게 여기서 끝이 나지 않는다. 여1은 이중으로 고백을 받은 상황이 되어버리는 것이다! '잠정적 수락'의 의미는 이런 것이다. 고백을 항상 수락을 하되 잠정적으로만 해두고 다음에 다른 고백이 들어오면 그때 자신의 선호도를 이용해서 수락을 바꿀 수 있는 것이다.

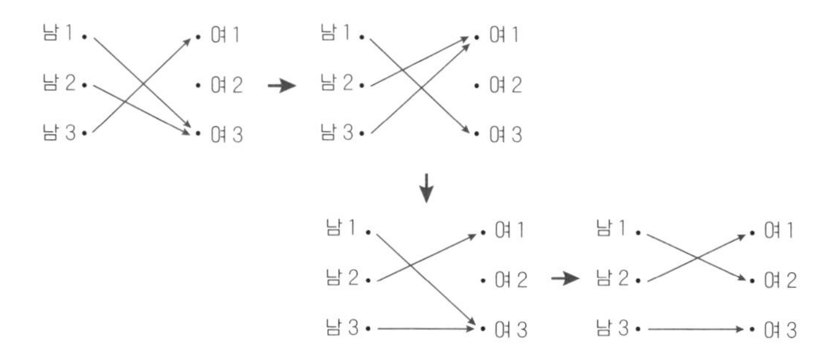

상황으로 다시 돌아가서 여1은 이제 남2와 남3에게 이중고백을 받았다. 여1의 선호도를 보면 남2를 선택해야 한다. 그러면 남3은 차이고 다음 선호 여성을 찾아서 고백해야 한다. 여3이다! 이제 여3에게 고백하고 끝나나 싶지만, 여3에게 고백하니 이번에는 여

3이 이중고백을 받게 되었다. 여3의 선호도에 따르면 남3을 더 선호하니까 남3을 선택하고 이제 남1은 버림받았다. 남1의 다음 선호 여성은 여2다. 이제 드디어 남자 한 명에 여자 한 명이 매칭되는 상태에 도달했다! 그럼 여기서 알고리즘은 끝이다.

게일과 섀플리가 증명한 사실은 '(위에서 본 두 번째 경우처럼) 우리가 많은 스텝을 필요로 할 수도 있지만 언젠가는 이 알고리즘이 끝이 나고 그 결과는 안정적'이라는 것이다. (이는 '안정적인 결혼 정리Stable Marriage Theorem'이라고 불린다.) 그리고 사실 위의 두 가지 상황은 '거짓 선호도'가 자신에게 유리해질 수도 있다는 결과를 보여준다! 여3은 진실된 선호도가 남3 〉 남2 〉 남1이다. 이 경우 여3은 남2와 매칭이 된다. 하지만 거짓으로 남3 〉 남1 〉 남2라고 말한다면? 앞서 봤듯이 여3은 남3과 매칭이 된다. 즉, 고백을 받는 집단에서는 선호도를 거짓으로 하는 것이 더 좋은 결과를 만들어낼 수도 있는 황당한 일이 발생하는 것이다! 이것이 이 알고리즘의 또 다른 문제점이다.

마지막으로, 이 알고리즘은 이렇게 두 집단이 나뉜 상황 외의 매칭 문제에 관해서는 답을 줄 수 없다. 간단하게 예를 들어보면, 네 명의 남학생(A, B, C, D)을 두 개의 기숙사 방에 두 명씩 배정하는 문제가 있는데 A, B, C가 모두 D를 덜 선호하고 A는 B를, B는 C를, C는 A를 선호하는 '삼각관계'의 상황이라고 해보자. 이 매칭 문제에는 애초에 '안정적인 방 배정' 전략이 있을 수 없다. 어떻게 방 배정을 하든지 '위험한' 상황이 발생할 수밖에 없다는 뜻이다.

예를 들어, 1번 방에 A, B 그리고 2번 방에 C, D가 배정된다면 1번 방에 살고 있는 B는 A보다는 C를 선호하고 C 또한 D보다는 B를 선호하기 때문에 B와 C는 '서로 열렬히 사랑하지만 찢어진 연인'과 같은 '위험한' 상황이 되는 것이다.

이런 점에서 게일과 섀플리가 풀어낸 문제는 현실적으로 보면 매우 단순한 문제이다. 앞서 봤듯 쓰일 수 없는 상황이나 문제점을 찾는 것이 더 쉬운 듯하다. 그럼에도 불구하고 이 논문은 지금까지 6,000번 이상 곳곳에서 인용되었다. 그 이유는 게일-섀플리의 결과가 (저절로) 다른 매칭 문제에 대해서도 '안정적인 결혼'이 가능한지를 물어보게끔 해주었기 때문이다. 이들의 결과가 매칭이론의 중요한 기준이자 이정표가 된 것이다.

선택과 집중

2012년 노벨 경제학상은 로이드 섀플리와 앨빈 로스Alvin E. Roth에게 수여되었다. 간단히 말하면 매칭이론에 대한 이론적 연구와 이를 기반으로 실제 사회 현상들에 적용했다는 것이 선정 이유였다. 안타깝게도 게일은 이미 2008년 세상을 뜬 후였다.*

---

* 실제로 2008년 게일이 세상을 뜬 직후 당시 하버드대학교 경제학 교수였던 앨빈 로스는 (노벨상을 받기 4년 전이다) "노벨 경제학상 위원회에 게일과 섀플리를 추천했었고, 그 둘은 노벨 경제학상을 받았어야 했다. (게일이 더 이상 이 세상에 없게 되어서) 이것(노벨상을 의미)이 불가능하다는 것이 유감스럽다"라는 말과 함께 게일의 기여에 대한 감사를 표했다.

새플리는 게일-새플리의 안정적인 결혼 알고리즘 이후에도 수학적인 방법을 통해 경제학에 큰 기여를 한 것으로 알려져 있다. 잡지 〈이코노미스트〉는 "새플리는 자신을 수학자라고 생각할지도 모르지만, 경제학에 거대한 영향을 남긴 사람으로 기억되는 것을 피할 방법이 없다"라고 평가했다. 실제로 경제학 용어 중에는 새플리의 이름이 붙은 것이 상당히 많다. 로스는 수학자보다는 좀 더 현실적인 경제학자의 입장으로서 이 이론들을 이해하고 발전시켜 실제 시장에 적용한 사례로 이름을 알렸다. 가장 유명한 사례 중에는 뉴욕시의 공립 고등학교 신입생들을 선발하는 문제와 보스턴시의 공립 고등학교 신입생 선발 문제가 있다. 또한 뉴잉글랜드라고 불리는 미국의 북동부 여섯 개 주(메인, 뉴햄프셔, 버몬트, 매사추세츠, 코네티컷, 로드아일랜드) 지역병원 간의 더 효율적인 신장 이식을 위한 교환 프로그램인 뉴잉글랜드 프로그램 또한 로스와 동료 연구자들이 함께 진행한 매칭이론의 적용 사례이다(로스는 이 연구들로 《매칭》이라는 책을 쓰기도 했다).

이외에도 우리가 떠올려볼 수 있는 또 다른 현실적인 문제들도 있다. 결혼정보회사에서 가지고 있는 정보를 바탕으로 인연을 이어주는 문제는 우리가 이미 보았던 커플 매칭 문제와 비슷하다. 또한 취업률이 좋지 않은 요즘 시대에 일할 사람을 찾는 기업과 반대로 일할 기업을 찾는 사람을 연결시켜주는 문제 또한 매칭 문제이다. 이들은 실제로 매칭이론에서 많이 연구되고 있는 주제이다. 최근 논란이 되고 있는 카풀 서비스 또한 관련이 있다. 카풀은 말 그대로 카풀을 제공하는 사람과 카풀을 제공받는 사람을 이어주는 서비스이다. 다만 이 경우에는 실시간으로 거리와 시간을 고려하여 빠른 속도로 매칭하는 상황을 고려해야 하기에 더 복합적인 연구가 필요한 것으로 보인다. 실제로 최근 자율주행차의 눈부신 발전으로 자율주행차와 카풀의 매칭 서비스에 관하여 연구하는 곳도 생겨나고 있다.

수학에 관한 생각

앨빈 로스에 따르면 게일-섀플리의 알고리즘은 어떤 의미에서는 그들이 처음 발견한 매칭 전략이 아니다. 그 이전에도 사람들의 경험에서 우러나온 매칭 전략이 있었다고 한다. 예를 들어, 1900년대 초중반 미국 의대를 졸업한 이후에 병원의 노동력을 뒷받침하고 의사로서의 커리어를 쌓기 위해 하던 레지던트 직업 시장에서도 이를 찾아볼 수 있었다고 한다. 당시 한 병원의 레지던트 과정에 합격한 학생이 그 제안을 거절하고 다른 병원으로 옮기는 일들이 벌어졌는데, 이를 방지하기 위해 심할 때는 무려 대학 졸업 2년 전에 병원에서 의대생들에게 레지던트 자리를 배정해주기도 했다고 한다. 이런 현상이 레지던트 직업 시장에 나쁜 영향을 미친다는 의견하에 매칭 알고리즘이 만들어졌고 관련 병원들이 함께 알고리즘에 따라 학생들에게 레지던트 자리를 제안하는 '국립 레지던트 매칭 프로그램'이 시행된 것이다.

하지만 처음 제안된 알고리즘은 검증되지 않은 것으로 어느 정도 위험부담을 안고 있었고 이후 게일-섀플리의 알고리즘과 비슷하게 수정되어 적용되었다고 한다. 즉, 게일과 섀플리가 만든 알고리즘은 사실 어떤 집단에서는 이미 사람들이 경험적으로 어느 정도 느끼고 있었던 것이다. 이런 의미에서 보면 게일과 섀플리의 알고리즘은 새로운 이론이 아니라고 이야기해야 한다. 그럼에도 불구하고 이 두 사람의 이름이 재차 거론되는 이유는 사람들이 경험적으로 짐작하는 어떠한 사안을 정확하고 완벽한 이론으로 만들었다는 데에 있을 것이다. 이러한 시각에서 본다면 수학은 새로운 무언가가 아닌 때도 많은 듯하다. 어떤 상황에서는 이미 사람들이 경험을 통해 알고 있던 것들을 보다 정확하고 완전하게 만들어주는 단순한 도구로 작용하는 경우도 있는 것이다. 마지막으로 게일과 섀플리의 논문 속 인상적인 글이 있어 지면을 할애한다.

> 우리의 문제를 수학적으로 분석하기 위해서, 우리는 대학 입학 문제에서 벗어나 결혼 문제로 들어갈 수밖에 없었고 현실 세계와는 다를 수도 있는 가정을 할 수밖에 없었다. 이. 이론을 실제로 적용하고 싶은 사람들은 여기서 증명된 정리가 실제로 적용할 수 있는 상황인지를 확인해야 한다.

그러고 나서 그들은 수학자들의 마음을 이해하고 다음과 같이 조언한다.

우리 수학자들은 사람들과 대화하다 보면, 우리가 '숫자를 계산하는 머리'를 가지고 있거나 '많은 공식을 알고 있는' 사람이라는 편견에 대해서 반박하려고 하는 우리 자신을 발견하고는 한다. 이럴 때는 수학이 숫자나 기하학에 관련될 필요가 없다는 예를 가지고 있는 것이 유용할 것이다. 이러한 목적을 위해서 우리는 우리의 '안정적인 결혼 정리'의 증명을 추천한다. 이 증명은 그 흔한 수학 기호 없이 오직 영어로만 완성되어 있다. 미적분학의 지식은 전혀 필요하지 않다. 심지어 숫자를 세는 방법조차 알 필요가 없다.

덧붙여 수학자들과 일반 사람들의 차이 그리고 이를 통해 수학에 대해서 그들이 어떤 생각을 했는지도 인상적이다.

수학은 과연 무엇일까?
어떤 종류의 이야기든 그것이 충분히 정확하고 꼼꼼하다면 이는 수학적이라고 이야기할 수 있다. 그리고 여러분과 우리의 친구들이 수학을 이해하지 못하는 이유는 그들에게 이 '숫자를 계산하는 머리'가 없어서가 아니다. 그건 그들이 추론의 과정을 따라가는 것에 집중하지 못하기 때문이다. 수학자들과 다른 사람들의 차이는 단지 수학자들은 '두 단계 이상 나아간 추론을 필요로 하는 이야기'를 이해할 수 있는 능력이 있다는 것이다.

앞서 우리는 '이정표'에 대해 잠깐씩 이야기했다. 마지막으로 이에 대해 좀 더 자세히 이야기해보자.

그것이 알고 싶다

'존재existence'하면 무엇이 떠오르는가? 아마도 데카르트의 '나는 생각한다, 고로 존재한다'일 것이다. 이처럼 우리가 '존재'라고 하면 가장 먼저 떠올리는 것은 철학이지만 사실 '존재'라는 용어는 수학에서 아주 많이 쓰인다.

수학에서 '존재'의 의미는 철학처럼 심오하지 않다. 단순히 '있나'고 이야기하면 그리 중요해보이지 않아서 이를 강조하기 위해 쓰는 말이 '존재한다'란 표현이다. 고등학교 수학책에서도 흔히 볼 수 있는 단어이긴 하지만, 특히 대학교에 들어가 수학을 전공한다면 전공책에 2~3쪽마다 한 번 꼴로 '존재'라는 단어가 등장할 것이다. '존재'는 도대체 왜 중요할까? 간단히 이야기하면 무언가 있거나 없거나 하는 것은 당연히 중요하다. 답이 무엇인지는 몰라도 우선 답이 있는지 없는지는 알아야 그 답을 찾아가는 방법을 만들 수 있기 때문이다. 예를 들어, 친구에게 "너는 답이 없다"라고 이야기하면 더 이상 대화가 의미 없어지는 것처럼 말이다.

존 내쉬를 다시 소환해보자. 그의 이름은 게임이론이 아닌 다른 수학 분야(예를 들어, 기하학)에서도 심심찮게 들을 수 있다. 이런 분야에서 내쉬가 이룬 업적은 그 깊이가 아주 깊고 증명하기 매우 어려운 결과들이다. 하지만 어쩌면 '내쉬 균형'이라는 것은 내쉬 같은 천재가 아니더라도 누구나 생각할 수 있고, 어쩌면 그런 것이 존재한다는 것을 증명한 것은 그렇게 중요하지 않을 수도 있다는 생각이 든다. 과연 내쉬가 증명했다는 '내쉬 균형의 존재성'은 정말로 그렇게 중요한 것일까?

그 이야기에 들어가기에 앞서, 한 가지 오해를 짚고 넘어가자. 사람들은 흔히 수학은 정확한 답을 찾는 학문이라고 말한다. 이 말은 지금은 맞고 그때는 틀릴 수도 있다. 일단 첫 번째로 우리가 앞서 근사에서 살펴보았듯이 수학에서 중요한 것 중 하나는 정확한 답이 아닌 근사인 경우도 꽤 많다는 것이다. 물론 근사를 하더라도 오차범위를 명시한다는 점에서 비교적 정확하다고 할 수는 있겠다.

두 번째로 수학 문제에는 항상 답이 존재하는 것은 아니다. 앞서 본 것처럼 '내쉬 균형'이라는 것은 존재한다. 내쉬가 이를 증명했다. 이로써 우리는 '내쉬 균형'이라는 개념에 대해서 어떤 (비협력적) 게임에서든 이야기할 수 있게 되었다. 하지만 모든 문제에 대한 답이 존재하는 것은 아니다.

그 대표적인 예로는 케네스 애로Kenneth Arrow가 증명한 '애로의 불가능성 정리Arrow's Impossibility Theorem'라는 것이 있다. 애로의 불가능성 정리는 간단히 말해 (오해의 여지를 포함하여) '합리적인 선거는 존재하지 않는다'는 것이다. 세상 어떤 천재가 등장해도 선거제도를 합리적으로 만들 수 없다는 것이다. 아무리 새롭게 만들어낸다고 해도 말이다.

처음 들었을 때 나는 왜인지 모르게 억울한 생각이 들었다. 투표와 선거는 민주주의의 꽃인데 합리적인 선거 자체가 존재하지 않는다고 하니 말이다. 실제로 1950년 애로의 불가능성 정리가 발표되고 나서 경제학자들을 포함한 많은 사람이 이런 비직관적인 결과에 놀랐다고 한다. 만약 합리적인 선거제도라는 것이 존재했다면, 애로는 그 존재성을 증명해 '애로의 선거제도'라는 이름을 붙일 수도 있었을 것이다. 하지만 이처럼 수학 문제는 때로는 답이 존재하지 않을 수도 있다.

다시 '존재성'이 왜 중요한지로 돌아가보자. 존재한다는 것을 아는 것은 중요하다. 그것에 대해 이야기할 수 있기 때문이다. (거창한 이야기도 필요 없이 이렇게 생각해보자. 친구를 오랜만에 만나서 할 이야기가 없는데 만약 친구가 애인이 있다는 걸 안다면 어떤 사람인지 몰라도 이에 대해 이야기할 수 있다.) 내쉬는 내쉬 균형이라는 것이 특정 상황에서 항상 존재한다는 것을 증명했다. 그리고 이 덕분에 다른 사람들은 비로소 "그럼 내쉬 균형이 없는 경우는 무엇이 있을까? 그런 경우에는 내쉬 균형과 유사한 균형은 없을까?" 등의 질문을 던지면서 더 발전해나갈 수 있게 된 것이다. 이것이 바로 내쉬 균형(의 내용)이 어려워 보이지 않아도 존재 자체가 매우 중요한 것으로 인정되는 이유이다.

매칭 이론에서 살펴본 게일-섀플리 알고리즘도 마찬가지다. 이들이 정의하고 증명한 '안정적인 결혼'과 그 알고리즘은 이후 사람들로 하여금 이 알고리즘의 장점과 단점 그리고 이를 통해 해결할 수 없는 문제에 대해서 비로소 이야기할 수 있도록 해주었다. '안정적인 결혼'이라는 개념 또한, 우리는 이 개념이 늘 존재한다는 것을 알기 때문에 이것과는 좀 다른 종류의 매칭 전략은 없는지, 문제를 변형해도 '안정적인 결혼'이 가능한지에 대한 고민을 할 수 있게 된 것이다.

존재성은 이렇게 우리에게 이정표를 준다. 앞서도 짧게 언급했지만 인류의 역사에 콜럼버스는 신대륙을 발견했다. 다시 말하면 어떤 특징(예를 들어 금 채굴이 가능한)을 가진 새로운 대륙의 존재성을 증명해낸 것이다. 신대륙이 존재하는지 그 여부를 모르는 시대에는 (알지도 못하는 아메리카 대륙을 찾기 위해) 배를 끌려고 하지 않았을 것이다. 사실 콜럼버스가 발견한 것은 신대륙의 0.001%도 되지 않는다. 하지만 0일 때는 거론조차 불가능하지만 0.001%라는 존재의 여부는 대화할 거리를 제공해 앎을 더 넓혀 나갈 수 있었던 것이다.

콜럼버스의 발견 덕분에 그 존재하는 땅은 여러 사람들에 의해 더 많이 탐험되었고 어떤 특징을 가졌는지 알려지면서 큰 발전을 이루게 되었다. 콜럼버스의 발견이 서양 역사에서 중요한 한 획을 그은 것처럼 수학에서 특정 대상의 존재성 또한 어쩌면 새로운 분야의 탄생을 알릴 수도 있는 중요한 한 획인 것이다. 그렇다면 반대로 '존재하지 않는다'는 것을 아는 것도 중요할까?

앞서 우리는 '합리적인 선거는 존재하지 않는다'는 이야기를 들었다. 처음엔 혼란스럽다. 하지만 마음을 진정시키고 나면 우리에게는 다른 길이 보인다. 사실 이 말은 '절대적으로 민주적인 선거는 존재하지 않는다'는 말이다. 다시 말해, 선거제도 중에는 절대자가 없다는 소리다. 어떤 두 선거제도를 비교하든 둘 다 장점과 단점이 모두 있는 것이다. 그러면 우리는 조금 더 동등한 위치에서 선거제도의 장단점에 대해서 이야기하고 사회적 합의를 통해 선거제도를 결정할 수 있다. "우리의 행동은 우리 주변의 환경(사람 간에 만나는 횟수)과 규칙(협력과 배신에 따른 보상)에 의해 특징 지어진다"라는 말을 기억한다면, 선거제도를 결정할 때 우리가 원하는 가치를 더 반영할 수도 있을 것이다. 우리나라, 미국, 프랑스가 서로 다른 선거제도를 가지고 있는 이유는 어느 한 나라가 다른 나라보다 민주적이어서가 아니다. 서로의 가치와 역사가 달라서이다.

이렇듯 존재하는지 존재하지 않는지에 대한 답은 모두 매우 중요하다. 존재하는 것은 그것에 대해서 더 이야기할 거리를 남겨주고, 존재하지 않는 것은 우리 모두가 그 사실을 받아들이고 합의를 통해 다른 방향으로 나아갈 수 있게 해준다. 장단점을 이야기하고 우리의 가치를 더 잘 반영할 수 있는 것이 무엇인지를 선택할 수 있게 하는 것이다. 이런 점에서 '답이 있는지 없는지'를 밝혀내는 것은 그것만으로도 아주 큰 업적이 될 수 있다. 섀플리가 그랬고 내쉬가 그랬으며 애로가 그랬던 것처럼 말이다. 그들은 '답이 존재하는지'에 대해 질문했고 하나의 결론에 이르렀고 이는 우리가 사회를 이해하는 방식에 대한 기준을 제공했다. 그렇기에 수학자들에게 존재는 중요한 단어이고, 이게 바로 수학자들이 집필하는 책마다 존재에 관하여 줄기차게 쓰는 이유이다.

8

순서가 중요할까?

뜬금없지만 아래와 같은 주장을 생각해보자.

'할머니의 딸의 어머니'는 '할머니의 어머니의 딸'과 같다.

사실일까? 여러분의 상황에서 생각해보면 어떤가? 사실 딸은 무조건 한 명만 있는 것이 아니기 때문에 헷갈리지 않기 위해서는 이렇게 생각하는 게 맞을 것 같다.

'할머니의 첫째 딸의 어머니'는 '할머니의 어머니의 첫째 딸'과 같다.

비슷하게 다음은 어떠한가?

'아버지의 둘째 아들의 아버지'는 '아버지의 아버지의 둘째 아들' 과 같다.

그렇다면, 다음은 어떠할까?

'내 통장 잔고 액수×2×3'은 '내 통장 잔고 액수×3×2'와 같다.

다음의 가계도를 보면 첫 번째와 두 번째 경우는 틀린 얘기란 것을 알 수 있다.

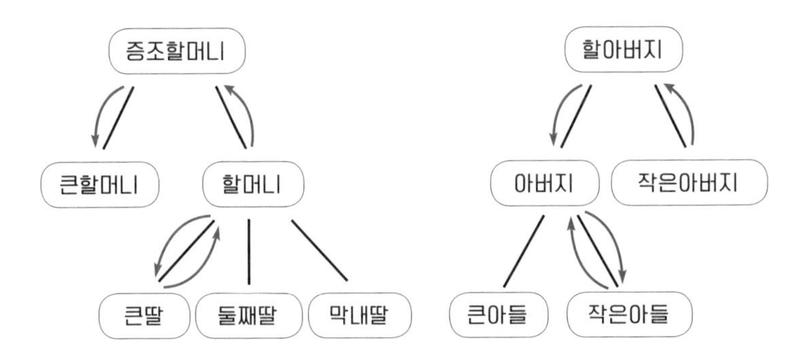

그렇다면 세 번째 주장은 어떠한가? 두 값은 모두 '내 통장 잔고 액수×6'이라는 값과 같다는 것을 알 수 있다. 통장 잔고가 10만 원이라면 '2를 곱하고 나서 3을 곱'하든 '3을 곱하고 나서 2를 곱'하든 똑같이 60만 원이다. 비슷한 예시로 여행을 가려고 계획을 세우는데 최초 인원(n명)에 두 명이 더 온다고 한 다음, 세 명이 더 온다고 하든 아니면 최초 인원에서 세 명이 더 온다고 한 다음, 두 명이 더 온다고 하든 n+5명이 가는 것으로 똑같다. 당연한 이야기다.

다시 말하면, 더하기에서는 무엇을 먼저 더하든 상관없고, 곱하기에서도 무엇을 먼저 곱하든 그 값은 같다. 우리가 순서를 교환해도 결과가 같다는 것이다. 이런 의미에서 우리는 '순서의 교환을 가능하게 해도 아무런 문제가 없다'는 의미로 '교환 가능한'이라는 단어를 사용한다.

하지만 모든 행위가 교환 가능한 것은 아니다. 앞의 가계도에서 본 것처럼 한 여성에 대해서 '첫째 딸'이 누군지 확인하고 그다음 '어머니'가 누군지를 보는 것과 한 여성의 '어머니'가 누군지 보고 그다음 '첫째 딸'이 누군지를 확인하는 것은 결과가 다를 수 있다. 이런 경우에 우리는 이 두 가지가 교환 가능하지 않기 때문에 '교환 불가능'이라는 단어를 사용한다. 조금 더 복잡하게 이야기하면 숫자에 대해서는 '덧셈에 대해서 두 숫자는 교환이 가능'하고 '곱셈에 대해서도 두 숫자는 교환이 가능'하다. 하지만 '사람들의 관계는 (혹은 호칭은) 교환이 불가능'하다고 말할 수 있다. 왠지 모르게 신기한 일이다.

숫자에서 벗어난 수학

우리는 중고등학교 수학에서 이런 개념은 잘 배우지 않는다. 그 이유는 어떻게 보면 당연하다. 내가 처음으로 '교환 가능'이나 '교환 불가능'이라는 개념을 들었을 때를 생각해보면 말이다. 이런 추상적인 개념들은 숫자를 가지고 더하고 곱하고 빼고 나누는 것보다 어렵다.

예를 들어 생각해보자. '7×9는 63이다'는 가르치면 된다. 이렇게 해서 구구단을 알게 하고 이를 이용해 더 큰 숫자들을 곱하는 방법을 알려주면 (시간이 걸릴지라도) 계산할 수 있다. 숫자라는 명백한 대상이 우리 눈앞에 있기 때문이다. 좀 더 어려운 미분이나 적분도 마찬가지다. '교환'과 같은 개념에 비해서는 비교적 명백한 대상이 있다.

하지만 '교환 가능'이나 '교환 불가능'이라는 개념은 좀 다르다. 물론 이런 개념은 숫자를 몰라도 이해하고 배울 수 있다. 우리가 방금 봤듯이 말이다. 상황에 따라서는 더 쉬울 수도 있다. 하지만 '교환'이라는 개념은 추상적이라는 데 있다. 그래서 (앞으로 살펴보겠지만) 우리가 다루는 대상이 무엇인지에 따라서 '교환 가능'에 대해 이야기하는 것은 상당히 어려운 일이 될 수도 있다.

이러한 이유로 우리는 학교에서 '교환' 같은 것을 깊게 배우지 못한다. 나는 중고등학교를 다니면서 이런 개념에 대해 깊이 배우지 못하는 것이 아쉬운 일이라고 생각한다. '교환'에 관하여 공부하고 생각해보는 것이 연산법칙이나 함수를 공부하는 것보다 더 유익하고 흥미로운 일이라고 생각하기 때문이다.

예를 들어, 숫자를 더하고 함수의 그래프를 그리는 것은 숫자와 함수의 세상 안에 갇혀 있어야 한다. 하지만 '교환'이라는 개념은 숫자나 함수로부터 자유로울 수 있다. 숫자 더하기의 교환 성질을 생각해볼 수도 있지만 숫자가 아닌 호칭(어머니, 첫째 딸) 사이의 교환 성질을 생각해볼 수도 있는 것이다. 심지어는 형용사들의 교환 성질들도 생각해볼 수 있다. "'큰 아름다운'과 '아름다운 큰'은 같은 뜻일까?"처럼 말이다. 이렇듯 '교환'을 통해서 우리는 상상의 나래를 쉽게 펼칠 수 있다.

또한 휴대폰만 있으면 우리는 사칙연산을 쉽게 할 수 있고, 조금 더 어렵지만 함수에 관한 여러가지 계산들 또한 컴퓨터로 간단히 할 수 있다. 그래서 사실 우리에게 숫자나 함수에 대한 깊은 이해나 빠르게 계산하는 방법 등은 굳이 필요하지 않다. 하지만 '교환'이라는 개념은 조금 다르다. 이는 좀 더 추상적이다. 아무리 컴퓨터나 휴대폰이 있어도 이런 개념을 '보는' 것은 어렵다. 앞서 본 것처럼 우리가 직접 해봐야 한다. 이런 점에서 추상적인 개념을 배우는 것은 컴퓨터나 휴대폰이 알려주지 못하는 새로운 관점을 습득하는 흥미로운 일이다. 모순적으로 들릴 수도 있겠지만 (숫자와 함수를 벗어난다면) 수학은 추상적인 새로운 관점을 이해해간다는 점에서 '예술성을 띤 학문'이라고 표현해도 좋겠다.

김 모 양의 가계도

가계도로 다시 돌아가보자. 우리는 앞에서 (예를 들어) 김 모 양의 어머니의 첫째 딸과 김 모 양의 첫째 딸의 어머니는 다른 사람일 수도 있다는 것을 확인했다. 하지만 만약 김 모 양의 어머니의 첫째 딸과 김 모 양의 첫째 딸의 어머니가 같다면 우리는 뭔가를 알아낼 수 있지 않을까?

예를 들어, 김 모 양뿐만 아니라 가계도 안에 있는 모든 딸들에 대해서도 똑같이 어머니의 첫째 딸과 첫째 딸의 어머니가 같다는 사실이 알려져 있다고 생각해보자. 이런 경우라면 이 집안 내력을 알 수 있다. 그것은 바로 각 세대에 딸이 한 명만 있다는 것이다. 딸이 둘 있는 집이 있다면 둘째 딸에 대해서 '어머니의 첫째 딸'과 '첫째 딸의 어머니'를 생각해보면 다르다는 결론이 나올 수밖에 없기 때문이다. 아래 가계도에서 왼쪽 집안과 오른쪽 집안을 비교해보면 된다. 오른쪽에서 파란색으로 표시해둔 사람에 대해서 생각해보면 이해할 수 있다.

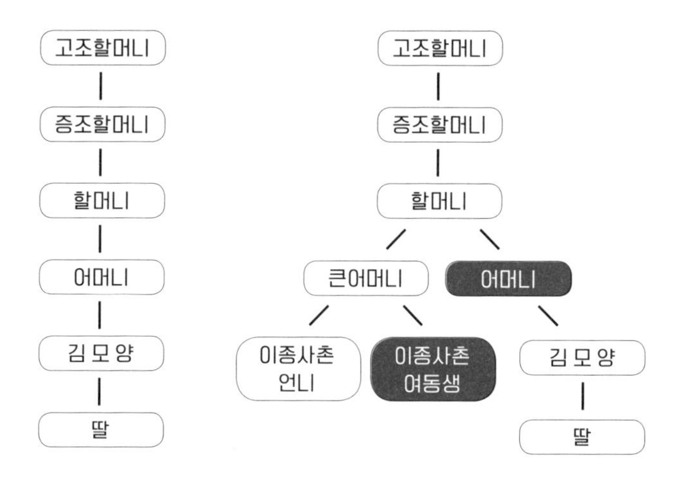

다시 생각해보면, 우리에게 주어진 가족 관계(어머니와 첫째 딸)의 '교환 가능성'에 대한 정보를 통해 우리는 그 가계도에 대한 구조(딸이 한 명씩만 있다는 집안 내력)를 알아낼 수 있다. 생각해보면 당연한 결론이지만 신기하지 않은가? 이처럼 '교환 가능성'에 대한 정보는 우리에게 그 시스템의 구조에 대한 정보를 준다.*

---

* 사실 여기서 가계도를 이용한 이야기는 엄밀히 말하면 수학과 조금 거리가 있다. 다만 여기서는 수학에 대한 느낌을 전달하는 것이 목적이기 때문에 완벽하지는 않더라도 이해하기 쉬운 예로 들었다.

이런 점에서 수학은 구조에 대한 공부를 하는 학문이기도 하다. 그중에서도 특히 '교환 가능성'이라는 단어가 많이 등장하는 군론Group Theory이라는 분야가 대표적이다. 이 분야에서는 숫자나 함수가 거의 등장하지 않는다. 하지만 이 분야에서는 앞서 우리가 가계도의 특징을 분석한 것처럼 구조에 대해 공부한다. 그럼 한번 이 분야에 등장하는 가장 간단한 예시를 살펴보자.

카드 돌리기

〈나우 유 씨 미Now You See Me〉라는 영화 시리즈가 있다. 간단한 내용은 이렇다. 길거리에서 활동하는 실력은 뛰어나지만 무명이었던 마술사들이 누군가의 초대로 '포 호스맨'이라는 마술단을 결성한다. 이들은 라스베이거스의 한 마술쇼에서 어떤 은행 비자금을 털게 되고 체포되지만 "마술로 은행을 털었다"는 말만 반복하다 결국 풀려나게 된다. 이후 한 FBI 요원은 이들의 속임수를 반드시 밝혀내겠다는 일념으로 한 마술 비판가와 함께 이들의 마술을 추적해가기 시작한다.

영화는 크게 흥행했다. 덕분에 〈나우 유 씨 미 2, 3〉이 개봉했거나 현재 제작 중인 것으로 알려져 있다. 이 영화 시리즈에서 좋았던 것은 영화가 제공하는 많은 볼거리였다. 특히 빗방울이 거꾸로 올라가는 듯한 장면은 많은 화제를 불러모았다. 이 영화

속에 나오는 여러 마술쇼 중에 특히 기억에 남는 또 다른 장면은 바로 야바위 놀이 장면이다.

야바위는 뒤집어놓은 세 개의 컵과 조그만 물건 하나(주사위나 동전)로 하는 놀이인데 주사위를 컵 하나로 덮은 다음, 컵을 이리저리 움직이거나 움직이는 척을 해서 서로 위치를 여러 번 바꾼 후에 어느 컵에 주사위가 들어 있는지를 맞추는 것이다. 손을 눈보다 빠르게 움직이는 것이 관건인데 그래서인지 고양이가 제일 좋아하는 놀이 중 하나라고 한다.

옛날에는 야바위를 하는 야바위꾼과 그 주변에 손님인 척 가장한 바람잡이들이 힘을 합쳐 "돈 놓고 돈 먹기"라는 구호를 외치며 사람들을 끌어모았고 주로 속이기 쉬운 어린 아이들을 상대로 돈을 따갔다. (사실 돈을 훔쳐갔다고 표현하는 게 맞을 것이다.) 이런 이유로 요즘에는 야바위꾼이라는 단어가 사기꾼의 또 다른 말이 되어버렸다.

〈나우 유 씨 미 2〉 영화 후반부에서 각각의 마술사는 각자의 쇼를 보여주는데, 그중 마술사 잭 와일더는 사람이 많은 시장 같은 곳에서 야바위 놀이를 보여준다. 사람 크기만 한 카드 세 장을 세워놓은 뒤, 그 뒤에 세 사람을 세워놓고, 앞에서 카드 두 장을 치면 그 뒤에 있는 두 사람이 서로 위치를 바꾸는 것이다. 역시나 야바위는 야바위인지라 속임수를 써서 사람들의 예측이 빗나가게 만들거나 마지막에는 세 카드 뒤에 사람이 모두 없도록 만든다. 이 마술의 비밀을 알려줄 수 있다면 참 좋겠지만 그건 나도 모른다. 다만 우리는 여기서 마술이 아니라 수학을 배울 것이다.

우리가 학창시절에 교과서에서 가장 많이 본 인물은 단연 철수와 영희다. 여기서도 그 흐름을 따라가보자. 다만, 세 명이 필요하니까 그다음으로 흔하게 볼 수 있었던 민수를 추가한다. 세 장의 카드 뒤에 철수, 영희, 민수가 나란히 서 있다. 실제 영화에서 잭 와일더는 처음에 첫 번째와 두 번째 카드를 친다. 이는 첫 번째와 두 번째의 위치를 서로 바꾸라는 뜻이다. 그다음 두 번째와 세 번째 카드를 친다. 그러면 배치가 이렇게 바뀔 것이다. 영희-민수-철수 순으로 말이다.

우리는 지금 계속 순서가 중요한지에 대해 생각해보고 있다는 점을 유념하자. 순서를 바꾼다면 어떨까? 이번에는 처음에 두 번째와 세 번째 카드를 치고 그다음에 첫 번째와 두 번째 카드를 쳐보자. 결과는 여전히 같을까? 다르다! 이번에는 민수-철수-영희 순이다.

우리는 철수, 영희, 민수가 일렬로 줄을 서 있는 상황에서 두 가지 행위를 차례로 해보았다. 1, 2번의 위치를 바꾸고 나서 2, 3번의 위치를 바꾸는 것과 그 반대 순서로 하는 것이다. 결과는 달랐다. 즉, 두 행위는 무언가를 더하거나 먼저 해도 상관이 없는 행위들이 아니다. 더하기와는 다르게 말이다.

제일 처음 이 단순한 상황에 대해 들었을 때 나는 꽤 놀랐다. 아무 생각 없이 이 예시를 봤기 때문일까? 직관적으로 '이런 행위는 순서에 상관없이 똑같지 않나?'라고 막연히 생각했는데 이와 같은 간단한 예시를 통해 나의 직관이 틀렸다는 것을 알게 되었다. 여러분은 어떤지 궁금하다. 직관적으로 바로 다르다고 생각했는지 아니면 나와 비슷하게 놀랐는지 말이다.

그럼 이번에는 별 표기가 있는 카드를 돌려볼 것이다. 시작하기도 전에 '당연히 순서에 의미가 있겠지'라는 생각을 하겠지만, 직접 돌려보자. 우선 반시계방향으로 90도를 돌린다. 그다음 붕어빵 기계로 하는 것처럼 위아래로 뒤집는다.

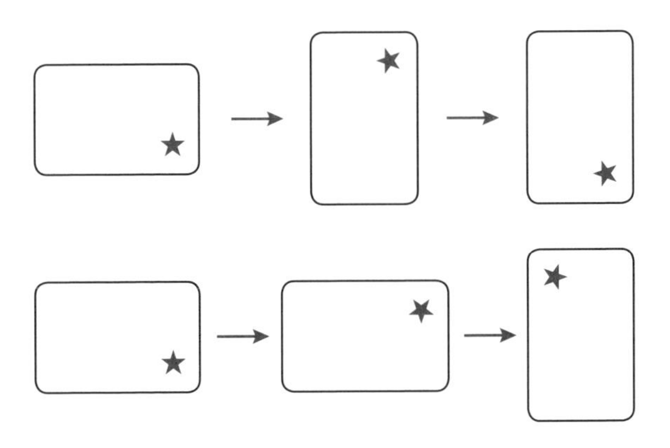

이번에는 붕어빵 기계에서처럼 위아래로 뒤집는 것을 먼저 한다. 그다음 반시계방향으로 90도 돌린다. 이미 야바위를 통해 깨달은 교훈으로 예상했을 것이다. 카드에 가하는 행위의 순서에 따라 결과는 달라진다. 이 자체로 신기한 현상이기는 하지만 그래서 이건 어디에 쓰는 걸까?

오래 쓰는 방법에 관한 고찰

사고 싶던 청소기가 최근 오프라인에서 50% 할인하기에 덥석 구매했다. (심지어 온라인 최저가보다 싼 가격으로 나와 있었다.) 이 청소기를 만든 회사는 아주 유명한 회사인 만큼 청소기의 성능은 두 말 할 것도 없이 좋아보였다. 덧붙여 이 회사는 괜찮아 보이는 서비스도 운영하고 있었다. 자사 청소기를 구매한 소비자를 대상으로 일정 기간 동안 메일을 보내는 것이다. 구매 직후에는 보장기간 2년에 대한 설명을 담은 메일을 보내고, 얼마 지나지 않아서는 청소기를 사용하고 먼지를 버리는 방법을 간단히 소개한 메일을 보내고, 그리고 며칠 후에는 디테일한 청소 방법에 (예를 들어, 소파를 청소하는 방법과 손이 잘 닿지 않는 곳을 청소하는 방법 등) 관한 메일을 보냈다. 가장 최근에는 청소기를 보관하는 방법에 대한 메일이 왔다. 회사 차원에게 소비자들에게 일괄적으로 메일이 발송되도록 설정해놓은 것이겠지만 다른 곳들보다 더 신경을 쓴다는 느낌이 들어 좋았다.

좋은 서비스라는 생각과 함께 예전에 읽은 책 한 권이 떠올랐다. 《침실 안의 군론*Group Theory in the Bedroom*》이라는 책이다(우리나라에 출간된 책은 아니다). 이 책에는 한 회사의 이런 비슷한 서비스에 대한 이야기가 있다. 그 회사는 매트리스 판매 회사였고, 비슷한 서비스는 '침대 매트리스를 어떻게 돌려야 오래 쓸 수 있는지에 대한 설명서 제공'이었다. 응? 이게 무슨 말일까?

침대를 구성하는 요소 중에서 가장 중요한 것은 매트리스다.

덮개나 이불은 상대적으로 값이 저렴하기 때문에 바꾸기도 부담이 덜하고 심지어 닳고 헤진다고 해도 사용하는 당사자가 괜찮다면 그냥 쓰면 된다. 하지만 매트리스는 오래 쓰면 쓸수록 탄성이 없어져 건강에 영향을 줄 수 있는데다 한 쪽이 푹 가라앉았다고 해서 새로 사기에는 가격이 세다. 이럴 때 필요한 것이 바로 '침대 오래 쓰는 방법에 대한 설명서'이다. 이 설명서의 내용은 그리 복잡하지 않다.

쉽게 이해하려면 컨베이어 벨트를 떠올리면 된다. 컨베이어 벨트는 주로 공장에서 쓰이는 기계로 물건을 올려서 일렬로 이동시키는 역할을 한다. 지금도 이렇게 만드는지는 모르겠지만 컨베이어 벨트에 관련된 특허 중에는 유명한 것이 하나 있다. 뫼비우스의 띠 모양으로 만들어서 굳이 벨트 표면을 뒤집지 않아도 표면 전체를 골고루 쓰게 만드는 것이다.

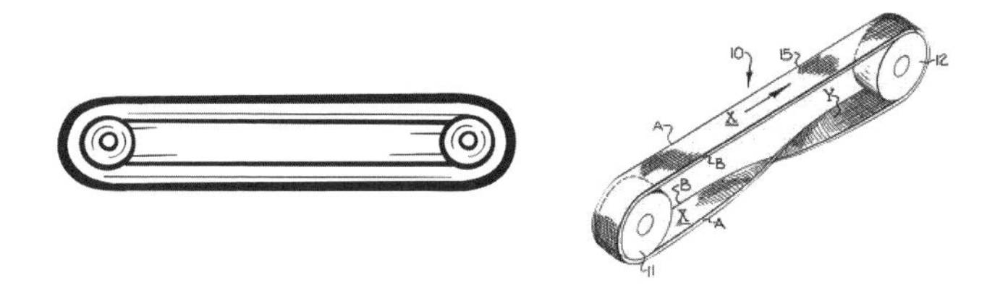

왼쪽 사진처럼 만들면 윗면과 아랫면으로 번갈아 가면서 써야 오래 쓸 수 있지만 오른쪽 사진처럼 사실상 면이 위아래 구분 없이 양쪽으로 다 있게끔 만들면 알아서 모든 표면을 고르게 쓸 수 있는 것이다. 물론 그렇다고 침대를 뫼비우스의 띠로

만드는 건 이상하다. 그럼 어떻게 해야 할까?

컨베이어 벨트가 위아래면을 모두 쓰는 것처럼 매트리스도 위아래면을 모두 쓰게끔 6개월에 한 번 정도 움직여주면 된다. 하지만 사람이 눕는 방향에 따라 꺼짐 현상도 다를 수 있다. 그렇기 때문에 머리와 발 방향을 바꿔주는 것도 매트리스를 오래 쓰는 데 좋을 것이다.

매트리스를 어떻게 돌렸는지 알기 쉽도록 침대에 뭔가를 흘린 흔적을 'L'이라 표시해두었다고 가정해보자. 먼저 머리를 두었던 곳과 다리를 놓던 곳을 바꾸려면 매트리스를 들어서 시계방향이나 반시계방향으로 반 바퀴를 돌리면 된다. 그럼 우리는 B와 같은 매트리스를 얻게 된다.

안 쓰던 매트리스 아랫면을 쓰려면 매트리스를 긴 쪽을 기준으로 (혹은 짧은 쪽을 기준으로) 업어치기를 하듯이 넘기면 된다. 이 두 가지의 결과는 물론 다르다. 마치 우리가 양면 인쇄를 할 때 긴 쪽으로 접어서 볼 것인지 짧은 쪽으로 접어서 볼 것인지가 다른 것과 같이 말이다. C는 긴 쪽을 기준으로, D는 짧은 쪽을 기준으로 원래의 매트리스를 업어치기한 모습이다.

이런 과정을 통해서 우리는 효율적으로 매트리스를 쓸 수 있을 것이다. 하지만 문제는 기억력이다. 6개월 전에 매트리스를 어느 방향으로 돌렸는지 기억해야 한다. 아니면 돌릴 때마다 뒤죽박죽되어서 도리어 특정 상태로 매트리스를 쭉 쓴 상황이 될지도 모른다. 이를 방지하기 위해서는 어떻게 해야 할까? 어떻게

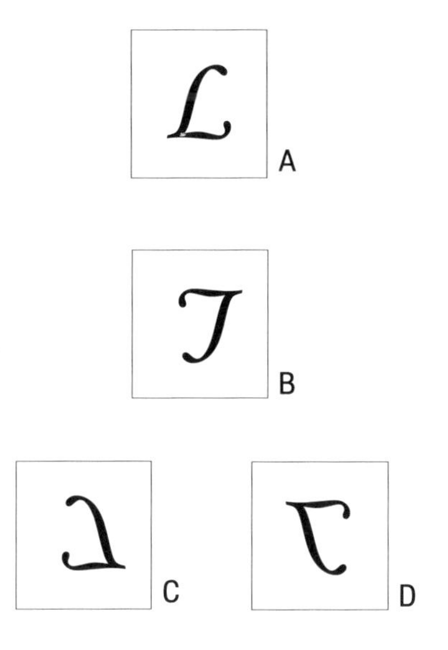

돌렸는지 기록해 놓는 것이 아마 가장 좋을 것이다. 하지만 사실 기록해 놓는 것도 완벽한 답은 아니다.

일단 기록하기가 힘들다. 침대를 너무 깨끗하게 사용해서 침대에 그 어떤 흔적도 없다면? 매트리스에 특별한 무늬가 없어 방향을 판단할 길이 없다면? 이런 경우의 수를 따지면 기록할 방법도 마땅치 않다. 이런 사항들을 모두 반영해 방향마다 일정한 무늬가 있고, 흔적이 있는 매트리스를 샀다고 치자. 그래서 어떻게든 기록을 했다고 해보자. 그러나 여전히 문제는 남아있다.

예를 들어, 새로 구매한 침대를 6개월마다 돌려가며 사용했다고 하자. 24개월이란 오랜 기간이 지난 후 다시 매트리스를 돌리려고 하는데, 6개월 전에 바꾼 방향에 대한 기록만 있다. 12개월 전, 18개월 전에 매트리스를 어느 방향으로 놓았는지에 관한 기록도 없고 기억에도 없다. 망했다. 지금까지 매트리스를 돌린 정보를 모두 가지고 있어야 한다니! 이럴 바에는 그냥 수명에 신경 쓰지 않고 쓸만큼 쓰다가 새로 구매하는 것이 나을 것이다.

좀 더 쉬운 방법은 없을까? 있다! 일단 그 방법을 소개한다. 다음과 같이 하면 된다. 한 번은 긴 쪽을 기준으로 업어치고, 그다음 번에는 짧은 쪽을 기준으로 업어치는 것이다. 그다음에는 다시 긴 쪽을 기준으로 그다음은 짧은 쪽을 기준으로 6개월마다 반복해주면 침대를 최대한 고르게 쓸 수 있다. 왜일까?

우선 잘 구분하기 위해서 평범한 무늬의 매트리스 말고 흔적이 남은 매트리스를 다시 가져와서 생각해보자. 이 매트리스를 이리저리 돌려서 놓을 수 있는 방법은 총 몇 가지가 있을까? 이 침대를 시계방향으로 반 바퀴 돌리면 어떻게 되는지 우리는 이미 확인했다. 이 상태에서 한 번 더 반 바퀴를 돌리면 다시 원래 모양으로 돌아간다. 당연히 그렇다. 반 바퀴를 돌리고 반 바퀴를 돌리면 한 바퀴니까!

침대 윗면을 사용하는 방법은 그래서 두 가지다. 이제 침대 아랫면을 사용하는 경우를 생각해봐야 한다. 그런데 윗면이나 아랫면이나 똑같은 면이니까 아마도 또 두 가지가 있을 것이다. 그래서 침대를 놓는 방법에는 앞에서 본 네 가지가 전부일 것이다.

우리에게는 세 가지 기술이 있다. 시계방향으로 반 바퀴 돌리기, 긴 쪽으로 업어치기, 짧은 쪽으로 업어치기가 그것이다. 표현이 쓸데없이 길기 때문에 다음과 같이 간단히 줄여서 쓸 것이다.

ㄷ, ㅅ, ㄱ

ㄷ은 시계방향으로 반 바퀴 돌리기를 의미하고 ㅅ은 긴 쪽(세로방향)으로 업어치기 그리고 ㄱ은 짧은 쪽(가로방향)으로 업어치기를 의미한다. (긴 쪽을 ㄱ이라고 하면 짧은 쪽을 ㅉ이라고 해야 하는 불편함이 생겨, 부득이하게 각각에 ㅅ과 ㄱ이라는 이름을 붙였다.) 자, 무슨 일이 일어나는지 생각해보자. ㄷ을 하고 ㄷ을 하면? 앞에서 봤듯이 한 바퀴 돌리는 것이기 때문에 원래 모양이 그대로 나온다. 자, 이 상태에 대한 간단한 표현도 필요할 것 같다. '원래 그대로'에서 ㅇ을 따오자. 그러면 우리는 다음과 같은 식을 쓸 수 있다.

ㄷㄷ=ㅇ

ㄷㄷ은 ㄷ을 하고 나서 ㄷ을 한다는 뜻이다. ㅇ은 원래 그대로라는 의미이다. 수학은 내 마음대로 정의할 수 있다는 장점이 있으니 앞으로는 ㄷㄷ 대신에 $ㄷ^2$을 사용하도록 하자.

ㄷㄷ 같은 표현을 만드는 것은 여러분 마음대로 할 수 있다. ㄷㄷㄱㅅㄱ 같은 표현도 만들 수 있다. ㄷ을 하고 ㄷ을 하고 ㄱ을

하고 ㅅ을 한 다음 ㄱ을 한다는 뜻이다. 그런데 처음에 ㄷ을 두 번 하면 ㅇ이 되는 것을 봤기 때문에 사실 우리는 아래와 같이 말할 수 있다.

ㄷㄷㄱㅅㄱ=ㄱㅅㄱ

해석하면 'ㄷ하고 ㄷ하고 ㄱ하고 ㅅ하고 ㄱ을 하는 것'은 'ㄱ하고 ㅅ하고 ㄱ하는 것'과 같다. 그러면 다른 것도 뭔가 연관이 있지 않을까 하는 마음으로 돌려보자. 우리가 짧은 쪽 업어치기를 연속으로 두 번하면 매트리스는 어떻게 될까? 업어치고 업어치면 원래 매트리스 배치 그대로가 된다. 따라서 우리는 다시 한 번 다음과 같은 상황을 맞이한다. 그리고 비슷하게 옆의 식도 얻을 수 있다.

$ㄱ^2$=ㅇ, $ㅅ^2$=ㅇ

그렇다면 이제 좀 더 의미 있는 행동을 해보자. 일단 매트리스를 반 바퀴 돌리고(ㄷ) 그다음 짧은 쪽 업어치기(ㄱ)를 한다. 그러면 아래처럼 쓸 수 있다.

ㄷㄱ

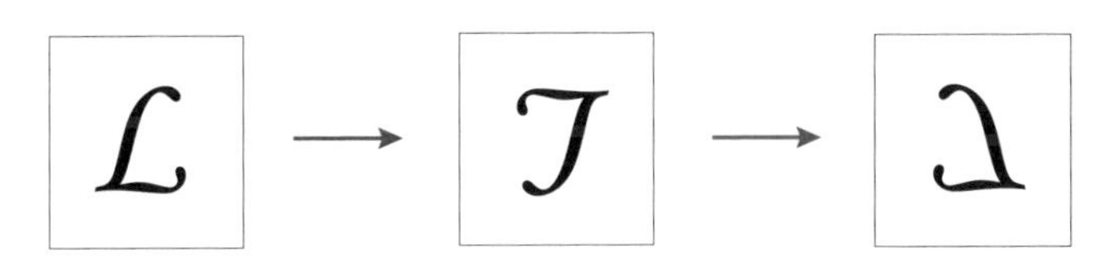

그런데 사실 이 행동은 실제로 해보면 위의 그림처럼 긴 쪽 업어치기(ㅅ)한 것과 똑같다. 따라서 우리는 다음과 같은 식을 가지게 된다.

ㄷㄱ=ㅅ

여기서부터 놀라운 일이 일어난다. 만약 ㄷ을 하고 ㄱ을 하고 ㄱ을 한다면? 이는 ㄷㄱㄱ이다. 그런데 ㄱㄱ은 원래 상태 그대로 돌려놓는다는 것을 알고 있다. 그래서 사실 ㄷㄱㄱ은 ㄷ이다. 하지만 위의 식을 이용하면 다음과 같은 일도 일어난다. (양쪽 모두에 ㄱ을 한다고 생각하면 된다.)

ㄷㄱㄱ=ㅅㄱ

그래서 ㄷ=ㅅㄱ을 얻을 수 있다. 무슨 뜻인가 하면 ㄷ(반 바퀴 돌리기)을 하는 것은 ㅅ(긴 쪽 업어치기)을 한 다음에 ㄱ(짧은 쪽 업어치기)을 하는 것과 같다는 뜻이다. 우리는 실제로 돌려보지도 않고 주어진 식만으로 매트리스를 어떻게 움직이면 어떤 결과가 나오는지를 알 수 있게 된 것이다. 여러분도 무엇을 통해서든 이처럼 새로운 발견을 할 수 있다. 예를 들어 위에 ㄷㄱ=ㅅ이라는 식을 이용해서 ㄱ=ㄷㄷㄱ=ㄷㅅ 같은 식도 만들 수 있다. ㄷ(반바퀴 돌리기)을 하고 ㅅ(긴 쪽 업어치기)을 하면 ㄱ(짧은 쪽 업어치기)과 같다는 것이다. 이렇게 식을 직접 만져서 우리는 연이은 행동들의 결과가 어떻게 나올지 예측할 수 있다.

앞에서 나는 매트리스를 긴 쪽 업어치기(ㅅ)와 짧은 쪽 업어치기(ㄱ)를 번갈아 가면서 쓰면 침대를 최대한 고르게 쓸 수 있다고 이야기한 바 있다. 진짜일까?

원래 상태로 6개월을 쓴다: 기간 1

ㅅ을 적용하고 6개월을 쓴다: 기간 2

ㄱ을 적용하고 6개월을 쓴다: 기간 3

ㅅ을 적용하고 6개월을 쓴다: 기간 4

ㄱ을 적용하고 6개월을 쓴다: 기간 5

기간 1 동안에는 원래 매트리스 배치이다. 기간 2 동안에는 ㅅ을 적용한 배치이다. 여기까지는 별 거 없다. 그다음 기간 3 동안에 사용할 매트리스의 배치는 결국 기간 1에 ㅅㄱ을 적용한 것이다. 우리는 위에서 ㅅㄱ=ㄷ임을 확인했다. 즉, 기간 3 동안에 우리는 결국 기간 1에 ㄷ을 적용한 매트리스를 쓰고 있는 것이다. 그다음 기간 4는 어떨까? 기간 4 동안의 매트리스는 결국 기간

1을 기준으로 ㄷㅅ을 적용한 매트리스가 된다. ㄷㅅ=ㄱ임을 위에서 확인한 바 있다. 다음 기간 5는? 기간 1을 기준으로 ㄱㄱ=ㄱ²=ㅇ이다. 즉, 기간 1의 매트리스 배치로 돌아온 것이다. 그리고 그 이후에는 다시 앞의 과정이 반복된다. 이로써 우리는 ㅅ과 ㄱ만을 적용해 ㅇ, ㄱ, ㄷ, ㅅ을 적용한 배치를 모두 고르게 6개월을 사용하게 되는 것이다

이 방법을 이용하면 더는 매트리스 그림을 24개월 동안 기록할 필요도 없고 매트리스에 색을 칠해 표시할 필요도 없다. 그냥 6개월 전에 ㄱ을 했는지 ㅅ을 했는지만 적어 놓거나 기억해두면 된다. 예를 들어, 2019년 1월 ㄱ만 기록해두면 2019년 7월에는 ㅅ을 하고 2020년 1월에는 ㄱ을 하면 된다! 간단하지 않은가?

별걸 다 줄인다!

'대명사'라는 단어가 있다. 대신할 대代를 가져다 명사를 대신하는 것을 지칭하도록 만든 단어이다. 특히 영어를 배울 때 많이 들어봤던 단어로 기억한다. 인칭대명사, 소유대명사, 재귀대명사 등처럼 말이다. 처음에는 이 개념이 매우 어렵게 느껴졌는데, 사실 간단한 것이었다. 철수, 영희, 민수의 이름을 직접 이야기하는 대신에 그, 그녀, 그 이런 식으로 표현하는 것일 뿐이다. 약간 변형된 버전으로 '꾸준함의 대명사' 같은 말도 있다. 예를 들어 게임에서는 특히 '안정감의 대명사'라는 말을 좋아한다. '초

식형 정글러의 대명사' 같은 표현도 있다. 여기서 대명사의 의미는 무언가를 대신한다는 의미보다는 무언가를 대표한다는 의미에 가깝긴 하지만 말이다.

그러면 우리가 앞에서 했던 것들은 어떨까? 우리는 '시계방향으로 반 바퀴 돌리기'라는 말 대신에 ㄷ을 썼다. '긴 쪽 업어치기'라는 말 대신에 ㅅ을 썼고, '짧은 쪽 업어치기'라는 말 대신에 ㄱ을 썼다. 즉, 우리는 우리의 행동을 대신하는 표현을 하나 가져다 쓴 것이다. 정확히 말하면 대명사가 아닌 대태사* 같은 이상한 말이 되어야 하지만 어찌되었든 행동을 대신해서 기호를 썼다는 점이 중요하다. 별걸 다 줄인다(별다줄)!

우리는 이런 종류의 수학을 대수학이라고 부른다. 크고 아름답고 위대한 수학이라는 뜻의 대수학이 아니다. 숫자를 대신하는 기호를 이용해 무언가를 한다는 뜻이다. 대수학에서의 '수'는 꼭 숫자만을 의미하는 것이 아니다. 구조나 변화 같은 더 넓은 개념도 포함하고 있다고 생각하면 된다. 방금 우리가 '매트리스를 특정 방향으로 돌리는 방법'을 지칭하는 문자를 만들어서 쓴 것처럼 말이다. 그리고 그 사이의 관계인 ㄱㄱ=ㅇ, ㄷㄱ=ㅅ, ㄷㅅ=ㄱ을 증명했다! 원한다면 (상대방과의 합의가 있는 상태에서) ㅇ, ㄷ, ㄱ, ㅅ 대신에 ㄱ, ㄴ, ㄷ, ㄹ이나 ㅎ, ㅍ, ㅌ, ㅋ을 써도 상관없다.**

대수학을 배우면 말을 짧게 할 수 있다. 뿐만 아니라 익숙해지면 생각도 짧게 할 수 있다. '아, 멍청하게… 생각이 짧았다'

의 짧은 생각이 아니고 빠르게 상황을 판단할 수 있다는 뜻이다. 하나의 행동과 하나의 문자를 대응시키는 데에 익숙해지기만 한다면 말이다. 그리고 이런 짧은 말들을 이용해서 결국에는 무슨 일이 일어날지를 더 쉽게 예측해낼 수 있는 것이다. 참고로 우리가 계속 이야기하는 군론은 대수학의 한 분야로, 우리가 보고 있는 예시들처럼 '행동'들의 관계를 주로 연구한다.

오래 타기의 기술

차를 가지고 있는 사람 중에는 유난히 차 관리에 신경 쓰는 사람이 많은 것 같다. 값이 비싸니 신경을 안 쓰는 게 더 이상한 일이기는 하다. 차를 관리하는 방법 중에 가장 기본적인 것은 세차다. 세차는 단순하게 차가 더러워졌을 때쯤 한 번하면 된다. 그다음으로 관리하는 것은 타이어 교체다.

내가 알고 있는 가장 심플한 타이어 관리팁은 1만~2만 km마다 혹은 6개월 마다 앞바퀴와 뒷바퀴를 교환하는 것이다. 보통 차량의 경우 앞부분에 실리는 무게가 상대적으로 크기 때문에 앞바퀴가 뒷바퀴에 비해 더 많이 마모되기 때문이다. 사실 앞바퀴와 뒷바퀴 간에 차이만 있는 것이 아니라 오른쪽과 왼쪽도

• 내가 만든 단어이다. 태는 의태어의 '태'에서 가져왔다.

•• 보통 수학에서는 원래 상태(○)에 대해서는 e를 쓰고 나머지 행위들에 대해서는 a, b, c 등을 순서대로 가져다 쓴다.

당연하게 마모도의 차이가 있을 것이다. 나도 이번에 알게 된 사실인데 실제로 자세히 보면 오른쪽 앞바퀴가 가장 많이 마모된다고 한다. 우리나라는 오른쪽으로 차가 다니기 때문에 사거리에서 보면 우회전은 도는 공간이 작아서 천천히 도는 반면 상대적으로 좌회전은 도는 공간이 넓어서 더 빠른 속도로 돌고, 그 영향으로 오른쪽 바퀴가 더 많이 마모된다는 것이다. 이유야 어찌되었든 네 개의 바퀴에는 마모도의 차이가 있고 우리는 위에서 본 매트리스처럼 바퀴를 고르게 쓸 수 있는 방법을 찾고 싶다.

어떤 방법이 있을까? 사실 우리는 더 고민할 필요가 없다. 매트리스를 차라고 생각하는 순간 모든 문제가 해결되기 때문이다. 매트리스를 위에서 바라본 차라고 생각하고 오른쪽 위아래, 왼쪽 위아래에 바퀴가 있다고 생각해보자(바퀴는 구분을 위해 '건곤감리'로 표현했다). 우리는 매트리스를 고르게 쓰는 방법을 배웠다. ㅅ과 ㄱ을 번갈아 가면서 하면 된다. 다만 이번에는 차체를 업어치는 게 아니라 그 방향으로 타이어만 교체하는 것이다. 다음과 같이 말이다.

그러면 매트리스를 고르게 사용할 수 있었던 것처럼 타이어도 24개월을 주기로 6개월씩 각 위치에서 한 번씩 사용될 수 있다. '건' 타이어는 열한 시 방향에서 시작해 한 시 방향, 다섯 시 방향, 일곱 시 방향을 한 번씩 갔다가 돌아오고, '감' 타이어는 한 시 방향, 열한 시 방향, 일곱 시 방향, 다섯 시 방향을 순서대

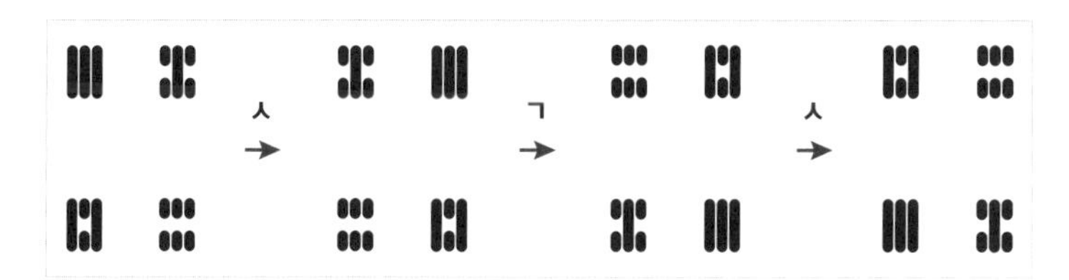

로 돌고 온다.

매트리스와 타이어는 실제로는 서로 관련이 없지만 '대칭'에 대해서는 이렇게 비슷하다. 타이어 교체든 매트리스 배치든 '대명사 혹은 대태사 혹은 대수'인 ㅅ과 ㄱ으로 설명할 수 있기 때문이다. 놀랍지 않은가?

ㄱ, ㄴ, ㄷ

우리는 앞서 타이어 교체도 ㅅ과 ㄱ을 번갈아 가면서 6개월마다 바꿔주면 된다는 것을 알아냈다. 하지만 사실 타이어 교체는 매트리스 배치와는 조금 다르다. 타이어 교체가 조금 더 자유롭다는 점에서 그렇다. 매트리스는 딱딱한 네모 모양이라 서로의 상대적인 위치는 바꿀 수 없는 느낌이지만, 타이어 교체는 사실 네 개의 타이어를 다 빼서 아무 곳에나 집어넣을 수 있기 때문이다.

사실 조금만 더 고민해보면 우리는 이것보다 더 단순한 타이어 교체 방법을 생각해낼 수 있다. 그냥 타이어를 반시계방향으로 한 칸씩 밀어서 교체하는 것이다. 다음 그림처럼 말이다. 이 과정을 ㅁ이라고 해보자.

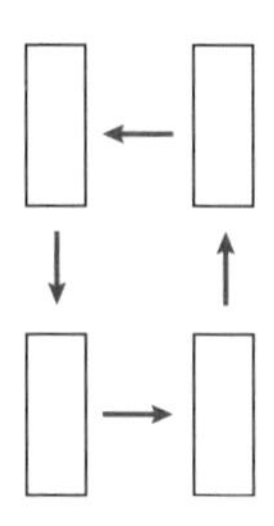

그러면 모든 타이어가 각 위치에 한 번씩 간다는 점에서 고르게 네 개의 타이어들을 사용할 수 있게 된다. 매트리스는 6개월 전에 ㅅ을 했으면 이번에는 ㄱ을 해야 하고 6개월 전에 ㄱ을 했으면 ㅅ을 해야 하지만 타이어의 경우에는 ㅁ이라는 교체 방법을 이용하면 그냥 6개월마다 똑같이 ㅁ을 하면 된다. 편리하지 않은가? 사실 다음과 같은 교체 방법도 가능하다. 이를 ㅎ이라고 칭해보자.

그럼 ㅎㅎ을 하면 어떻게 될지 생각해볼 수 있다. 신기하게도 ㅎㅎ는 사실 ㅅ과 같은 효과를 준다. 즉, $ㅎ^2$=ㅅ이다. 따라서 ㅎ을 네 번 하면 ㅅ을 두 번하는 것과 같고 $ㅅ^2$=ㅇ(원래 그대로)이라는 것을 기억한다면, ㅎㅎㅎㅎ=ㅇ이라는 사실을 알 수 있다. 실제로 ㅎㅎㅎㅎ을 했을 때 타이어의 움직임을 그려보면 원래 자리로 돌아온다. (사실 ㅎ은 후륜 구동차의 타이어를 교환하는 방법

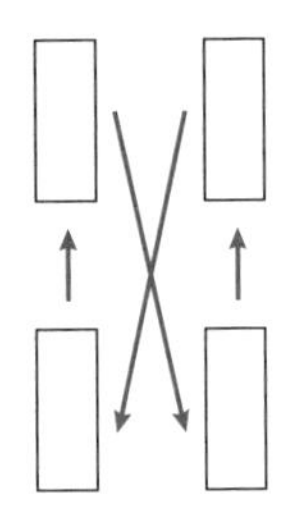

으로 알려져 있다.) 따라서 6개월마다 ㅎ을 하게 되면 24개월 동안 각 타이어는 각 위치에서 6개월씩 사용된다. 즉, 이 방법도 각 타이어를 6개월씩 각 위치에서 쓸 수 있는 간단한 방법이다.

앞에서 본 ㅁ은 그 한 가지 행위만 기억하면 타이어를 고르게 사용할 수 있다. ㅎ도 마찬가지다. 하지만 타이어가 아닌 매트리스를 고르게 사용하기 위해서는 ㅅ과 ㄱ 두 가지가 필요했다. 설명하지는 않았지만 사실 ㄱ과 ㄷ 두 가지를 써도 가능하다. 하지만 하나의 행위만 이용해 매트리스를 사용하는 것은 절대 불가능하다.

다시 정리하면 매트리스를 고르게 쓰려면 최소 두 가지 행위를 기억해야 하지만, 타이어를 고르게 쓰는 것은 하나의 행위만 기억해도 된다는 뜻이다. 실제로 이는 (수학적으로) 매트리스 돌리기 구조와 타이어 교체 구조가 서로 다르다는 것을 증명하는 방법이다.

비록 겉으로 보기에는 비슷해 보이기도 하지만 이렇게 '대명사'를 이용하면 둘이 확실히 다르다는 것을 입증할 수 있다. 바로 이 점이 수학에서 대수학이 중요한 이유 중 하나이다. 매트리스와 타이어는 상대적으로 간단해 보였지만, 예를 들어 바퀴가 여섯 개나 여덟 개쯤 달린 아주 큰 트럭의 타이어들이라면 어떨까? 아니면 육각형 모양의 탁자라면 또 어떨까? 이런 것들을 생각해보면 얼마나 더 복잡한 문제가 기다리고 있을지 상상해볼 수 있다. 대수학은 상상하기 복잡한 이런 현상들에 단순히 ㄱ, ㄴ, ㄷ이라는 대명사를 붙여서 ㄱㄴ=ㄷ이 맞는지 ㄱㄷ=ㄴ이 맞는지를 이용해 그것들의 관계를 보다 쉽게 예측할 수 있게 해준다.

잠깐의 깊은 수학 이야기

우리는 앞서 '구조에 대한 호기심'을 쉽게 해결해주는 대명사의 필요성을 봤다. 예를 들어 ㄷ, ㄱ, ㅅ 같은 '대태사'로 구조를 좀 더 간단히 표현할 수 있었다. 마치 ㄷㄱ=ㅅ 같이 말이다. 이러한 종류의 수학은 비단 우리 침실의 침대 돌리기에만 적용할 수 있는 것은 아니다. 구조에 대한 연구는 (당연하게도) 일상에만 있는 것이 아니기 때문이다.

예를 들어, 야만과 문명의 차이를 담아낸 《슬픈 열대》의 저자 클로드 레비 스트로스Claude Levi-Strauss는 수학을 구조주의 연구에 활용했다고 알려져 있다. 이외에도 군론은 결정학에서도 결정구조에 관한 대화를 하기 위한 (말 그대로) 언어로 사용된다고 한다. 물론 딱 듣기에도 정확히 뭔지 모르겠는 구조주의와 결정학에 대해서는 (궁금하다면) 각자 공부를 하는 것으로 하자. 여기서는 일상도 아니고 다른 학문 분야도 아닌 수학 그 자체에서의 군론에 대해서 떠오르는 이야기가 있어 얘기해보려고 한다.

4년마다 한 번씩 개최되는 세계 수학자 대회ICM는 세계의 수학 연구를 이끌어가는 사람들이 나와서 최근의 수학 발전에 대해서 이야기하고, "어떤 발견이 있었으며, 어떤 방향으로 나아가는 것이 좋겠다"는 것을 이야기하는 토론의 장이다. 가장 최근인 2018년에는 브라질 리우 데 자네이루에서 세계 수학자 대회가 개최되었다. (여담으로, 좋은 이미지와 경제효과 창출을 위해 올림픽과 월드컵을 유치하려는 치열한 경쟁과는 사뭇 다르지만 국민적으로 수학에 관심을 불러일으킬 수 있는 좋은 기회인 ICM 또한 각 나라 수학자들 사이의 치열한 경쟁 속에서 유치된다. 2014년에는 우리나라에서 개최되었다.)

전 세계 수학자들의 대화의 장이자 교류의 장으로써 중요한 역할을 하는 ICM의 또 다른 중요한 역할은 바로 필즈상Fields Medal을 수여하는 것이다. 캐나다 수학자 존 찰스 필즈John Charles Fields의 제안으로 1936년에 처음 시작된 필즈상은 4년 마다 만 40세 이하의 수학자 중에서 뛰어난 업적을 이룬 이들에게 수여된다. '수학의 노벨상'이라는 별명이 있을 만큼 수학계에서 권위있는 상이다. 필즈상 수상자 발표에는 전 세계 수학자들의 이목이 집중된다. 실제로 수상 시기가 되면 노벨상처럼 수상대상자에 관한 예측이 떠돌기도 한다. 안타깝게도 실제로 수상하지는 못했지만 종종 수상대상자로 예측되었던 한 수학자가 있다. 호주에서 활동하는 게오르디 윌리엄슨Geordie Williamson이다.

게오르디 윌리엄슨은 어린 시절에는 누구나 그렇듯 호기심이 많은 학생이었던 모양이다. 대학에 가서는 영어와 수학을 놓고 무엇을 전공할지 고민했다고 하는데, 처음에는 수학이 그냥 딱딱한 이론을 만들어내기 위해 책의 한 줄 한 줄을 따라가는 지루한 느낌이 들어서, 영어를 훨씬 좋아했다고 한다. 그랬던 게오르디 윌리엄슨의 생각은 대학교 2학년 때 갈루아를 만나게 되면서 바뀌게 된다.

에바리스트 갈루아Evariste Galois는 1811년생으로 프랑스 파리에서 태어나 만 20세의 나이로 죽음을 맞이한 프랑스 급진주의자이자 현대 수학에 상상을 초월할 정도의 영향을 끼친 천재이다. 천재라는 표현에서 볼 수 있듯이 갈루아가 만 20세까지 남긴 그의 기록은 그 자체로 전설이 되어버렸다. 우리가 앞서 맛보기로 본 대수학을 하나의 건물이라고 표현한다면, 갈루아라는 땅이 있었기 때문에 만들어질 수 있었다고 표현할 수도 있겠다.

갈루아는 이런 대수학•을 만들어 350년 동안 난제였던 "5차 방정식 이상의 일반해의 공식은 없다"는 것을 해결해냈다. 만 20세가 채 되기 전에. 물론 그 당시의 350년이란 세월이 정보와 생각이 훨씬 빨리 공유되는 현재의 350년과는 비교될 수 없다. 하지만 처음으로 대수학이라는 배를 만들고 그 배가 어떤 연료를 사용해 어디까지 갈 수 있는지를 보여주고 앞으로 어디를 통해 최종적으로는 어디까지 가야 할지를 제시했다는 점에서 엄청난 업적을 남긴 것이다.

아무튼 이런 갈루아 이론은 '수학은 기호의 단순한 나열 혹은 계산'이라는 게오르디 윌리엄슨의 생각을 보기 좋게 바꾸었고 (종종 인터뷰를 보면 지금은 거의 갈루아 이론 홍보대사다) 게오르디 윌리엄슨은 갈루아가 남긴 유산인 군론에 대한 연구로 많은 수학상을 수상했다. 아쉽게도 나이가 다 되어서 필즈상은 이제 더 이상 받지 못하지만 말이다. 가장 대표적으로는 셰발리Chevalley

---

• 대수학은 넓게 보면 갈루아가 만들어낸 것만을 이야기하지 않는다. 여기서는 '번지지르해보이지만 전문적이라서 알 수 없는 말'의 느낌을 피하기 위해 굳이 필요하지 않은 경우 자세한 용어를 사용하지 않았다. 여기서 말하는 대수학은 현대대수학 혹은 추상대수학으로 불린다. 그리고 좀 더 좁은 범위에서는 갈루아 이론이라고 불린다. 갈루아 이론이라는 용어는 바로 뒤에서 잠깐 사용된다.

상, 클레이 연구상, 유럽수학회상 등을 수상했고 영국의 왕립학회 최연소 회원으로 선출되었으며 호주에서 활동하는 수학자로는 처음으로 세계 수학자 대회에 초청받아 2018년 브라질 ICM에서 기조강연을 하는 영광을 누렸다.

윌리엄슨을 수학의 늪에 빠뜨린 갈루아 이론은 뭘까? 갈루아 이론은 간단히 이야기하자면, 우리가 앞에서 본 매트리스 돌리기와 타이어 교체와 비슷한 무언가라고 할 수 있다. 다른 점이라면 우리 눈에 보이지 않는 '방정식의 해'들을 교체하는 문제를 생각해본다는 것이다. 예를 들어, 매트리스 돌리기의 경우 ㄷ, ㄱ, ㅅ을 가지고 노는 것이 정 어려우면 '이건 수학이 아니라 건강에 좋은 운동이다'라고 생각하고 매트리스를 직접 돌려보면 결과를 알 수 있다. 타이어 교체도 돈은 좀 들지만 차량정비소에 가서 교체해달라고 하고 무슨 일이 일어나는지 살펴보고 기록하면 된다. 하지만 방정식의 해는 직접 손으로 다룰 수 있는 대상이 아니기 때문에 방정식의 해들을 교체하는 것은 타이어를 교체하는 것처럼 쉽게 육안으로 확인하기는 어렵다.

하지만, 매트리스 돌리기에서도 우리는 ㄷㄱ=ㅅ이라는 사실을 하나 얻어낸 다음 이 관계식만을 조작해 (매트리스에 대한 상상 없이) ㄷㅅ=ㄱ이라는 또 다른 관계식을 얻어낸 바가 있다. 갈루아 이론도 비슷하다. 물론 '해를 교체한다는 것'은 머리로 상상하기는 힘든 추상적인 행동이다. 그래서 처음에는 손으로 열심히 써가며 해를 교체하는 어려운 작업을 해야 한다. 하지만 그 과정을 통해서 몇 가지 ㄷㄱ=ㅅ과 같은 관계식을 얻게 되면 그다음부터는 좀 더 쉽게 (직접 해를 교체할 필요 없이) 다른 관계식들을 유도할 수 있다. 그러고 나면 이 관계들은 구조에 관한 이야기를 해준다.

우리는 앞서 가계도에서 '교환 가능성'이라는 관계가 집안 내력의 구조를 설명해주는 것을 본 적이 있다. 또한 매트리스 돌리기의 관계식을 통해 매트리스를 효율적으로 쓰기 위해서는 ㅅ과 ㄱ 두 가지를 기억해야 한다는 것을 알아냈다. 그리고 타이어 교체는 ㅁ이나 ㅎ 둘 중 딱 하나만 기억해도 된다는 사실을 통해서 매트리스 돌리기와 타이어 교체의 구조가 다르다는 것을 알아내기도 했다.

비슷하게 갈루아 이론에서도 얻어낸 관계들을 이용하여 방정식의 해에 대한 구조를 이해할 수 있다. 갈루아는 바로 이런 관점으로 '5차 방정식 이상의 일반해의 공식은 없다'를 증명했다. 이런 관점은 이후 수학에서 하나의 큰 분야를 만들어냈고, '한 줄 한 줄 쓰면서 지루한 이론을 만들어내는 수학'이 재미없어서 영문학을 전공하려고 했던 게오르디 윌리엄슨을 수학의 길로 빠지게 만들었다. (비단 윌리엄슨뿐만 아니라 실제로 갈루아 이론을 공부하고 나서 수학의 길로 들어선 사람들이 많다.)

우리가 가지고 놀던 '대태사'가 오랜 시간 동안 수학의 난제를 해결하는 데 도움이 되고 사람들을 수학에 빠뜨렸다는 사실이 조금은 놀랍지 않은가? 이 이야기를 통해 여러분 나름대로 수학에서 하나의 큰 분야에 대한 느낌을 가질 수 있게 되었기를 바란다.

왼쪽과 오른쪽, 오른쪽과 왼쪽

나는 TV 프로그램 중에서 토크쇼를 좋아한다. 물에 빠지거나 불빛 하나 없는 추운 곳에서 잠을 자거나 하는 버라이어티 쇼도 좋아하지만 '공감과 이해'라는 점에서 토크쇼가 더 잘 맞는 것 같다. 때로는 웃기고 때로는 슬프고 때로는 진지한 토크를 들으면서 나와 비슷한 생각을 하며 살아가는 사람들이 있다는 것에 공감하고 위로를 받는다. 그리고 나라면 상상도 못할 생각을 가지고 살아가는 사람(예를 들어, 하루에 네 시간만 자면서 일하는 연예인)을 보면서 나의 게으름에 대해 1분 정도 반성하고 그 사람들의 사고방식을 이해해보려고 하는 것이 나에게는 소소한 행복이기에 난 토크쇼를 좋아한다.

토크쇼에서는 보통 출연자들이 앉아있는 위치가 정해져 있다. 그래서인지 이런 말이 유난히 많이 들린다. "저는 왼쪽 얼굴이 오른쪽 얼굴보다 나아서 오늘 카메라 앵글이…" 이런 비슷한 말은 선을 보는 프로그램에서도 들린다. 그러면서 어느 쪽 자리에 앉을지 신경 쓰는 사람이 많은 것 같다. 나는 차마 내 얼굴을 그렇게 자세히 볼 자신이 없어서 어느 쪽 얼굴이 더 나은지 모른다. 나는 왼쪽 얼굴이나 오른쪽 얼굴이나 똑같이 생긴 사람이라고 하겠다. 어차피 왼쪽이냐 오른쪽이냐 따질 필요가 없기 때문이다. 게다가 몇몇 연구에 따르면 왼쪽 얼굴과 오른쪽 얼굴이 대칭으로 생긴 사람의 얼굴이 열일하는 얼굴이라고 하지 않는가?

대칭에 대한 완전한 진실이 무엇인지는 모르겠지만 확실한 건 우리가 대칭에서 안정감을 느끼고 대칭적인 것을 바라볼 때 편안하다는 감정을 느낀다는 것이다. 물론 '안정'이 아닌 '매력'에 대해서 생각해보면 물론 단순한 대칭보다는 아주 잘 만들어진 비대칭이 나은 경우도 있다. 적어도 남자 헤어스타일은 대칭적인 것보다는 (매우 신경을 많이 쓴) 비대칭 스타일이 더 낫다. 하지만 2:8이 되지 않도록 조심히 다듬어야 하는 비대칭과는 다르게 대칭은 크게 신경 써서 다듬지 않아도 우리에게 안정감과 편안함을 준다. 그리고 때로는 아름답기까지 하다.

단순한 아름다움과 편안함을 넘어서 대칭은 사람들에게 믿음의 의미로 그리고 더 나아가 종교의 의미로 다가가는 듯하다. 종교적 건축물을 떠올리면 대칭적인 모양이 떠오르는 건 여러분뿐만이 아니다. 나에게 이를 확신시켜준 것은 뜬금없게도 영화 〈닥터 스트레인지〉이다. 왜인지 모르게 사람들의 머릿속에는 도르마무만 남았지만 나는 영화 속에서 유난히 자주 등장하는 많은 문양이 멋있다고 생각했다. 특히 엔딩타이틀이 나올 때 내 머릿속에는 '영화에 왜 이렇게 대칭적인 문양이 많이 등장하지?'라는 생각이 스쳤다. 지금 생각해보면 종교와 대칭의 밀접함 때문인 것 같다. 감독이 종교적인 느낌을 충분히 담아내기 위해 영화에 대칭적인 문양을 많이 넣었고, 그 문양이 빈 화면을 채우기에도 좋기 때문에 엔딩타이틀도 그런 식으로 만들어진 것이다.

알함브라궁전의 대칭

스페인은 다양한 인종과 종교가 거쳐간 복잡하고 화려한 역사를 가진 나라 중 하나이다. 무적함대, 콜럼버스, 《총, 균, 쇠》 등 스페인하면 떠오르는 역사는 한두 가지가 아니다. 스페인의 이런 화려한 역사 덕분에 전 세계적으로 가장 많은 인구가 사용하는 언어 중 2위가 스페인어다. 주로 침략을 단행한 나라라는 느낌이 강한 그곳에도 침략을 당한 역사가 있다. 8세기경부터 거의 800년 동안 스페인의 남서부 지역은 이슬람의 통치 아래에 있었다. 스페인 남부의 도시 그라나다는 이러한 이슬람의 유산이 많이 남아있는 대표적인 도시 중 하나다.

그라나다의 관광명소 중에는 알함브라궁전이 있다. 원래 알함브라는 폐허로 변해버린 로마의 요새를 9세기경에 또 다른 요새로 바꾼 것이었는데 이후 그라나다 토후국이라는 이슬람 국가가 13세기 중반에 건물을 다시 지었고, 1333년 왕족을 위한 궁전으로 탈바꿈되었다. 알함브라궁전은 이슬람 건축의 영향을 간직하고 있고 특히 북아프리카와 이베리아 반도에 살던 무슬림들인 무어인의 건축양식을 잘 보여준다고 한다. 그리고 이를 인정받아 현재 유네스코세계유산으로 등재되어 있다.

알함브라궁전은 수학적으로도 의미가 있는 궁전이다. 다양한 종류의 대칭을 가진 벽면이나 장식 그리고 카펫 등이 많이 있기 때문이다. 알함브라궁전이 다른 건물과 다른 점은 무엇일까? 우리 집 화장실 바닥에 대칭적인 정사각형 모양의 타일이 깔려 있는 것처럼 대부분 건물들은 대칭적인 벽면이나 바닥을 많이 가지고 있는데 그런 건물들과 무엇이 다르다는 것일까?

뭔가 다른 느낌적인 느낌

우리는 대칭을 느낌적인 느낌으로 아는 때가 많다. 그래서 다음과 같은 그림 두 개를 보면 보통 이렇게 생각한다. "일단 둘 다 뭔가 대칭적이네."

여기서 좀 더 뚫어져라 쳐다보면 이런 생각이 들 수도 있다. "근데 서로 다른 느낌인데? 왼쪽은 사각형 느낌이고 오른쪽은 삼각형 느낌이야." 맞다. 여러분은 이미 직관적으로 어딘가 비슷하지만 어딘가 다르다는 것을 느꼈다. 특히 이 경우에는 사각형과 삼각형 느낌의 대칭이 나와서 확실하게 구분할 수 있다. 다음 상황은 어떨까?

만화영화 〈탑블레이드〉에 나오던 팽이다. 두 눈으로 보고 있는 사람이라면 두 팽이가 다르다는 것은 당연히 안다. 하지만 둘은 비슷한 느낌이다. 물론 둘 다 팽이라는 점 외에 말이다. 사각형 같기도 하고 바람개비 같기도 하다. 마지막으로 다음을 비교해보자.

확실히 비슷하다. 일단 둘 다 육각형인 듯하다. 하지만 미묘한 차이가 있는데 바로 왼쪽 그림은 바람개비 같은 대칭의 느낌은 아니라는 것이다. 이 느낌을 좀 더 정확히는 어떻게 설명해야 할까?

무엇이 다른가?

앞서 본 것들은 모두 똑같이 대칭이라는 느낌을 준다. 하지만 자세히 들여다보면 약간씩 다르다. 마치 첫 번째의 예시가 달랐고 세 번째의 예시가 달랐듯이 말이다. 대칭적인 무늬라고 해서 모두 똑같은 대칭인 것은 아니다.

다시 매트리스를 들고 와보자. 매트리스를 반 바퀴 회전시켰던 것을 기억하는가? 비슷하게 우리는 날개 여섯 개 바람개비도 회전시킬 수 있다. 매트리스를 침대 프레임에 맞추던 것처럼 비슷하게 바람개비도 바람개비 프레임이 있어서 거기에 맞춘다고 생각해보자. 아니면 바람개비 모양의 매트리스와 그 매트리스에 딱 맞는 침대 프레임이 있다고 생각해도 된다! 바람개비를 반 바퀴 돌리면 프레임에 맞을까? 반 바퀴 돌리는 것의 이름이 ㄷ이었던 것을 기억하자.

당연히 맞는다. 하지만 반 바퀴씩이나 돌리는 것 말고도 프레임에 맞출 수 있는 방법이 있다. 프레임에 다시 맞도록 아주 약간만 돌리는 것이다. 즉, 날개 한 개 정도 만큼만 반시계방향으로 돌리는 것이다. 매트리스의 경우처럼 우리는 '대태사'를 가져다 쓸 것이다. 이 행위를 이번엔 자음 대신 모음을 사용해서 ㅠ라고 해보자(육각의 육에서 ㅠ 부분을 따온 것이다).

이제 ㅠ의 특징을 알아볼 차례다. ㅠㅠㅠ를 하면 어떻게 될까? ㅠㅠㅠ는 날개 세 개 정도만큼 돌리는 것이니까 사실은 반 바퀴를 돌리는 것과 같다. 그래서 ㅠㅠㅠ=ㄷ이라는 사실을 알 수 있다. 그리고 ㅠ를 여섯 번 하면 당연히 제자리로 돌아온다.

ㅠㅠㅠㅠㅠㅠ=ㅇ

여섯 개의 날개를 가진 바람개비 매트리스에 할 수 있는 행위가 무엇이 있을까? 사실상 ㅠ 아니면 ㅠㅠ 아니면 ㅠㅠㅠ 아니면 ㅠㅠㅠㅠ 같은 것밖에 없다는 것을 직관적으로 알 수 있다.

그렇다면 육각팽이는 무엇이 다른 것일까? 육각팽이는 바람개비보다 좀 더 '정상적인' 일반 매트리스에 가까운 느낌이 있다. ㅅ을 기억해보면 된다. ㅅ은 세로를 기준으로 하는 업어치기였다. 육각팽이도 똑같이 매트리스라고 생각하고 세로를 기준으로 업어치기를 해보면 다시 침대 프레임에 꼭 맞아떨어진다. 그렇다면 바람개비 매트리스는 어떨까? 세로를 기준으로 업어치기를 하면 계속 매트리스를 들고 있어야 한다. 침대 프레임에 들어가지 않기 때문이다. 다음 그림에서 진한 부분과 그 뒤쪽 연한 부분은 서로 맞지 않는다.

이런 점에서 바람개비 매트리스에는 ㅅ이라는 행위가 불가능한 것이다. 육각팽이에는 ㅠ를 할 수도 있고 ㅅ을 할 수도 있다. 반면 바람개비에는 ㅅ은 할 수 없고 ㅠ만 할 수 있다. 두 대상이

다르다는 느낌적인 느낌을 주었던 것은 사실 ㅅ인 것이다.

이처럼 똑같이 육각형의 느낌이 나는 대칭도 대칭 구조를 더 많이 가지고 있을 수도 있고 더 적게 가지고 있을 수도 있다. 바로 이런 점이 알함브라궁전이 다른 건축물과는 다르게 '수학적인 무언가'를 품고 있다고 이야기하는 이유이다. 알함브라궁전의 벽면과 바닥 그리고 장식에는 이렇게 서로 다른 대칭 구조를 가진 대칭 무늬가 아주 다양하게 들어가 있다. 단순히 서로 다른 모양의 벽지를 붙여놓은 것이 아니라 대칭 구조 또한 다양하도록 붙여놓은 것이다. 다음의 세 가지 무늬는 전혀 다르게 생겼지만 가지고 있는 대칭 구조(참고로 수학에서는 이를 벽지군 wallpaper

group이라고 부른다)를 기준으로 보면 같은 것들이다.

반면, 다음의 두 가지 무늬는 다르게 생겼을 뿐만 아니라 가지고 있는 대칭 구조도 다르다. 엄밀하게 말고 느낌으로 이야기하면 왼쪽은 사각형, 오른쪽은 삼각형의 느낌이 나는 무언가라서 다르다고 볼 수 있다.

그 당시의 사람들은 비록 매트리스는 없었겠지만 매트리스 돌리기의 구조처럼 벽지 돌리기의 구조에 대해서 아주 잘 알고 있었던 것 같다. 이를 수학적으로 설명하는 군론이라는 분야가 만들어지기 약 500년 전에 말이다. 수학은 항상 새로운 것을 발견하는 것이 아닌 우리 주변 어딘가에 숨겨져 있던 구조를 이해하려는 학문이기도 하다는 것을 새삼 깨닫게 해주는 좋은 예다.

벽지의 경우에는 가지고 있는 대칭 구조(벽지군)의 종류가 열일곱 가지밖에 없다는 사실이 수학적으로 알려져 있다. 앞서 본 것처럼 가지고 있는 대칭 구조가 서로 다른 것을 한 줄씩 나열하면 이 목록은 열일곱 줄에 끝난다는 것이다. 새로운 대칭 모양을 가져와도 이 열일곱 가지 중 하나와 가지고 있는 대칭 구조는 같다는 것이다. 마치 탑블레이드 팽이 두 개가 색이 서로 다르고 모양이 다르긴 해도 가지고 있는 대칭 구조는 사각 바람개비 느낌과 똑같은 것처럼 말이다.

이 사실은 우리가 앞에서 이용한 ㄷ, ㄱ, ㅅ, ㅠ와 같은 '대태사'를 잘 이용하면 얻어낼 수 있는 결과 중 하나이다. 놀라운 사실은 무어인들은 이런 '대태사' 없이 경험으로부터 대칭의 구조가 다양하고 그 구조가 어느 정도 되는지 직감적으로 알고 있었다는 점이다. 그래서였을까? 옥스퍼드대학교 수학과 교수 마커스 드 사토이에 따르면 알함브라궁전에는 그 열일곱 가지가 모두 있다고 한다(어떤 사람들은 열네 가지 정도 있다고 이야기하기도 한다).

얼마나 될까?

이 이야기는 흥미롭다. 군론이라는 것이 만들어지기 수백년 전에 무어인들이 이미 가능한 종류를 모두 알고 있었다는 이야기 말이다. 그래서 이 이야기는 특히 수학자들에게 흥미로운 이야깃거리다. 그런데… 진짜일까? 잠깐 딴 길로 새어보자.

과연 알함브라궁전의 벽면과 바닥 그리고 장식 등에 몇 가지의 대칭 구조가 있는지에 관한 논쟁도 재미있는 이야깃거리다. 사실 알함브라궁전의 벽면과 바닥에 여러 종류의 대칭 구조가 있다는 것은 1944년 취리히대학교의 한 박사논문으로부터 시작되었다. 당시 논문을 쓴 E. 뮐러라는 사람은 알함브라궁전에 무려 열한 가지 구조가 있다는 것을 알아냈다. 이후 사람들은 (물론 일반 사람들은 아니고 수학자들일 것이다) 혹시 열일곱 가지가 모두 있는 것은 아닐까 하는 생각으로 벽면과 바닥을 샅샅이 훑어보았고 현재는 13~17가지까지 그 주장이 다양하다. 이렇게 확실하지 않은 이유 중 가장 큰 부분은 약 700년 가까이 된 건물이기 때문에 닳아 없어진 부분을 일일이 확인하는 것이 쉽지 않아서이다. 또 다른 이유는 알함브라궁전의 그 크기가 크고 사람에 따라서는 접근하지 못하는 곳도 있어서 특정 대칭을 가지고 있는 벽면이나 타일이 있는지 확인하지 못할 수도 있기 때문이다. 마지막으로는 '정말로 열일곱 가지가 모두 없어서'일 수도 있다.

당연히 열일곱 가지가 모두 있다면 그 자체로 엄청난 의미가 될 것이다. 왜냐하면 열일곱 가지밖에 없다는 수학적 사실은 거의 1900년대나 되어서야 알려졌는데 그보다 거의 600년 전에(이 수학적 사실은 군론이 처음 나오고도 좀 지나서 증명되었다. 그래서 이를 기준으로는 500년보다 좀 더 오래됐다) 무어인들은 수학적으로 분석하고 분류하지 않았을 뿐 경험적으로 모두 찾아냈다는 의미가 될 것이니 말이다. 그래서 어쩌면 우리는 그런 기대를 하고 있는지 모른다. 한 곳에 그 모든 것이 있다면 얼마나 놀랍겠는가? 그래서 난 궁금해졌다. 진짜일까? 그리고 내가 찾은 '열일곱 가지가 모두 있다'고 이야기하는 논문에서 나는 아주 재미있는 것을 하나 발견했다. 다음의 사진들이다.

이 사진들은 '다른 사람들은 찾지 못했다고 하는 대칭 구조'에 대한 증거로 실린 것이다. 사진이 하나가 아니라 두 개인 이유는 왼쪽의 카펫 무늬가 증거가 아니라 카펫의 무늬 속에 있는 무늬(오른쪽)가 증거이기 때문이다. 특정 대칭 구조를 다른 카펫이나 벽면에서는 찾지 못해서 카펫의 무늬 속의 무늬에서 찾아낸 것이다! (동그라미를 친 곳에 보이는 조그만 삼각형들이 보이는가?) 열일곱 가지 모두가 있는지에 대한 판단은 여러분의 몫이

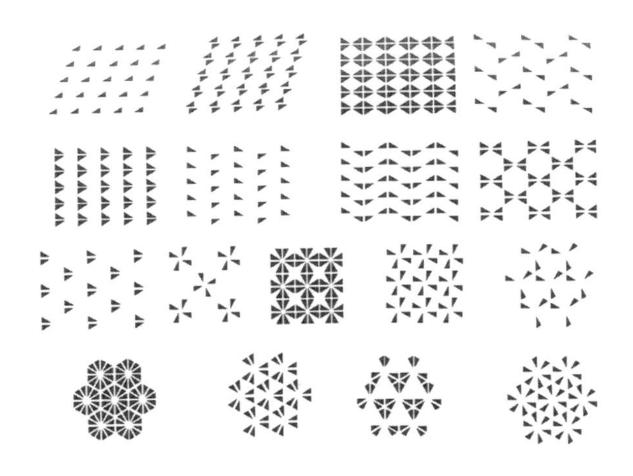

다. 중요한 건 이미 열네 가지가 있다는 것 자체만으로도 흥미롭다는 것이다.

대칭으로 세상 바라보기

가던 길로 다시 돌아와서, 무어인들은 수학으로 멍 때리기에 아주 익숙한 사람들이었을 것이다. 단지 그들은 어쩌면 지루해질지 모른다고 생각해서 '수식으로 써 내려가는 것'을 하지 않았을 것이다. 엄밀하게 수식으로 써내려가는 것은 수학자들에게만 필요한 것인지도 모르겠다. 우리는 삶을 살아가는 데 모든 것을 엄밀하게 기록할 필요는 없다. 즐기기 위해서 하는 거라면 더더욱 그렇다. 엄밀한 것에서 벗어나 여러분도 무어인처럼 즐기면서 수학으로 멍 때리기를 할 수 있기를 바란다.

날개가 여섯 개인 바람개비는 슬프게도 ㅠ밖에 없지만 육각팽이는 ㅠ 말고도 ㅅ이 있었던 것을 기억하는가? 즉, 육각팽이 모양의 매트리스는 날개 여섯 개의 바람개비보다 대칭의 방법이 많다. 나는 처음 대칭이라는 것을 배우면서 막연하게 '사람들은 대칭 구조가 더 많은 것에 아름다움을 느끼는 것 같다'고 생각했다. 여러분도 이런 멍 때리기에 익숙해지면 대칭의 구조가 익숙해지고, 나처럼 어떤 것이 왜 더 좋은지에 대한 새로운 시각이 생길 것이라고 생각한다. 물론 그것이 틀리더라도 상관없다. 새롭게 달라진 시각은 언제나 중요하니 말이다. 배운 후에 가장 중요한 건 연습이니까 대칭 무늬가 있는 티셔츠를 연습대상으로 남겨둔다. (문득 든 생각인데 여러분이 의상 디자이너라면 열일곱 가지의 서로 다른 대칭 구조를 가진 무늬로 열일곱 가지의 티셔츠를 만들어서 여러분의 이름을 붙여보는 것은 어떨까? 열일곱 가지 대칭 구조를 벽면에 그려 넣은 무어인들처럼 말이다.)

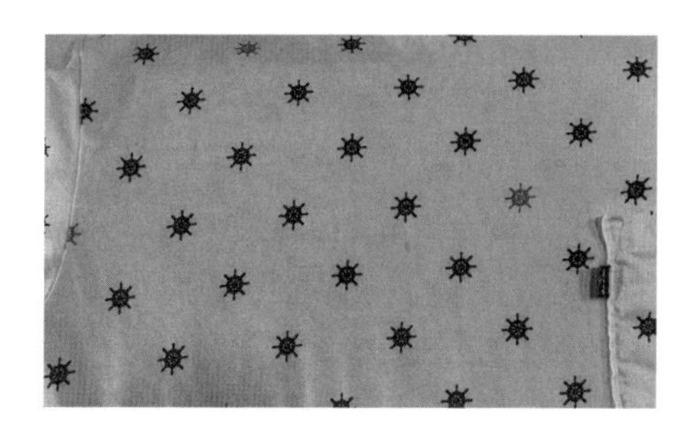

마지막으로 대칭에 관한 재미있는 책과 강연을 남겨둔다. 이언 스튜어트가 쓴《아름다움은 왜 진리인가》와 마커스 드 사토이의 TED 강연 "대칭, 실체의 수수께끼"이다. 이 책과 강연으로 더 많은 대칭의 수수께끼를 알아낼 수 있기를 바란다.

9

다 하지 못한 수학으로 멍 때리기

여기서는 아직 완성되지 못한 수학으로 멍 때리기의 몇 가지 주제에 대해 이야기해보려고 한다.

사과 컴퓨터 그리고 열대어

아이폰을 만드는 회사 애플의 로고는 특이하다. 모두 알다시피 이 로고는 한 입 베어 먹은 사과의 모양을 하고 있다. 이 사과의 의미에는 여러 가지 설이 있는데 그중에는 컴퓨터와 관련된 이야기가 하나 있다. 언뜻 사과와 컴퓨터는 별로 어울리지 않는 조합이지만, 그 둘 사이를 이어주는 건 바로 '독이 든 사과를 베어 물고 자살한 컴퓨터 과학의 아버지' 앨런 튜링이다.

앨런 튜링은 현대 컴퓨터의 원형을 제시한 인물로 알려져 있다. 최초의 컴퓨터가 등장하기 전에 튜링은 '컴퓨터라는 것이 어떤 방식으로 작동해야 하는지'를 자신이 고안한 튜링 기계를 통해서 먼저 제시했다. 또한 "그런 컴퓨터가 실제로 있다면 컴퓨터와 인간의 차이는 무엇일까?"라는 질문을 통해 튜링 테스트 Turing Test라는 것을 제안한 것으로도 유명하다. 튜링 테스트는 종종 이미테이션 게임이라는 더 흥미로운 이름으로 불리는데 이는 앨런 튜링의 삶(그중에서도 제2차 세계 대전 중 독일군 암호 에니그마 해독)을 다룬 영화 〈이미테이션 게임〉의 제목으로도 잘 알려져 있다.

튜링이 연구했던 분야 중 가장 의외의 분야는 바로 생물학이다. 놀랍게도 튜링은 "형태형성의 화학적 토대"라는 논문에서 생명체 내에서 발생하는 화학반응의 결과들에 대한 연구를 했다. 이해하기 쉽게 풀어 쓰면, 튜링은 동물이 가지고 있는 줄무늬나 점무늬 혹은 나선무늬가 어떻게 형성되는지 궁금해했다. 예를 들어, 얼룩말의 줄무늬나 열대어의 화려한 무늬들 말이다.

튜링은 이 논문에서 "처음에는 몸속에 균일하게 화학분자들이 퍼져 있다고 해도 이 분자들이 서로 반응하고 확산을 통해 주위로 퍼져 나간다면 다양한 종류의 무늬들을 만들어낼 수 있다"는 것을 수학적으로 증명했다. (이런 무늬들을 우리는 튜링 패턴이라고 부른다.) 또한 이를 통해 태아의 수정란이 어떻게 대칭적인 구의 모습에서 다른 패턴으로 변화할 수 있는지도 설명했다.

튜링의 반응과 확산에 대한 아이디어는 간단해 보이지만 사실 이 간단한 두 가지만으로도 무늬가 생성된다는 점은 놀라운 사실이다. 다음과 같은 상황을 생각해보면 튜링의 직관이 얼마나 (우리의 입장에서) 비직관적이었는지 느낄 수 있다.

우리가 물에 잉크를 떨어뜨리면 잉크는 확산의 과정을 통해서 물 전체에 퍼져나간다. 그리고 어느 시점이 되면 안정적인 상태에 도달해서 물속에는 잉크가 특별히 진한 부분이나 옅은 부분이 없게 된다. 즉, 확산은 상태를 고르게 만든다.

튜링의 직관은 두 종 이상의 화학분자들이 반응하면서 (이 반응의 결과로 멜라닌 색소가 만들어진다) 확산의 과정을 통해 퍼져나가면 더는 고르게 확산되지 않고 특정한 무늬를 만들어낼 수도 있다는 것이었다. 그리고 튜링은 실제로 이 아이디어를 '반응-확산 방정식'이라고 불리는 방정식으로 증명해냈다. 그리고 튜링의 이 연구는 현재 수리생물학 혹은 이론생물학이라고 불리는 분야의 토대가 되었다.

기본적으로 비슷한 문제

튜링이 생물의 발생과정이나 무늬의 생성과정을 설명하기 위해 도입한 반응-확산 방정식은 튜링 패턴과는 전혀 다른 연구를 하는 곳에서도 활용된다. 그중 하나는 도둑을 잡는 문제와 관련 있다.

범죄학에서 배우는 기본적인 이론 중에는 '깨진 유리창 이론'이라는 것이 있다. 간단히 말하면 비슷한 정도로 위험한 곳이 있을 때, 유리창이 깨져 있는 곳이 아닌 곳에 비해서 범죄가 발생할 가능성이 높아진다는 것이다. 유리창이 깨져 있는 건물은 '그 주변은 관리가 잘 안 되는 곳'이라는 이미지를 주기 때문이다. 깨진 유리창 이론에 의해서 범죄 위험성이 높아지는 메커니즘은 신기하게도 동물의 몸속에서 무늬가 만들어질 때 나타나는 메커니즘과 비슷하다. 덕분에 동물의 몸속에 멜라닌 색소들이 생성되는 곳을 찾는 문제는 수학적으로 우리 동네에 범죄가 발생하는 곳을 찾는 문제와 차이가 없다.

수학의 특징 중 하나는 추상적이라는 것이다. 이 때문에 수학은 여러 비슷한 문제들에 동시에 적용할 수 있는 이론을 만들어낸다. 예를 들어, 반응-확산 방정식을 보면 이는 '두 종의 화학물질이 반응하면서 확산의 과정을 통해서 퍼진다'는 아이디어를 수식으로 번역한 것이다. 그런데 여기서 사실 두 종의 화학물질이 무엇인지는 중요하지 않다. 앞의 범죄와 관련된 예시처럼 심지어 화학물질일 필요도 없다. 범죄자와 '유리창이 깨진 건물'은 화학물질이 아니지만, 중요한 건 이 둘이 '반응'을 통해 '범죄 발생'을 만들어낸다는 것이다. 즉, 아이디어가 추상적인 덕분에 이 방정식은 동물의 무늬를 설명하기도 하고 (어떤 점에서는 이와 비슷한) 범죄가 일어나는 곳을 예측하기도 하는 것이다. (문득 우리 주변에서 가끔 볼 수 있는 '로또 1등 당첨 판매점'의 비밀도 비슷한 문제가 아닐까 하는 생각도 든다. 당첨자가 한 명이라도 나온 판매점에 사람들이 더 몰릴 것이고 그러면 당첨자가 나오는 확률도 더 높아질 테니 말이다.)

어느 날 친구와 통화를 하던 중에 알게 된 나의 습관 하나는 수학을 설명할 때 "기본적으로 비슷한 문제"라는 표현을 많이 쓴다는 것이었다. 가능한 한 추상적인 상황을 활용해서 또 다른 비슷한 문제를 찾는 것이다. 나는 이 표현이 수학으로 멍 때리기를 하는 데 있어서 아주 중요하다고 생각한다. 먼저 '기본적으로 비슷하긴 하지만 전혀 다른 분야에서 등장하는 문제'를 찾는 것은 그 자체로 흥미롭기 때문이다. 범죄학과 동물의 무늬가 관련 있다는 사실이 흥미로운 것처럼 말이다. 또 다른 이유는 이미 답을 알고 있는 문제와 비슷한 문제라는 것을 깨닫는 순간, 더 이상 (머리 아프도록) 깊이 들어갈 필요가 없기 때문이다.

그래서 여러분도 앞으로 수학으로 멍 때릴 때는 '기본적으로 비슷한 문제'라는 관점을 잊지 않았으면 한다.

수학자의 협곡에 오신 것을 환영합니다

게임에 대한 이야기를 해보자. 보통 게임이라고 하면 단순히 노는 것이라고 생각하지만 우리는 사실 게임하면서 머리를 많이 쓴다. 주변에 게임을 잘하는 친구들만 봐도 게임을 잘하기 위해서는 '사고하는 힘'이 필수적인 요소라는 것은 쉽게 알 수 있다.

게임 '리그 오브 레전드'는 5:5로 하는 팀 게임으로 일종의 공성 게임이다. 다음의 지도처럼 세 개의 라인이 탑Top, 미들Middle, 바텀Bottom에 있고 각각 1, 1, 2명씩 라인에 서서 전투를 한다. (나머지 한 명은 정글이라고 불리는 지역을 돌아다닌다.) 각 라인

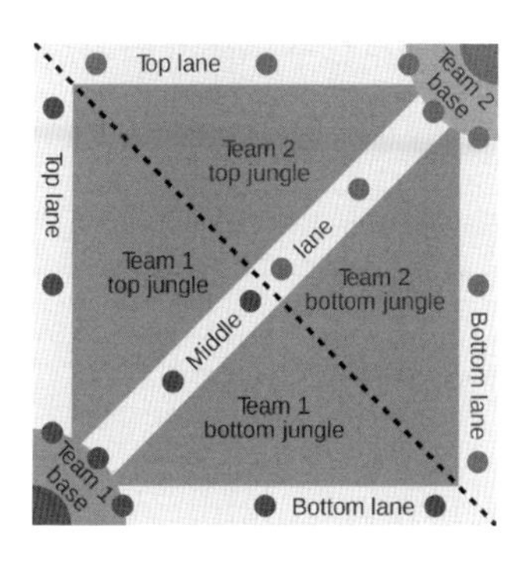

에는 미니언이라고 불리는 것들이 주기적으로 생성되어서 상대편 방향으로 진격한다. 미니언들은 직접 조종을 할 수 없는 유닛들이고 자동으로 적을 만나면 싸우게 되어 있다. 그래서 비록 우리 팀의 미니언들에 영향을 주기는 힘들지만, 상대 미니언들을 적당히 잘 처치하면 미니언들이 마치 내 뜻대로 움직이도록 만들 수 있다. 미니언들이 맞닥뜨리는 위치를 나에게 유리하게 만들어서 '라인 관리'를 하거나 많은 수의 미니언들이 한꺼번에 상대 진영으로 돌진하는 '빅 웨이브big wave'를 만들어서 상대방들을 정신없게 만들 수도 있다.

흥미롭게도 수학 중에는 이미 이런 문제에 관련된 수학이 있다. 바로 전쟁 속의 수학, 란체스터 법칙이다. 란체스터 법칙은 두 군대가 만났을 때, 무기의 종류와 군대의 크기에 따라서 전투의 결과와 살아남는 사람이 얼마나 될 것인가를 수학적으로 풀어낸 법칙이다. 게임 속 미니언들의 상황은 묘하게 이 상황과 닮았다. 무기의 종류가 여러 가지(근거리, 원거리, 대포) 있고 상대방 미니언을 원하는 정도만 처치해서 군대의 상대적인 크기를 조절할 수 있다. 실제로 '빅 웨이브'를 만드는 방법은 (예상과는 달리) 미니언을 모두 없애는 것이 아니라 하나 혹은 둘을 남겨 놓는 것이다. 아마 경험적으로 알려진 방법이겠지만, 이것이 실제로 수학적으로 맞는지 생각해보고 계산해보는 것도 재미있지 않을까 생각한다.

엘리베이터는 왜 그 모양일까?

이번에는 엘리베이터를 잘 운영하는 방법이다. 요즘은 건물마다 엘리베이터가 작동하는 방식이 천차만별이다. 옛날 건물 중에는 엘리베이터마다 호출 버튼이 있어서 모든 엘리베이터가 모든 층에 서는 아주 비효율적인 경우가 많다. 비슷하지만 일부 건물은 1, 3, 5, 7층 혹은 1, 2, 4, 6층만 운행하는 엘리베이터를 가지고 있는 (좀 더) 효율적인 경우도 있다.

그런가 하면 각 층에 엘리베이터 호출 버튼이 딱 하나만 있어서 그걸 누르면 알아서 (계산해서) 여러 엘리베이터 중 한 대를 보내주는 건물도 있다. 물론 이런 엘리베이터도 직접 그 안에 타보면 사람들이 가야 하는 층이 달라서 결국은 비효율적인 경우가 많지만 말이다. 마지막으로 최신 건물 중에는 어느 층에 갈 것인지를 사용자가 입력하면 어떤 엘리베이터를 타면 되는지 미리 알려주는 시스템도 있다!

자연스레 이런 질문들이 떠오른다. 이렇게 천차만별인 엘리베이터 시스템들은 효율성에 있어서 과연 얼마나 다를까? 미리 가고 싶은 층수를 누르는 엘리베이터는 어떤 알고리즘을 이용해 만들면 좋을까? 어떤 알고리즘이 어떤 장점을 가지고 있을까?

흥미롭게도 이와 관련된 수학은 이미 있다. 대기시간에 대한 고민들을 하는 대기 이론Queueing Theory이라는 분야다. 엘리베이터도 대기시간이 얼마나 되는지가 중요한 문제이지만 마트나 화장실에서 줄을 서는 문제 또한 대기시간과 관련된 문제다. (어쩌면 여기서 우리는 '기본적으로 비슷한 문제'의 상황과 마주할지도 모른다.) 우리는 마트에서 물건을 모두 고르고 계산대에 가면 항상 같은 고민을 한다. '이 줄에 그냥 서 있을까? 옆에 빨리 줄어드는 줄로 이동할까?' 반대로 마트의 입장에서도 '손님들의 계산 대기시간을 줄여서 만족도를 높이려면 어떻게 해야 할까?'라는 고민을 하기 마련이다.

비록 이런 질문들을 실제로 분석하는 것은 쉽지 않다. 예를 들어, 15층 정도의 빌딩에 엘리베이터가 다섯 대 정도 있다면 이를 분석하는 건 당연히 컴퓨터의 도움이 필요할 것이다. 하지만 우리가 앞서 봤듯 수학은 가장 단순한 경우에서 시작해 아이디어를 펼쳐나가는 것이 중요하다. 다시 말해, 엘리베이터 개수가 적고 건물의 층수가 적은 경우에 대한 고민은 더 간단할 뿐만 아니라 어쩌면 아주 중요할 수도 있다. 엘리베이터를 기다리면서 이런 멍 때리기를 해보는 것은 어떨까?

흐트러지든지 말든지

다음은 '다름'의 의미에 관한 이야기다. '다름'은 누구나 자주 쓰는 아주 쉬운 단어다. 그래서인지 몰라도 '다르다'는 말은 생각보다 미묘하다. 예를 들어, 두 사람 '동'과 '규'가 있다고 해보자. 동과 규는 서로 다른 사람이다. 하지만 동과 규는 둘 다 인간이다. 둘은 기준이 무엇이냐에 따라서 같다고 볼 수도 있고 다르다고 볼 수도 있다. 인간으로서는 다르지만, 동물의 종으로서는 같은 것이다.

비슷한 이야기가 있다. 여러분에게 목걸이가 하나 있다. (채울 필요 없이 그냥 목에 두르는 긴 목걸이를 상상하면 된다.) 아침에 책상 위에 목걸이가 원 모양으로 놓여 있었다. 그리고 밖에 나가면서 목걸이를 목에 걸었더니 아래로 쭉 늘어진 타원 모양이 됐다. 저녁에 집에 돌아와 책상에 목걸이를 두면서 가지런히 삼각형 모양으로 만들어 놓았다. 그렇다면 아침, 점심, 저녁의 목걸이는 모두 다르다. 다른 모양을 하고 있었기 때문이다. 아침에는 원 모양, 점심에는 타원 모양, 저녁에는 삼각형 모양. 하지만 세 상태의 목걸이는 모두 같은 목걸이다.

여기서 첫 번째 '다름'의 기준은 모양이다. 원과 타원과 삼각형은 모두 다르다. 두 번째 '다름'의 기준은 목걸이인지 아닌지이다. 세 시점의 목걸이 모두 여러분의 목걸이다. 목걸이가 끊어지지만 않는다면 말이다.

당연히 수학에서도 두 가지 대상이 다른지 같은지를 구분하기 위해서는 그 기준이 중요하다. 수학의 큰 줄기 중에는 도형, 모양, 공간 등에 대한 공부를 하는 줄기가 있다. 이 줄기 내에서는 '다름의 기준'이 무엇인지에 따라서 연구하는 분야의 이름이 조금 달라진다.

목걸이를 구분할 때 썼던 첫 번째 기준에 따라서 두 대상을 구분하는 분야를 우리는 기하학이라고 부른다. 그러면 두 번째 기준에 따라서 두 대상을 구분하는 분야는 뭘까? 우리는 이를 위상수학이라고 부른다. 간단히 말해, 기하학에서는 삼각형, 원, 타원이 모두 다르고 위상수학에서는 삼각형, 원, 타원은 끊어지기 전까지는 모두 같은 것으로 생각한다. 이렇듯 같은 것과 다른 것이 무엇인지를 구별하는 것으로부터 서로 다른 수학이 시작된다.

'다름'의 기준에 따라서 어떤 두 대상이 같은지 다른지를 생각해보는 것은 결국 두 대상의 차이점은 어디에서 오는지 그리고 공통점은 어디에서 오는지를 알 수 있게 해준다. 그래서 '다름'의 여러 가지 기준들은 수학뿐만 아니라 우리 주변을 이해할 때도 좋은 관점이 된다. '교환 가능'이라는 개념처럼 조금은 추상적일지도 모르지만 '다름'의 기준들에 대해 생각해보는 것은 어떨까?

개미들의 휘어 있는 세상

여기서는 우리가 사는 곳에 대한 이야기를 조금 해보자. 가끔 물리학에서 나오는 이야기를 들어보면 공간이 휘어져 있다는 이야기를 한다. 처음에 나는 이게 '도대체 말이 되는 소리인가?'라는 생각을 했다. 빛이 휜다니? 이를 어떻게 이해해야 할까?

차원이 높은 문제에 대해서 직관적으로 이해하는 방식 중 하나는 더 낮은 차원에 대해서 생각하는 것이다. 앞서 달걀 굽기 문제에서 사과 쌓기 문제로 넘어갈 때 차원을 하나 높인 것과 비슷하게 이번에는 반대로 차원을 낮추어서 생각해보자.

예를 들어, 우리가 3차원 공간이 아닌 2차원에 산다고 생각하자. 앞뒤, 좌우, 위아래가 있는 것이 아니라 앞뒤, 좌우만 있는 2차원 면 속에 갇혀 사는 것이다. 아니면 점프를 뛸 수 없는 조그만 개미가 앞뒤, 좌우로만 움직인다고 생각하는 것이다. 이렇게 이해하면 공간을 휘도록 만드는 것은 어렵지 않다.

우리가 아는 면 중 가장 단순한 것은 평면이다. 말 그대로 평평한 면이다. 이 공간은 휘어져 있지 않다. 그렇다면 휘어진 것은 무엇이 있을까? 다음으로는 가장 쉽게 공의 표면을 생각할 수 있다. 이 공간은 분명히 휘어져 있다. (표면을 생각한다는 것은 위로 점프를 하거나 안으로 파고 들어가지 않는다는 뜻이다. 그래서 기본적으로 두 개의 방향, 즉 앞뒤, 좌우가 있고 2차원이라고 생각할 수 있다.)

사실 우리 눈에는 휘어 보이지만 과연 그 표면 속에 살고 있는 개미가 공간이 휘어졌다는 것을 느낄 수 있을까? 이는 우리가 살고 있는 공간이 정말 휘어져 있는지를 우리가 어떻게 이해할 수 있는지를 묻는 질문과 같다. 즉, 표면에 살고 있는 개미가 자신이 살고 있는 면이 휘어져 있는지 이해하는 데 도움을 줄 수 있다면, 우리도 (직관적으로) 우리의 공간이 휘어 있다는 것을 이해할 수 있는 것이다.

개미가 이를 알아낼 수 있는 방법은 빛을 관찰하는 것이다. 공 표면에서 빛은 어떻게 움직일까? 빛은 가장 빨리 가기 위해서 방향을 옆으로 틀지 않고 앞으로 쭉 갈 것이다. 따라서 빛이 지나가는 흔적은 항상 (공 표면에서 가장 큰 원인) 대원이 된다. 이 때, 대원 두 개가 만나지 않는 것은 불가능하다. 다음의 그림에서 볼 수 있듯이 어떤 대원을 그리던 두 개의 대원은 항상 만난다.

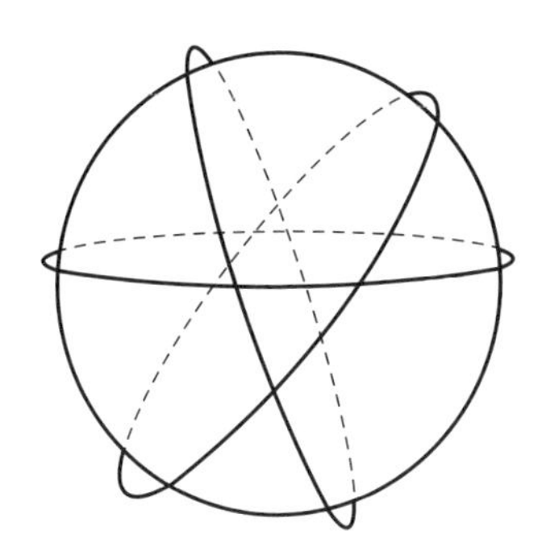

개미가 살던 공간이 휘어 있지 않다면 어떨까? 평면에서는 빛이 나아간 흔적이 서로 만나지 않는 것이 가능하다. 마치 철로처럼 두 빛을 평행하게 쏘면, 두 빛은 절대 만나지 않는다. 따라서 개미는 우리의 도움 없이도 빛의 경로들이 만나는지 아닌지를 통해 공간이 정말 휘어 있는지를 알 수 있는 것이다. 그리고 우리도 이러한 방식으로 우주가 휘어 있다는 것을 받아들일 수 있다. 이처럼 기하학과 관련된 멍 때리기를 할 때는 차원을 낮추고 그 입장에서 생각해보는 것을 잊지 말도록 하자.

데이터 주무르기

마지막으로는 데이터에 관련된 이야기를 잠깐 해보려고 한다. 우리는 앞서 맞춤 정장 이야기에서 소매길이와 가슴둘레 사이의 식을 구하는 이야기를 했다. 그리고 이 두 가지 항목을 기준으로 2차원 옷 좌표계를 그려서 우리는 직선을 얻었다.

비슷하게 2차원 사람 좌표계를 '몸무게'와 '키'라는 두 항목을 가지고 만들어보자. 몸무게와 키는 어느 정도 관계가 있으니까 이 경우에도 우리는 직선을 얻을 수 있다. 하지만 여기서 우리가 생각해봐야 하는 것이 하나 있다. 바로 키와 몸무게의 단위이다. 단위는 보통은 센티미터cm와 킬로그램kg을 기준으로 쓰지만 피트ft와 파운드lb를 기준으로 데이터를 잴 수도 있다. 이렇게 되면 같은 사람들을 대상으로 수집한 데이터임에도 불구하고 우리는 기울기가 다른 직선을 얻게 된다.

비슷한 상황은 또 있다. 체질량 지수BMI라고 불리는 값이 있다. 이 값은 '비만도'의 기준으로 쓰이는 값으로 '몸무게÷키^2'으로 계산한다. 그렇다면 BMI에 대한 분석을 할 때는 2차원 좌표계의 두 축을 '몸무게'와 '키'가 아닌 '몸무게'와 '키^2'을 쓰는 것이 나을 것 같다. 하지만 이렇게 되면 (같은 사람들의 데이터임에도 불구하고) 우리는 직선이 아닌 곡선을 얻게 된다.

두 가지 상황을 정리해보면 이렇다. 데이터를 수집하는 방법은 우리의 좌표계에 영향을 끼친다. 앞서 본 것처럼 직선이 다른 직선으로 바뀌거나 심지어는 곡선이 될 수도 있다. 하지만 그럼에도 변하지 않는 것이 하나 있는데 다음의 예를 통해서 생각해보자. 어떤 데이터를 수집했는데 다음 가운데 그림과 같이 원 느낌이 나는 분포를 하고 있다고 생각해보자.

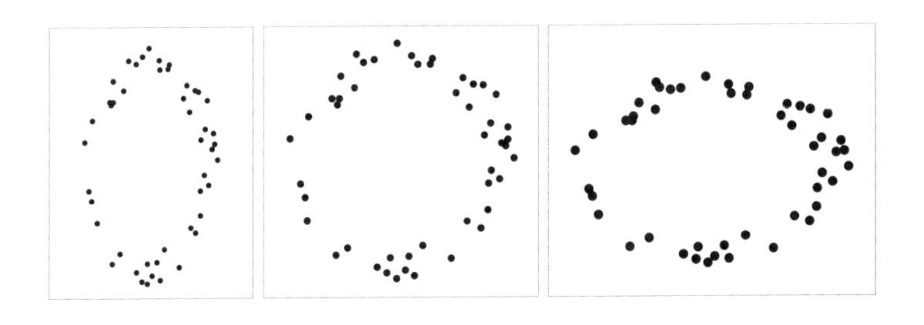

여기서 우리가 앞서 했던 것처럼 각 좌표축에 변형을 가하면 이 원은 아마 왼쪽이나 오른쪽처럼 찌그러진 원이 될 것이다. 하지만 우리는 앞서 원과 찌그러진 원은 같다는 것을 이야기한 바 있다. 위상수학적으로! 즉, 데이터를 수집하는 기준을 다르게 한다고 해도 같은 데이터는 결국 위상수학적으로는 같은 결과를 주는 것이다.

데이터를 분석할 때 이런 관점으로 분석하는 방법을 요즘에는 위상적 데이터 분석Topological Data Analysis이라고 부른다. (스탠퍼드대학교 수학과 교수 구나 칼슨이 만든 방법이다.) 이 분야의 가장 유명한 결과 중 하나는 기존의 분석으로는 힘들었던 '유방암 환자의 특정 집단을 찾아내는 것'이었다.

우리가 간단히 통칭해서 부르는 암은 사실 암의 종류마다 특징이 상당히 다른데 이는 유전적 요인에서 온다. 특히 유방암이 유전과 가장 큰 관련이 있는데 이런 이유로 같은 항암제를 사용하더라도 유전적 특징에 따라 어떤 사람은 치료가 쉽고, 어떤 사람은 치료가 어렵다. 따라서 종양에서 유전 데이터를 뽑아내고 이를 분석해 그에 맞는 처방을 해야 한다. 비록 기존의 방법으로는 분석이 쉽지 않았지만 구나 칼슨을 비롯한 몇몇 연구자들이 위상적 데이터 분석을 활용해 이를 가능하게 만들었다. 다시 위상수학 이야기가 나온 김에 '위상수학에서의 다름'을 간단히 소개하고 마치려고 한다.

개미 표류기

물놀이를 하러 수영장에 가면 두 종류의 반질반질한 놀이도구가 있다. 하나는 '수영 공'이고 다른 하나는 '수영 튜브'이다. 잠깐 뜬금없는 생각을 한번 해보자. 비닐로 된 '수영 만능도구'가 있어서 마치 목걸이로 삼각형과 원 모양을 만들듯이 '이렇게 만들면 공이 되고 저렇게 만들면 튜브가 된다'면 얼마나 좋을까? 그럼 수영장에 갈 때 하나만 들고 가서 놀 수 있으니 말이다. 가능할까? 개미의 (고난한) 표류기를 통해 알아보자.

각 표면이 자기 집인 두 마리의 개미가 있다. 각각 공개미와 튜브개미라고 하자. 각각의 집에는 유선청소기가 하나씩 있는데 이 청소기는 언제나 콘센트에 꽂힌 상태로 바로 옆에 보관되어 있다(참고로 이 유선청소기는 우리들 집에 있는 청소기처럼 발로 '청소기 선 수거' 버튼을 누르면 선을 쭉 빨아들인다).

어느 날 각각의 개미가 자기 집을 청소했다. 그러고 나서 보관을 위해 청소기를 콘센트 근처로 가지고 갔다. 개미는 이제 선을 수거하기 위해 '청소기 선 수거' 버튼을 눌렀다. 과연 두 개미는 콘센트에 꽂힌 상태로 선을 모두 수거할 수 있을까? (당연히 콘센트 바로 옆에 둘 수 있을 정도의 거리만 제외하고 선을 수거하는 것이다.)

가능하다. 공개미는 말이다. 공 표면에 청소기 선이 어떻게 널브러져 있든 간에 '청소기 선 수거' 버튼을 누르면 언제나 수거

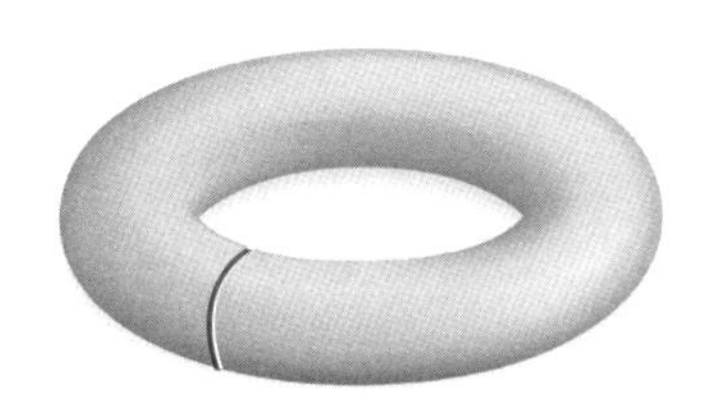

된다. 반면 튜브개미는 다음과 같은 경로로 청소했다면 콘센트를 뽑지 않는 이상 청소기 선을 수거할 수 없다.

이것이 바로 우리가 '수영 만능도구'를 만들 수 없는 이유다. 왜냐하면 그런 것이 존재한다면 바람을 넣든 빼든 모양을 뒤틀든 간에 '청소기 선의 수거 가능성'에 대한 답은 항상 똑같아야 하는데 공과 튜브는 그 답이 다르기 때문이다!

우리가 방금 한 실험은 '청소기 선의 수거 가능성'이라는 간단한 아이디어를 이용해 사실 공과 튜브가 위상적으로 다르다는 것을 입증한 것이기도 하다. 위상수학적으로!

수학으로 멍 때리기의 이야기들은 이제 여기서 끝이다. 하지만 이 이야기들로 내가 전하고 싶은 '수학에 관한 생각'이 있어 그 이야기로 마무리하고자 한다.

수학의 여러 가지 얼굴

우리가 0장부터 9장까지 본 여러 이야기들 사이에는 공통점이 하나 있다. 학교에서는 보기 힘든 수학이라는 점이다. 학교뿐만 아니라 사실 주변에서 아무도 이야기해주지 않는다. 왜일까? 그 이유는 바로 수학에 여러 가지 얼굴이 있기 때문이라고 생각한다.

문과적으로 수학의 뜻을 이해하면 수학은 숫자에 대한 공부다. 숫자를 의미하는 '수數'와 공부를 의미하는 '학學'으로 이루어져 있기 때문이다. 문자 그대로 '숫자를 공부하는 것'이다. 그래서인지 많은 사람들이 수학은 '숫자를 공부하는 것'이라는 생각을 가진다. 그런데 이 생각도 두 가지 정도로 나눌 수 있다. 하나는 '더하기, 빼기, 곱하기, 나누기'를 의미하는 산수다. (실제로 이런 관점을 가지고 수학을 보는 사람들이 가장 많은 것 같다.) 그다음은 산수라는 얼굴이 조금 더 고급지게 변한 '계산'이다.

'계산'이라는 얼굴은 중고등학교 수학에서 등장한다. 숫자만 배우고 숫자 계산만 한다는 뜻이 아니다. 우리는 조금 더 상상하기 어려운 기하와 벡터를 배운다. 조합론과 확률도 배우고 수학의 꽃이라고 불리는 미분과 적분도 배운다. 하지만 여전히 수학의 얼굴이 '계산'으로 보이는 이유는 결국 마지막은 계산 문제이기 때문이다. 새로운 개념을 배우고, 그 특징들에 대해서 아주 깊이 배우기보다는 개념을 적당히 알려주고 숫자를 넣어서 계산하는 문제가 대부분을 차지한다. 결국 기하를 배우고 벡터를 배웠지만 마지막은 복잡한 숫자 계산을 통해서 답을 내야 한다.

한자로 수학은 숫자에 대한 공부를 의미하지만 영어로는 그렇지 않다. 수학mathematics의 영어 어원은 '지식이나 공부 그 자체'를 뜻하는 단어μάθημα 혹은 mathema이다. 특정한 '수학 지식'이나 '숫자 공부'가 아닌 일반적인 의미의 '공부' 혹은 '지식'을 의미하는 것이다. 이와 관련된 수학의 다른 얼굴 하나는 '양, 구조, 공간, 변화, 기호에 대한 공부'이다. 수학 연구와 이에 기반을 둔

응용을 이야기할 때의 수학은 실제로 이런 얼굴을 가지고 있다. 그리고 이게 수학의 진짜 얼굴이다.•

이런 진짜 얼굴이 실제로 나타나기 시작하는 것은 대학교 즈음부터이다. 고등학교에서도 기하나 미적분을 배우지만 이는 수학의 진짜 얼굴을 보기 전에 잠시 힐끔 쳐다보는 것뿐이다. 그래서 진짜 얼굴을 아는 것은 쉽지 않다. 왜 이런 차이가 나타나는 것일까? 이를 해결할 수 있는 방법은 있을까?

그럼 어떡하죠?

앞서 본 '수학에 대한 인식 차이'는 실제로 여러 논의가 있고 수학 교육이 나아가야 할 방향에 대한 많은 논란을 불러일으킨다. 나는 이 부분이 수학 교육에 있어서 가장 어려운 부분이라고 생각한다. 어려운 문제이지만 정해진 답이 없기 때문에 자유롭게 나의 생각을 이야기해보려고 한다.

바로 앞 장에서 설명한 군론 내용으로 다시 돌아가보자. 우리는 앞서 '교환 가능'이라는 개념을 몇 가지 예시를 통해서 알게 되었다. 이 개념은 추상적이다. 숫자나 함수와는 약간 반대의 성질을 가지고 있다. 숫자나 함수는 개념적으로 좀 더 쉽고 숫자

• 한 가지 짚고 넘어가야 할 것은, 그렇다고 해서 실제 영어권 사람들이 수학을 받아들이는 방식이 우리와 크게 다르지는 않다는 것이다. 우리와 비슷하게 숫자나 함수를 떠올리거나 '더하기 빼기 곱하기 나누기에 쓰는 거?'라고 생각한다.

계산을 통해서 답을 구하거나 확인할 수 있다. 하지만 추상적인 개념일수록 받아들이는 데 오랜 시간이 걸린다. 다 읽고 난 다음에는 쉽게 느껴질지 모르지만 처음에 가르치고 배우기는 생각보다 어렵다. 열심히 정성 들여서 가르쳤다고 해도 다른 문제가 있다. 다음 질문을 생각해보자.

그래서 어디에 써먹어요?

응용의 관점에서 보면 추상적인 개념 자체가 중요하기보다는 이를 통해서 나오는 결과값이 중요하다. 일반적으로 추상적인 개념일수록 계산과의 거리는 멀다. (예를 들어, '교환 가능'은 그 자체로 재미있지만 무언가를 계산하는 것과는 거리가 멀다.) 오랜 시간을 들여 가르쳤지만 정작 어디에 써먹을 수 있는지 알려주지 못하는 것은 기분 좋은 일이 아니다.

문제는 하나 더 있다. 바로 평가다. 수학은 계산과 개념 이해를 모두 필요로 하는 과목이기 때문에 문제를 잘 만들면 변별력을 쉽게 높일 수 있는 특징이 있다. 개념을 더 어렵게 만들 수도 있고 계산을 더 어렵게 만들 수도 있기 때문이다. 둘 중 무엇을 어렵게 하는 것이 좋을까? 극단적으로 계산 없이 개념만 어렵게 만들었다고 해보자. 이런 문제들은 필연적으로 서술형 주관식 문제가 된다. 이런 문제의 현실적인 문제점은 학생들이 써낸 장문의 답이 허구의 소설인지 정확한 답안인지 판단하기가 어렵다는 것이다. 그렇다면 개념은 쉽고 계산을 어렵게 만드는 것은 어떨까? 이 경우에는 별 다른 문제점이 없다. 그래서 평가의 측면에서 보면 수학은 '개념은 적당히 가르치고 계산을 이용해 평가를 하는 것'이 더 현실적이다.

이런 여러 가지 이유로 수학 교육에서는 배우는 개념을 늘리거나 더 추상적인 것을 가르치는 것이 쉽지 않다. 그리고 평가의 측면에서 이를 보완하기 위해 계산을 늘리는 것을 피할 수 없다. 결과적으로 이로 인해 우리가 중고등학교에서 수학의 진짜 얼굴을 보는 것은 쉽지 않다. 이는 앞 장의 군론 내용에만 해당되는 것이 아니다. 그보다 앞서 나왔던 내용들에 대해서 단순하게 이 질문을 생각해보면 비슷한 답을 얻을 수 있다. "이것을 가르쳐서 충분히 이해시키고 적당한 문제를 내는 것이 가능할까?"

아쉬운 현실을 받아들인다면 다른 곳에서 답을 찾아야 한다. 이런 이유로 나는 수학으로 멍 때리기를 이 책 전반에 걸쳐서 제안했다. 내가 미처 완성하지 못한 예시들과 앞서 본 여러 예시를 통해 이제는 여러분이 멍 때리기를 할 차례다.

한 번도 생각해보지 않은 상황에 대해서 혼자 생각하는 것이 쉬운 일은 아니다. 필요하다면 집에 있는 누군가 혹은 지금 옆에 있는 누군가를 붙잡고 여러분의 문제를 설명만이라도 해보자. 문제를 설명하는 것만으로도 멍 때리는 연습에 도움이 된다. 그다음에는 아주 간단한 경우를 해결해보자. 이 과정에서

'기본적으로 비슷한 문제'를 찾거나 상황을 한 단계 덜 복잡하게 만들어보는 방법 등으로 논리를 만들면 좋다. 논리가 어느 정도 만들어지고 나서는 다시 옆 사람을 붙잡고 여러분의 논리를 시험해보면 이제 멍 때리기는 끝이다.

여러분이 이 책을 읽으면서 '수학을 재미있게 사용할 수 있네?' 라는 생각을 했기를 바란다. 예를 들어, 2차원으로 고기를 분류하는 방법이나 매트리스를 오래 쓰는 방법들을 보면서 말이다. 그리고 재미있는 수학을 위해 가장 중요한 '수학으로 멍 때리기는 어떻게 하는 것인지'에 대해서도 잘 알아냈기를 바란다. 횡단보도에서 신호등을 바라보거나 사진 속 산을 이해하는 것처럼 말이다. 마지막으로는 내가 여러분에게 줄 선물도 곰곰이 생각해보고 해결할 수 있기를 바란다. 마지막 선물은 바로 '재미있는 수학을 할 수 있는 또 다른 방법들'이다. 먼저 양해(?)를 구하지면 학생들이 배우는 학교 수학과 관련된 이야기가 조금 나올 것이다.*

---

* 지면을 할애해서 이 이야기를 하는 이유는 내가 자주 겪은 다음과 같은 상황 때문이다. 가끔 학생들 혹은 자녀를 둔 부모님들을 만나면 이런 질문을 한다. "어떻게 하면 수학을 잘해요?" 근데 이렇게 한번 생각해보자. 아주 유명한 축구선수를 우연히 만났다. 과연 우리는 그 상황에서 "어떻게 하면 축구를 잘해요?"라고 물어볼까? 아니다. 왜냐하면 답이 너무 뻔하기 때문이다. "축구를 열심히 하면 돼" 말고 무슨 답이 있을까? 우리가 앞에서 배운 대수학을 활용해봐도 비슷하다. "어떻게 하면 ㅎ을 잘해요?" ㅎ에 노래를 대입하든 'ㅎ=컬링'을 가정하든 대답은 같을 것이다. "ㅎ을 열심히 하면 돼" 결국 ㅎ에 수학이 들어갈 때의 질문은 아마 이런 의미일 것이다. "ㅎ이 하기 싫은데 어떻게 해야 할까요?" 그리고 이에 대한 답으로 가장 알맞은 것은 아마 'ㅎ이 재미있어 지도록 하는 방법에 대한 이야기'일 것이다.

수학은 아주 다양하다. 수학이 곳곳에 숨겨져 있다는 의미가 아니다. 수학의 분야가 다양하다는 뜻이다. 우리가 앞서 본 주제 중 어떤 것은 미분과 관련이 있고 어떤 것은 평면의 기하학과 또 어떤 것은 대칭의 구조와 관련이 있다. 우리가 학교에서 배운 수학도 비슷하다. 수학이라고 합쳐서 이야기하지만 사실 그 안에는 여러 가지 부분들이 있다. 내가 생각하는 수학이 재미있게 느껴질 수 있는 방법은 가장 재미있는 부분을 찾아서 더 공부하는 것이다. 삼각형, 사각형을 배우는 평면의 기하학이 재미있을 수도 있고, x와 y를 현란하게 이리저리 움직여서 문제를 푸는 방정식을 좋아할 수도 있다.

제일 좋아하는 부분을 편의상 ㅁ이라고 해보자(자음의 순서를 배우는 순서로 빗대었다). 그러면 ㅁ은 분명 좀 더 (나중에 배우는) 어려운 ㅂ이라는 부분과 연결되어 있다. 그리고 학년이 올라가면 ㅂ의 연장선상에는 ㅍ이 있을 것이다(1학년 ㅁ → 2학년 ㅂ → 3학년 ㅍ). 지금 ㅁ이 재미있다면 ㅁ을 얼른 끝내고 다음 레벨의 모든 수학을 공부할 필요 없이 ㅂ만 공부해도 된다. (ㅂ은 지금 시험 보는 게 아니니까.) 실제로 내가 수학을 공부할 때도 이런 식으로 공부했다. 재미없는 것(ㅇ)은 잠시 옆에 두고 재미있는 부분(ㅁ)을 계속 공부하는 것이다. 그다음 ㅂ을 공부하다 보면 사실 수학은 연결되어 있어서 결국 재미없었던 것(ㅇ)을 공부해야 할 시점이 오는데, 이제는 재미있는 ㅂ을 알고 싶다는 목적 때문에 ㅇ이 좀 더 재미있게 느껴진다.

내가 이 책을 재미있게 읽은 사람들에게 하려는 이야기도 비슷하다. 우리는 이 책에서 다양한 곳에 등장하는 다양한 수학의 분야들을 봤다. 단순한 논리였던 것도 있고(신호등), 평면의 기하학이었던 것도 있고(여행, 프라이팬), 게임이론(신뢰의 진화)과 매칭이론(커플 매칭) 같은 것도 있었다. 더 재미있는 수학을 찾는 방법은 이 중에서 가장 재미있었던 것을 더 멍 때려보기도 하고 관련한 것들을 더 찾아보기도 하는 것이다.

프롤로그에서 이야기했듯 이 책은 어떻게 하면 수학으로 멍 때릴 수 있는지를 설명하는 《수학으로 멍 때리기 101》이었다. 개론은 말 그대로 그 분야의 기본적인 것을 다루고 설명하는 것을 의미한다. 경험상 개론서 대부분은 기본적인 것을 간략히 다루고는 끝이 난다. 하지만 개론서가 '진정한' 개론서의 역할을 하기 위해서는 빠지지 말아야 할 것이 하나 있다. 궁금증이 생겼을 때 볼 책을 추천해주는 것이다. 이 개론서의 마지막 역할을 다하기 위해 몇 가지 책과 영상들의 목록을 준비해두었다.

세상을 여러 관점에서 바라보고 이해하는 것은 언제나 옳다. 이제 '수학적인 관점'으로 세상을 바라볼 여러분을 기대한다.

이 책은 한 출판사의 편집자에게 받은 메일에서 시작되었다. 당시 나는 한 수학 연구소에서 수학을 대중화하는 데 힘쓰고 있었다. '수학을 대중화한다'란 말을 정의하는 것은 어려우니 (웃픈 일이지만 당시 내겐 가장 어려운 일이었다) 대신 내가 했던 일을 소개한다.

첫 번째 일은 수학 관련 행사 기획과 진행이었다. 수학 관련 행사 중에는 대형 전시장에서 열리는 수학 및 과학 전시행사들이 있었다. 아마도 이 책을 읽는 독자 중에는 큰 모니터 앞에서 명찰을 달고 한두 명의 학생들에게 수학 체험 모듈을 설명하던 나를 본 사람도 꽤 있을 것이라 예상한다. 그리고 이런 전시행사 외에는 학교 학생들을 대상으로 하는 수학캠프나 가족을 대상으로 하는 일일수학행사(크리스MATH 파티) 같은 것들도 있었다.

하지만 대중화라고 하면 가장 먼저 떠오르는 것은 역시 대중강연이다. 알다시피 수학 관련 강연은 태생적으로 수요가 적어서 사람들의 관심을 끌 무언가가 필요하다. 그래서 우리 팀(함께 강연을 했던 동료들)은 '수학강연회' 같은 진부한 이름 대신 수학토크콘서트라는 거창한 이름을 지었다. 나의 또 다른 업무는 바로 이 수학토크콘서트를 하는 것이었다. 그리고 이 토크콘서트에 관한 기사를 본 편집자의 제안으로 이 책이 시작되었다.

전혀 예상치 못한 좋은 제안이었지만 처음엔 망설였다. 나는 당시 책과 친해진 지 겨우 1~2년 정도된 책 어린이여서 책을 읽는 것도 그리 익숙하지 않았기 때문이다. 읽는 것도 익숙하지 않은 내가 잘 쓸 수 있을까, 그런 생각이 들었다. 망설인 또 다른 이유는 시간이었다. 당시 나는 수학대중화 일을 마치고 대학원에 가서 수학공부를 시작하는 시기였는데 두 가지를 모두 잘 할 수 있을지 걱정되었다(안타깝게도 이 걱정은 현실이 됐다. 에필로그를 쓰는 지금 이 순간에도 논문의 압박을 느끼고 있다). 그럼에도 내가 고심 끝에 책을 내기로 결정한 가장 큰 이유는, 내가 가장 열심히 (그리고 뿌듯하게) 했던 일이 강연이었고, 그 강연 속 이야기들을 이 책에 담고 싶었기 때문이다.

수학토크콘서트라는 이름을 내건 강연은 중고등학교에서 삼십 분 내지 한 시간 정도로 많게는 300명 적게는 30명을 대상으로 이루어졌다(코엑스나 과학관에서 수백 명의 일반인을 대상으로 하기도 했다). 전국에 있는 학교를 대상으로 했기 때문에 오가는 데 많은 시간이 들기도 했다. 어떤 때는 가는 데만 세시간 반이 걸린 적도 있었는데, 한 시간도 채 안 되는 강연을 위해 그 길을 가는 건 여간 힘든 일이 아니었다.

그럼에도 내가 수학토크콘서트를 즐겁게 할 수 있었던 이유는 간단하다. (책에서 이미 느꼈겠지만) 내가 수학 이야기를 좋아하기 때문이다. 특히 강연은 한 번에 많은 사람들과 이야기를 나눌 수 있었다. 그리고 이런 점에서 '책은 어쩌면 강연보다 더 많은 사람들을 만날 수 있는 좋은 기회겠구나'라는 생각이 들었다.

나는 수학토크콘서트를 준비하면서 그동안 한 번도 들어보지 못한 수학 이야기들을 찾으려고 노력했다. (예전부터 수학 이야기를 좋아했다고 해도 내가 배운 것은 여러분처럼 대부분 학생시절에 배운 형식적인 수학이었으니까 말이다.) 그리고 이 과정에서 나는 지금까지 학교에서 배운 형식적인 수학의 이야기들을 우리의 삶과 가까운 곳에서 찾을 수 있다는 것을 깨달았다. 간단하게는 삼각부등식(경로 찾기)부터 복잡하게는 미분(근사, 사진)이나 내적(데이터 분석) 같은 것들 말이다. 이 과정에는 특히나 시행착오가 많았는데 그래서 '다른 사람들이 시행착오 없이 이것을 깨닫게 되면 좋지 않을까?'라는 생각도 들었다.

결국 이런 생각들이 모여 나는 이 책을 쓰게 되었다. 그리고 이런 이유로 이 책은 내가 평소에 누구에게나 하고 싶었던 수학 이야기들을 담고 있다. 그중에서도 최대한 우리 가까이에서 찾을 수 있는 이야기들(신호등, 여행, 사진, 매트리스 등) 말이다. 여러분이 충분히 공감할 수 있는 이야기였기를 바란다.

앞으로 수학이 여러분과 함께하길!

감사의 글

이 책은 우연한 기회에서 시작되었다. 이 기회를 제안해주신 임나리 님께 이 자리를 빌려 깊은 감사를 드린다. 그리고 토네이도 출판사 관계자분들의 많은 노력에도 감사드린다. 학창 시절 선생님과 지도교수님들은 물론이고 인생의 여러 순간에 좋은 조언을 해주신 송용진 교수님과 이승훈 교수님 같은 은사님들께도 감사드린다. 이 수학 은사님들 덕분에 나는 지금 수학의 길에 서 있고 이 책을 시작할 수 있었다.

이 책에 등장하는 몇몇 이야기들은 쓸데없지만 재미있는 수학 잡담을 통해 나왔다. 언제나 이런 유쾌한 잡담을 함께해준 여러 사람들에게 고마움을 표한다. 특히 김승원, 이승재, 장승욱이 없었다면 이렇게 다채로운 이야기가 나오기는 힘들었을 것이다. 이외에도 내가 책을 쓰다가 잠깐씩 드는 고민들을 자기 고민처럼 느끼고 함께해준 많은 분들께 고개 숙여 감사드린다. 짧은 시간이었지만 깊은 고민의 돌파구를 함께 찾아주신 이동학 선생님, 정서빈, 그리고 책의 방향성에 대해 함께 공감해준 알렉스 유키스Alex Youcis에게 감사를 전한다. 초고가 완성되고 아직 글이 어지러웠을 때 날카로운 코멘트를 해준 분들에게도 특별한 감사의 인사를 전한다. 그중에는 넓은 시야로 책을 읽어

준 김국현의 도움이 컸다. 특히나 책의 전반적인 수정은 이연주의 열정적이고 세세한 도움이 없었다면 불가능했을 것이다.

마지막으로 언제나 내가 마음 편하게 머물 수 있는 그곳에 항상 계시는 부모님에게 깊은 감사와 사랑을 전한다.

추천 목록

수학을 더 재미있게 사용할 수 있기를 바라며 몇몇 콘텐츠들을 여기에 소개한다. 감동이 있는 수학자 이야기도 있고, 수학적으로 생각하는 방법에 관한 이야기도 있다. 물론 수학 이론에 관련된 이야기도 있다. 여러분이 궁금한 이야기들을 찾아서 확인해볼 수 있기를 바란다(본문 안에서 등장한 것들은 제외했다).

※ 책

《내가 사랑한 수학*Love and Math*》, 에드워드 프렌켈, 반니, 2015.

《틀리지 않는 법*How Not to Be Wrong*》, 조던 엘렌버그, 열린책들, 2016.

《달콤새콤, 수학 한 입*Math Bytes*》, 팀 샤르티에, 프리렉, 2016.

《x의 즐거움*The Joy of x*》, 스티븐 스트로가츠, 웅진지식하우스, 2014.

《100년의 난제 푸앵카레 추측은 어떻게 풀렸을까100年の難問はなぜ解けたのか》, 가스가 마사히토, 살림Math, 2009.

《소수의 음악*The Music of the Primes*》, 마르쿠스 듀 소토이, 승산, 2007.

《수학 미스터리, 니콜라 부르바키*Artist and the Mathematician*》, 아미르 D. 악젤, 알마, 2015.

《수학자의 공부春宵十話》, 오카 기요시, 사람과나무사이, 2018.

《생각의 탄생*Sparks of Genius*》, 로버트 루트번스타인, 미셸 루트번스타인, 에코의서재, 2007.

《수학적 사고법數學的思考法》, 요시자와 미쓰오, 사과나무, 2015.

《아인슈타인의 시계, 푸앵카레의 지도*Einstein's Clocks, Poincaré's Maps*》, 피터 갤리슨, 동아시아, 2017.

※ 영화

〈굿 윌 헌팅Good Will Hunting〉, 1998.

〈어메이징 메리Gifted〉, 2017.

〈뷰티풀 마인드A Beautiful Mind〉, 2002.

〈무한대를 본 남자The Man Who Knew Infinity〉, 2016.

〈네이든X Plus Y〉, 2015.

※ YouTube(아쉬운 점은 소개하는 채널에 한글 자막이 없는 경우도 있다는 것이다.)

3Blue1Brown

Mathologer

※ TED 강연(괄호 안에 간략히 소개를 담았다)

픽사 영화에 생동감을 불어넣는 마법의 재료(수학으로 애니메이션 그리는 이야기)

삶이 그렇게나 복잡할까요?(튜링 패턴 이야기)

수학은 세상을 이해하는 비밀입니다(관점을 바꾸는 것에 관한 이야기)

아름다운 산호초(그리고 크로셰) 이야기(유클리드 기하학 이야기)

수학의 관능적인 면은 무엇일까요?(수학자에 관한 이야기)

사랑의 수학(배우자를 잘 만나는 수학 이야기)

농구의 격렬한 동작 속에 숨은 수학(농구선수들의 움직임을 분석하는 이야기)

내가 소수와 사랑에 빠진 이유(코미디언이 말하는 소수 이야기)

종이접기의 한계를 넘어서다(종이접기에 관련된 수학 이야기)

제작되지 못한 최고의 기계(최초의 컴퓨터 프로그래머 에이다 러브레이스에 대한 이야기)

인생에서 수학머리가 필요한 순간

1판 1쇄 발행 2019년 7월 31일
1판 7쇄 발행 2024년 11월 25일

지은이 임동규
발행인 오영진 김진갑
발행처 토네이도미디어그룹㈜

기획편집 박수진 박민희 유인경 박은화
디자인팀 안윤민 김현주 강재준
마케팅 박시현 박준서 김예은 김수연
경영지원 이혜선

출판등록 2006년 1월 11일 제313-2006-15호
주소 서울시 마포구 월드컵북로5가길 12 서교빌딩 2층
원고 투고 및 독자 문의 midnightbookstore@naver.com
전화 02-332-3310 팩스 02-332-7741
블로그 blog.naver.com/midnightbookstore
페이스북 www.facebook.com/tornadobook

ISBN 979-11-5851-141-8 03410

이 도서의 국립중앙도서관 출판예정도서목록(CIP)은 서지정보유통지원시스템 홈페이지 (http://seoji.nl.go.kr)와 국가자료공동목록시스템(http://www.nl.go.kr/kolisnet)에서 이용하실 수 있습니다. (CIP제어번호: CIP2019025594)